第一期"中国美学暑期高级研修班"学员论文集

香山美学论集
（一）

北京大学美学与美育研究中心
首都师范大学美学研究所 编

社会科学文献出版社
SOCIAL SCIENCES ACADEMIC PRESS (CHINA)

第一期"中国美学暑期高级研修班"合影

目 录

审美意象的本体、生命与境界 …………………………… 王怀义 / 1
情感的缺失与中国当前美学的问题 ……………………… 寇鹏程 / 15
艺术跨界与美学重构 ……………………………………… 李　雷 / 25
艺术家的出场
　　——现代艺术生产机制的生成及局限 ……………… 孙晓霞 / 35
道家的审美方式：《庄子》美学论要 ……………………… 左剑峰 / 50
"得意忘象"与魏晋美学 …………………………………… 李红丽 / 61
庄子《齐物论》现象学美学诠释
　　——兼论其与海德格尔现象学之会通 ……………… 肖　朗 / 72
隔离、对接与开放
　　——中国古代的声音之道与实践传统 ……………… 程　乾 / 83
论卦象形式的生命性
　　——兼论对中国书画艺术的范式意义 ……………… 孙喜艳 / 94
道家休闲美学的话语体系 ………………………………… 陆庆祥 / 102
论中西方诗学至高趣味的差异与契合
　　——以狄金森为例 …………………………………… 隋少杰 / 115
再思"气韵"与六朝画论中的形似问题 …………………… 周奕希 / 131
王履"吾师心，心师目，目师华山"探讨
　　——兼与姚最、张璪观点比较 ………………………… 李普文 / 142
《诗经·文王》殷士助祭叙述与祼祭 ……………………… 张　强 / 151

佛学、文艺与群治
　　——梁启超美学思想的佛学色彩管窥 ………… 郭焕苓　杨　光／170
超越的困难
　　——从"以美育代宗教说"看蔡元培审美信仰建构的世俗性
　　………………………………………………………… 潘黎勇／181
"生命的律动"
　　——宗白华"六法"绘画美学思想探微 ………… 唐善林／193
宗白华"革故鼎新"的人生论美学思想探微 ………… 李　弢／206
朱光潜与方东美美学思想比较 ………………………… 王　伟／216
浅析墨子"致用利人"的工艺美学思想 ……………… 孙明洁／224
中国治玉工艺造型观与审美取向 ……………………… 谷会敏／232
中国儒道设计审美批判与继承 ………………………… 朱　洁／243
试论古琴的文脉传统及其现代传承 …………………… 林　琳／253
汉都长安的自然美学考察 ……………………………… 张　雨／261
声音的图案
　　——现象学视阈下的声音感觉研究 …………… 崔　莹／271
肖邦《第三叙事曲》的叙事结构与感性行态 ………… 孙　月／285
壮族师公戏面具的审美探幽 …………………………… 陶赋雯／297

中国美学暑期高级研修班（第一期）学员名录 …………………… 307

编后记 ……………………………………………………………… 309

审美意象的本体、生命与境界

王怀义

意象，尤其是审美意象应该是这样一种生命形式：它总处在一种彼此牵引、相互引发的人生情境当中，并在其中向我们打开一个有生命意蕴的生存空间，它既显示着自己，又与世界密不可分，充满了普遍有效的人生关爱。很多时候，我们有意无意地把审美意象与某种含义之间的关系约定俗成化，从而使我们只专注于这个意义，但是，一些象征和隐喻也在时时剥夺着审美意象本身的价值，一种企图限制或控制审美意象的目的隐含在这一意义背后。所以帕斯卡尔在论述艺术与象征的时候说道："要向过分象征性的东西论战。"[1] 因此，我们要打破这一对审美意象的控制性的潜意识牢笼，让审美意象复归自身，从而彰显审美意象在本体论和存在论维度的意义和价值。是为审美意象本体论。

一 审美意象的本体与逻辑

审美意象作为本体的独特性问题是意象本体论研究的关键。这里首先要说明的是本体论的界定问题。随着晚清开始的西学东渐，西方学术理论尤其是其中的一些核心概念在一定意义上影响了此后中国学术的话语情境和逻辑言路，"本体论"（ontology）就是其中最重要的一个。中国现代学术中的本体论一直是一个热点问题，也是一个仁者见仁的问题。《辞海》在解

---

[1] 〔法〕帕斯卡尔：《思想录》，何兆武译，商务印书馆，1985，第301页。

释"本体论"一词的时候，说本体论是指"哲学中研究世界的本源或本性的部分"，《哲学大辞典》也延续了这一思路。实际上，这就把本体论与本源论或本性论相混淆了。因此，这一观念不是我们进行意象本体论研究所要遵循的思路。

出于这个原因，必须对审美意象的逻辑（逻各斯）进行重新定义或限制。就像海德格尔在探讨存在之前也要追寻逻各斯的本原意义一样，我们也要先把审美意象与逻各斯之间或明或暗的关系梳理一下。在我们的研究视域里，逻各斯（逻辑）不是形而上学的重要标志，不是思想的本性，也不是抽象的、理性的逻辑，因为这些定性已经失去了对思想本原进行思考的形式，从而使生命之思退化为技术和概念系统，在这种研究视野之下，审美意象的本质特性必然会被剥夺殆尽。从这一角度来看，海德格尔所做的工作具有启发意义。在海德格尔看来，存在和逻各斯具有同一性。逻各斯的本意就是"收拢"或"收集"（Sammlung），是指将不同的东西置于一处，但又不取消它们之间的区别。这一意义与存在的意义具有某种本质关联："原在（physis）与逻各斯（logos）是相同的。逻各斯在一种新的但又古老的意义上刻化着存在：那存在着的在自身中直立着和显明着，在其自身中和凭借其自身被收拢起来，并且在此收拢中保持住自身。"[①] 可见，存在与逻各斯在海德格尔的哲学中已经在更原本的视野中相互融通。正是在"逻各斯即存在"的本原识度的视域之下，生命的存在与死亡似相反而实相成，一切传统的、辩证的、抽象的、思辨的概念也就让位给眼前的直观存在了。按照这一思路，我们认为，意象和逻辑也可以在本原的意义上达到一致和同一，逻辑（逻各斯）在本质上就是对意象存在的知性和直观之综合的把握，逻辑也可以在生命意义上成就意象。这一点在我们的研究中尤其重要。

但是，长期以来的主客二分的认识论思维没有追究思维和存在的同一，而是在主客分离的思维模式中表达思维与存在的统一，这种统一就不可避免地具有武断的成分。因此，在这一思维模式指导下的意象研究结果具有不可避免的局限：表面的意与象合让位给本质上的意与象离。这种视野中出现的意象就不再是活生生的意象本身，而只是干瘪的、枯燥的、毫无生

[①] 〔德〕海德格尔：《形而上学引论》，转引自张祥龙《海德格尔思想与中国天道》，生活·读书·新知三联书店，2007，第56页。

命情感的意象，意象的本质也在这种失去内在生命依据的揭示中被覆盖，从而使意象创造变成一种模仿和复制。因为，在认识论的思维之下，主体的意与客体的象是分离的，它们之间产生关联的思维基础是认识和反映，而认识本身是不穷尽的，反映也是受到限制的，这样意与象就只能是有限度的统一，而不能在本原意义上实现融通与交合。事实上，这样一种研究只是在一个游离于意象的，已经被事先规定好了的时空中所进行的意象研究，意象的本体意义在研究中被遮蔽了。

在我们看来，审美意象不是能用抽象概念来把握的普遍对象，或者某种特定的寄托和含义，而是与人类整体和生命个体的生存息息相关的形式，它是生命的活泼展现和开放，是创造个体和欣赏主体带着自己的生命感悟理解和创造的，一种如同古希腊人的"乐于去看"的理解世界的方式。因此，意象内含于主体，生命充溢于意象。在这个意义上，意象就是个体生存的最终实在，但不是本根，不是终极价值，也不是生命的起源和本质，而是主体生命对有限生存的情感性内化，是生命之所以成为生命的内在规定。因此，意象的终极实在和生存真理绝不能被任何具有实在本体意义的知觉和名相概念所把握。康德说，审美意象能"引起很多的思考，却没有任何一个确定的观念，也就是概念能够适合于它，因而没有任何言说能够完全达到它并使它完全得到理解"[①]。因此，意象的品质不会现成地成为主体的对象，而只有在主体情感的当下体验中显现，这样才能创造性地体验到意象美学的终极价值的本原。在这个意义上，意象才具有本体论的意义。

把审美意象提到本体的高度来理解，其意义在于通过意象与个体生命的内在关联来探讨生命个体的主动创造对群体的既成事实和心理积淀的挑战、变革和突破，这在一定程度上呈现为对现实生存的偶然性命运的情感探寻。生命的意义是运动而变化、具体而多元的，意象本体论所追求的境界是一种审美境界，它可以表现为对日常生活、人际交往的肯定性感受和体验、回味、省视，也可以表现为一己身心与自然、宇宙相沟通、交流、融解而合一的神秘体验。这种快乐是一种持续的情感和心境，宁静淡远，是人生命运的归宿，在这种境界之下生存，时空被意象的永恒魅力超越，人际关怀、人间情爱超脱了可计量的时空，本体就融化在这种情感之中。这种意象化生存体验超越了时空，泯灭了情感，消化了限制。此外，现实

---

① 〔德〕康德：《判断力批判》，邓晓芒译，人民出版社，2002，第158页。

生活的流动和变化为审美意象的灵动和多元提供了生机。因此，审美意象本体论就不应该是一种静态的审视和寂寞的观照，而是一种在不断变动的日常体验的建构中超越自身，不断更新和创造。所以，审美意象本体论关注的是个体生存的生命归依和创造生存的问题，就像李泽厚在《历史本体论》一书中所说的那样："人只有在不断创造和超越中才能前行不辍，停顿就是静寂和死亡。"[1]

朱光潜先生在他的《诗论》中着重强调了审美意象瞬间生成而至终古的本质，这就把意象生成的逻辑思维与主体的生命本体在意象之中合一了："它们都是从浑整的悠久而流动的人生世相中摄取来的一刹那，一片段。本是一刹那，艺术灌注了生命给它，它便成为终古，诗人在一刹那中所心领神会的，便获得一种超时间性的生命，使天下后世人能不断地去心领神会。"[2]

审美意象在它的生成过程中，偶然性的思维居于主导地位，一些先在的、固定的、永恒的道德律令和实用原则只是潜在地发挥作用。这一点，刘禹锡的《闺怨》一诗是很好的例子。

闺中少妇不知愁，春日凝妆上翠楼。
忽见陌头杨柳色，悔教夫婿觅封侯。

从诗中可知，这位年轻妇人新婚不久，她的夫君就为建立功名离她而去，使她独守空房。春色寂寂，杨柳依依，少妇在登楼的一刹那顿生无限怅惘，"忽见"二字正是审美直觉的写照。在这里，置于全诗之前的是少妇与她丈夫之间的婚姻关系，如果抛却这层关系，少妇的这一次审美体验可能就不会完成。此外，在当时的社会环境下，夫贵妻荣、建功立业的社会道德伦理的要求又置于这对夫妇的婚姻关系之前，没有这一社会环境的影响，两人可能正处在蜜月时期，而不是相隔两地。因此，处于社会关系之中的夫妻关系受到限制或影响，少妇瞬间的审美情趣和审美际遇都与这些关系联系了起来。同时，少妇思念的缠绵不尽、婉转多情与杨柳婀娜曼妙的姿态相吻合，人与自然的审美关系得以建立起来。在这里，树与人、主

---

[1] 李泽厚：《历史本体论》，生活·读书·新知三联书店，2006，第14页。
[2] 朱光潜：《诗论》，见《朱光潜全集》第三卷，安徽教育出版社，1987，第50页。

观与客观，在主人公瞬间的审美直觉中完美合一了。

可见，审美直觉和逻辑思维都可以是审美意象生成的思维基础，直觉思维本身就是逻辑的一种。在人生迁流不息的流转过程中，人生世相的种种都可以在思维运转中凝结成意象；审美意象的产生是个体生命体验与自然、人生和社会的媾和，逻辑思维是它们媾和的媒介。而意象思维的本质就是要说明流动的客观事象与变动不居的审美心灵构造的关系，这就把意象的逻辑思维与纯粹逻辑学的思维区别开来了。这是在审美意象本体论意义上的逻辑。

朱光潜认为，在意象的生成中，"在用思考联想时，你的心思在旁驰博骛，决不能同时直觉到完整的诗的境界。思想和联想只是一种酝酿工作。直觉的知常进为名理的知，名理的知亦可酿成直觉的知，但决不能同时进行"[①]。这是因为，心无二用，直觉的特点在于凝神注视，忘怀一切。朱光潜对克罗齐直觉美学的偏爱导致了他把直觉思维与逻辑思维截然分开，仅关注意象生成的瞬间特性。在意象生成的瞬间，直觉的孤立绝缘性质是可以成立的，但意象的生成和后来的鉴赏却绝不能孤立绝缘地进行，其中都蕴含着生活本身所有的实在性的情趣。比如杜甫《水槛遣心》的第三联"细雨鱼儿出，微风燕子斜"，鱼儿在细雨中游戏，燕子在微风中起舞，这是作者"遣心"的结晶，但若仅如此体察还不能见到意象与情趣契合的妙处，"出""斜"二字正使之在情在理，若合符契。这显然是直觉中的思虑所得。叶梦得《石林诗话》有过准确的分析："诗语忌过巧。然缘情体物，自有天然之妙，如老杜'细雨鱼儿出，微风燕子斜'，此十字，殆无一字虚设。细雨着水面为沤，鱼常上浮而淰。若大雨，则伏而不出矣。燕体轻弱，风猛则不胜，唯微风乃受以为势，故又有'轻燕受风斜'之句。"可以说，意象的生成正是"缘情体物"的结果。"缘情"是直觉产生的情感基础，"体物"是意象生成的逻辑条件。

此外，形象的逻辑和抽象的逻辑在诗歌意象的形成过程中往往是密不可分的，它们都是主客生命融通的途径或形式。因此，它们的交相缠绕不仅不会形成障碍，反而会有点铁成金、化腐朽为神奇的效果。李贺对白居易诗歌的改造就是一个例子。白居易在《暮江吟》中说："可怜九月初三夜，露似珍珠月似弓。"李贺就把这两句"陈言套语"加以改造，写道：

---

① 朱光潜：《诗论》，见《朱光潜全集》第三卷，安徽教育出版社，1987，第52页。

"歌如珠，露如珠，所以歌如露。"（钱锺书《通感》）这一推移确有"起死回生"之效。在这里，"歌如露"一语道出多少圆润，多少晶莹与清澈。而且，形象的逻辑不离抽象的逻辑，抽象的逻辑也辅助形象的逻辑，若将两者截然两分，则意象希微，诗意消亡矣。所以与李渔同时期的方中通在给友人的一封信里说，诗词意象"有理外之理，岂同时文之理、讲书之理乎"（《续陪》卷四《与张维四》）？王维"雪里芭蕉"的意象营构也并不惹人讥笑，汤显祖"蒙蒙月色，微微细雨"（《牡丹亭·离魂》）的组合也给人情趣在在、意象融融之感。这实际上就是思的极致反而成就了感悟，意象成就之后不会让人感觉到思索过程的艰苦，反而让人感觉佳句纵横，宛若神助。就像皎然所说："取境之时，须至难至险，始见奇句；成篇之后，观其气貌，有似等闲，不思而得，此高手也。"（《诗式·取境》）这种境界实际上就是形象与抽象的逻辑在意象本体的意义上实现了合一，意象的本体和逻辑在生命情感体验的基础上具有了同一的本原视野。

二 审美意象生成的生命基础

晋简文帝司马昱《春江曲》写道："客行只念路，相争渡京口。谁知堤上人，拭泪空摇手。"司马昱截取了人生世相的一部分，在刹那中实现永恒，人生的悲痛与无奈含蕴其中，人生存在的终极意义在这种瞬间感性的体验中上升到了本质地位。这对处于世俗名利场域中的个体来说，是一个警醒，也是一个揭示。这片段的永恒似乎在告诉我们，人生的实际意义只有在对当下在场的人生世相之中进行真正切己的交流才能完成其建构，而这一意义的诞生是我们在与意象的双向交流中获得的，意象由此具有了本体论的意义和价值。意象也正是以这种发人深省的意味启发着我们，引导我们去思索人生，理解世界，走向自由。人类生存实现诗意栖居，意象也就成为生存本体的承载。所以王夫之评论说："偶尔得此，亏他好手写出。情真事真，斯可博譬广引。古今名利场中一往迷情，俱以此当清夜钟声也。"（《古诗评选》卷三）

审美意象的本体与主体生命之间的关系是两者生命本质的融洽。实际上，审美主体的以生命为基础的生理因素和主体良好的身心条件是审美意象得以创造和赏鉴的基础。主体生理的视觉、味觉、听觉、触觉、嗅觉等五官感受是意象得以形成的第一道关卡，主体生理感受向心理情感转化的成功是审美意象得以生成的决定性因素,其为审美意象的生成奠定了生命基础。就像实在论者所认为的那样,外部世界以其真实存在与我们的感知相呼应;在主体的生命感觉对外在世界做出回应之前,并不存在先在观念和先验原则,人类的一切体验和知识积累,包括审美情趣和意象生成,都要通过感官活动而进入经验的心灵,并成为心灵的经验,在心灵中接受主体生命的检验和筛选,并做出合理、有序的安排。这些感觉积累可以潜伏在心灵深处,在适合的场景之中会被瞬间唤醒,产生回忆和留念,并与眼前的生活感受相呼应,生成审美意象,同时表达对未来生命的憧憬和希望。这时,审美意象就不仅是意象本身,它还是对世界绝对真实的同态对应的结果。这一切首先归因于主体生命的生理感知和情感体验。

只不过,在考虑意象生成的过程中,人们大都注重视觉因素而忽视了听觉、触觉和味觉等生命感官的作用。这是因为,在创作和赏鉴意象的时候,我们往往较多地关注视觉上能直接看到的物象,历来的审美意象也以视觉所见的物象为多数,"野馆浓花发,春帆细雨来"(杜甫《送翰林张司马南海勒碑》),"曲终人不见,江上数峰青"(钱起《省试湘灵鼓瑟》),"鸡声茅店月,人迹板桥霜"(温庭筠《商山早行》),等等,都是以视觉所见的物象传递审美感受。我们品味意象,想象它的形象是最便捷的路径。历来理论家都要我们"状难写之景,如在目前;含不尽之意,见于言外"(梅尧臣《金陵野录》),赏鉴专家也教导我们要"设身而处当时之境会……呈于象,感于目,会于心"(叶燮《原诗·内编》)。所以历来的文艺实践、创作经验和理论总结给了我们太多的对于视觉意象关注的支持。所以朱光潜说:"所谓意象,原不必全由视觉产生,各种感觉器官都可以产生意象。不过多数人形成意象,以来自视觉者为最丰富,在欣赏诗或创造诗时,视觉意象也最为重要。"[1] 钱锺书也说:"在日常经验里,视觉、听觉、触觉、嗅觉、味觉往往可以彼此打通或交通,眼、耳、舌、鼻、身各个官能的领域可以不分界限。"[2]

就像朱光潜先生说的那样,"各种感觉器官都可以产生意象",听觉和触觉是除视觉之外最容易生成意象的两个生理感官。《礼记·乐记》也说:"故歌者,上如抗,下如队,曲如折,止如槁木,倨中矩,句中钩,累累乎

---

[1] 朱光潜:《诗论》,见《朱光潜全集》第三卷,安徽教育出版社,1987,第58页。
[2] 钱锺书:《通感》,见《七缀集》,生活·读书·新知三联书店,2002,第64页。

端如贯珠。"这就是听觉和视觉之间的"挪移"。当意象由听觉和触觉等感官生成时,意象生成在修辞格上就成了通感。《老残游记》第二回写王小玉说书就是典型的由听觉生意象的例子。在作者的感觉之中,王小玉说书的声音清高如钢丝入天,回环曲折如入泰山,陡然跌落又如银蛇舞于山腰,其幽细处如来自九幽冥府,其扬起时又如弹子上天,纵横散乱。这一系列由听觉生成的意象把王小玉的声音描摹得出神入化。但是,其优越处也正是其短处,因为,意象作为审美主体在凝神静思时自我生命得以皈依的寄托所在,它不允许主体的思想如弹子上天那样,"化作千百道五色火光",这凌乱的意象群体必然会影响主体心灵的静寂和澄明,从而使主体精神逃离意象的境界。特里·伊格尔顿说:"艺术同语言一样,不能看作是表现某个个人主体。主体只是这个世界的真实性表达自己的场所或环境,而且正是这种真实性,诗的读者必须聚精会神地'聆听'。"① 因此,意象还是要通过形象来加以表达,不然,意象就不再是意象,其情趣也就让位给想象和思索,从而使审美直觉和体验都丧失了其本质。在这一意义上,研究通感在意象生成中的作用是一个专门的问题。而意象的生成毕竟不同于修辞问题,这就带来了研究难度。

钱锺书在讨论通感时,首先举了"红杏枝头春意闹"的例子,又把许多有关诗句列于其后。从这些诗句中,我们能发现意象境界和通感之间的隔阂。

红杏枝头春意闹,绿杨烟处晓寒轻。
——(宋)宋祁《玉楼春》
车驰马骤灯方闹,地静人闲月自研。
——(宋)黄庭坚《次韵公秉、子由十六夜忆清虚》
轻风忽近杨花闹,清露初晞药草香。
——(宋)陆游《初夏闲居即事》
日边消息花急闹,露下光阴柳变疏。
——(宋)陈耆卿《与二三友游天庆观》

---

① 〔英〕特里·伊格尔顿:《现象学,阐释学,接受理论——当代西方文艺理论》,王逢振译,江苏教育出版社,2006,第63页。

其他诗句还有很多，我们留心了一下钱锺书的例子，大多取于两宋；这类雕琢的用法也必是宋型诗人的"伎俩"。从上面所举的例子来看，它们的意象和境界还不是诗歌的妙境，因为我们在品味其意象时，这种化静为动的技法让我们首先注意到字句用法和诗意之间的关联，这必然会妨碍我们往诗意的深层中沉浸。因为字句的用法和诗意之间的联系需要细密的分析，而诗歌的意象和意境却需要在直觉之中实现物我融合，在刹那之间感悟，是不可分析的浑融之境，也就是严羽所说的"气象混沌，难以句摘"（严羽《沧浪诗话·诗法》）的境界。这两者是矛盾的。所以，我们想象各种生理感官都可以生成意象，但效果最好的意象还必须在由视觉到想象的路途中于瞬间成就，不能加入太多的杂吵，不然，与意象的至美境界就是隔离的。

这些感受（五官感受）虽然是审美意象生成的生命基础，但在审美意象本体论的意义上，我们还需要深入一步。因为任何意象，从五官感受生成，同时也就受到感官所处的种种因缘条件的制约和束缚，从而使意象由自由无限的本性走向牵制有限的局域。生命感官在给予我们意象的时候又会用感官的法则从中作梗，这时我们也就有目不能视，有耳不能听，意象和主体的生命情趣都在这里被浑然忘却。方东美先生说："感官之分殊功能，以及物色之差别相状，固悉摄于统觉，然于意义之重要边缘，仍大部忽略。纵使冲渊默识，统于真我，而卒以护持不坠，然其中仍有种种我执我慢，集处不去，在在为真理全幅呈现之障，有碍真理之圆满实现。"[①] 因此，审美意象的生命显示（我们反对使用"揭示"一词，因为这会让我们陷入认识或反映的老路上去，把意象看作对立于我们的存在；同时，意象之生命本性无须外在揭示，其自身即可通过自己完美的形式显示出来）不是一劳永逸地在生命律动的基础上固定下来以与我们交流融合，而是要我们突破种种具有僵持可能性的因素，在不断地重复创造中以新鲜的姿态、盎然的情趣维持其本质及其与我们自身的关系。

三 审美意象的生死境界

生命有始终，审美意象也有生与死。审美意象中所蕴含的生命本质要

---

① 方东美：《中国哲学之精神及其发展》（上），河北教育出版社，1996，第33~34页。

求我们在进行意象研究的时候不能执着于体系，执着于方法，而要时刻以生命感悟意象，以感悟理解著作，以流动不居的生命情怀发掘古典著作中意象的生命价值；方法和体系本身也应是流动活跃的生命的载体，方法要内化为内容，形式要内化为生命，体系要内化为本质。

探讨意象的生与死要从五代荆浩和他的画论著作《笔法记》说起。《笔法记》也是历来意象研究者忽略的一种重要文献。在这里，荆浩探讨了意象的死活问题，说作画要"度物象而取其真"。

似者，得其形，遗其气。真者，气质俱盛。凡气传于华，遗于象，死之象也。

这是笔者所见中国文献中最早论及意象有无死活的一篇。所谓"遗于象"，就是执着于物象而不能超越物象，不能把握物象背后之真实生命存在，那么这样画出来的"象"就是死的"象"，没有生命活力的"象"。"象有死活"是个很重要的概念，在审美意象的创造、欣赏过程中，如果创造不出具有活泼盎然的生命情趣的意象，那就是死象，如果不能欣赏意象的生命内涵和情趣，那所见的就是死的意象。

那么如何创造出富于活泼生命的意象呢？荆浩认为，在根本上要"明物象之原"，体悟到自然的原初生命意义，要把外界物象与自己的生命在意象之中合而为一，由此意象之真不在形态真实，而在精神妙用，就是自然生生不息的精神与人的心灵的真元气象创化契合。所以荆浩说："物之华，取其华，物之实，取其实，不可执华为实。若不知术，苟似，可也；图真，不可及也。"（荆浩《笔法记》）在具体的运作过程中，要"伐去杂欲"，"任运成象"，达到"忘笔墨而有真景"的境界。

但是很多人在意象的问题上往往执着于意象的意义和比兴，而把自由生命的体现成果变成呆板而死气沉沉的外在于生命的死象。黏滞于理性知识，斤斤于物欲横流，空灵澄澈的审美意境必然会从自在生命滑向功利场所，即使是一些技巧的推敲和琢磨也离意象的境界越来越远，活象变成死象。所以苏轼说："君子可以寓意于物，而不可以留意于物。寓意于物，微物足以为乐，虽尤物不足以为病。留意于物，虽微物足以为病，虽尤物不足以为乐。"（苏轼《宝绘唐记》）寓意于物是以物显心，留意于物是心有所系，一是生命情感悠游不迫而自由自在的审美观照，一是主体在某种利益和欲望的驱动下的有心理限制的活动，二者截然不同。因此，意象的活泼生命不在执着留念，而在瞬间生成；不待妙想奇思，而由兴会神到。

> 元丰六年十月十二日夜，解衣欲睡，月色入户，欣然起行。念无与为乐者，遂至承天寺，寻张怀民，怀民未寝，相与步中庭。庭下如积水空明，水中藻荇交横，盖竹柏影也。何夜无月，何处无松柏，但少闲人如吾两人者耳。
>
> ——苏轼《记承天寺夜游记》

此积水月下之"影"在作者无意一瞥之间，即成意象。月之清寂，水之空明，心之闲适，就这样在瞬间之"影"中汇合。景是水流花开之景，意是空山无人之意，"没有人的意识的干扰，没有目的的控制，世界依照其本来的样子而运动，世界原来是这样的空灵活络，自由悠游"[①]。北宋郭熙云："画见其大意而不为刻画之迹，则烟岚之景象正矣。"（郭熙《林泉高致·山水训》）说的也是这个意思，不执着于意象，则意象活矣。

其实，在荆浩之前，以"死""活"论意象也是有的，韩非子是其中最早的。从中国传统审美意象产生的文化背景来看，对"象"的描述，最早应为史前神话中关于舜和象的斗争的描写。象在这个过程中即指自然中的大象，然而大象到底是什么样子，人们却很难见到。韩非子云："人希见生象也，而得死象之骨，案其图以想其生也，故诸人之所以意想者，皆谓之象也。"（《韩非子·解老》）韩非子在生命意义上用死活论象，就已经蕴含了审美意象有无生命的含义了，荆浩把这一观念确定了下来，所以，审美意象研究的是活象，而不是死象；审美意象关注的是活泼泼的自在生命，而不是冷寂寂的外在石梁。由此，审美意象就成为生命意象，成为情感意象，意象理论也就成为中国美学理论的核心。

意象不仅有死活之别，还有内外之分。所谓意象之内就是通常所说的情景交融——抒情与写景的高度融合，意象与情趣自然而然地在同一形象层次上联系在一起。意象之外的境界则要求深层的构思，欣赏者透过有限人生世相的凝缩画面去做更深远的体验、追索和玩味。我们可以用谢朓和李白同题的《玉阶怨》来说明这个问题。

[①] 朱良志：《中国美学名著导读》，北京大学出版社，2004，第161页。

夕殿下珠帘，流萤飞复息。长夜缝罗衣，思君此何极。

——谢朓《玉阶怨》

玉阶生白露，夜久侵罗袜。却下水晶帘，玲珑望秋月。

——李白《玉阶怨》

两诗同题，主题相同，区别只在于艺术技巧和意象营构。谢诗向来被评为佳作，人物和意象是同一的，但是，"长夜"之"长"字、"思君"之"思"字，把情与景明白点出，使两者没有层次差别，在艺术技巧上要比李诗差一些。因为李诗以"罗袜"点人，以"生"字、"侵"字点"夜久"，以"望"字点思绪，自然就比谢诗含蓄一些，也可以引发读者的思绪，并在思绪之中体味思妇的情感，这就从"白露""秋月"等意象拓展到意象之外的世界去了。但是，从意象创构的角度来说，谢诗不事雕琢，全诗简单流畅，气氛和谐，脉络贯通，是自然而然从心底流出的，是一派天然之作。李诗由雕琢而至自然，技术境界高，情境也越发逼真，但毕竟还是有缺憾。因为，象外层次的创造会生成多层次的空间，情感、韵味和理趣也会在这一空间里生成，这给意象本身所蕴含的情感特质的传达增加了困难，因为读者需要对这些内涵进行辨析和接纳。这为审美意象由情感走向理趣和韵味埋下了伏笔。

意象的生命境界也有层次的划分，并不是每一个意象的营构都可以达到"竹密不妨流水过，青山不碍白云飞"的本原境界。荆浩《笔法记》里划分了意象的四个境界。意象有神、妙、奇、巧四者。

神者，亡有所为，任运成象。妙者，思经天地万类性情，文理合仪，品物流笔。奇者，荡迹不测，与真景或乖异，致其理偏，得此者，亦为有笔无思。巧者，雕缀小媚，假合大经，强写文章，增邈气筋，此谓实不足而华有余。

所谓神者，指心随笔运，心象不式，这样的意象是最高境界的意象；妙者，指意象的外在形式经过思虑与主体内在精神达到内外相合，义理合一；奇者，指创造的意象出于规矩之外，追求奇特幽僻，从而滑入偏枯怪奇的地步；巧者，指无意为象而偏强力为之，从而远离了意象本身的品质，成为意象的反面。巧象是意象最低的境界，可称为死象。这段话虽是论画，但作为品评审美意象的标准也是适当的。所谓意象境界的"神""妙""奇""巧",本质上来说,就是看意象所蕴含的情感强度和生命力度,以及这些情感和生命要素得来的自由度:不经思虑而情感自在其中者为"神",以思虑为工具通达情感体验者为"妙",情感怪异而理致偏重者为"奇",无情而为文造情者为"巧"。

这里需要辨明一下神韵和理趣与审美意象之间关系的问题。从历史上看,意象的生命情感本质在发展过程中时时会遇到或明或暗的阻碍,其中影响最大的就是理趣和韵味(神韵),这两点都在唐代兴象说形成以后显明了。兴与象是审美意象内外两方面的规定性,象较为实质一些,偏重于意象的显在方面;兴比较空灵一些,注重意象内在的兴味神韵;兴象合为一体,就要求意象既要有外形的鲜明生动,又要有意象的潜在气质,要能透过意象导引出丰富的艺术境界。所以,有学者说:"兴象说的提出,表明人们对艺术形象的把握,已由注重外形的感知深入到内在精神的探求,或者说是由形象的'形而下'的外壳上升到'形而上'的内核。"[①] 而正是在这时,人们对意象的要求已经由内而外,出现了分化。一方面,所谓的"象外"之境,不仅可以包含情感体验,而且还可以包含神韵和理趣,而由于"兴"的委婉、含蓄的特征,一些人要求审美意象做到"象外之象,景外之景"(司空图《与极浦书》),强调"超以象外,得其环中"(司空图《二十四诗品·雄浑》);另一方面,意象本与生活事理相关,意象本身所引起的"象外"境界更容易让人走向理趣,探讨形而上的问题。无论是神韵还是理趣,与意象的本质旨趣都是相背离的,因为意象讲求情趣和意象的同一,意与象合,始终不离生命情感体验,而神韵和理趣却是通过意象达到神韵和理趣的境界,一旦这一目的完成,意象便被遗弃,从而使意象失去它的生命,意象遂亡。所以,在意象观念的形成过程中,韵味和理趣时时都在剥夺着审美意象本质存在的权利,主体自身也会在自觉不自觉间实现这一过程。而这一观念不是兴象说之后才有的,庄子的"得鱼忘筌"、王弼的"得意忘言"都一直在发生着影响,在兴象说以后人们对意象和神韵、理趣的态度是这一影响延续的表现。从这里,也可以看出《周易》开始的哲理意象观念对审美意象观念形成的影响。

所以,我们要把理趣和神韵排除在审美意象本体论的视野之外,在生

[①] 陈伯海:《唐诗学引论》,东方出版中心,2007,第20页。

命本质层面上复归意象的本体意义，这实际上也是中国艺术家所渴望的。在中国艺术家的心目中，一切自然对象都是流动不居的生命形态，艺术家、作家在对自然万物和人生世相的审美过程中达到精神归依和生命价值提升的双重目的。所以有学者说道："中国人常常把生活和审美结合在一起，艺术构思的过程也就是自我实现的过程。宇宙精神的觅致和审美意象的获得是并行不悖的。他们力求在洒然自适的情境中契合欢畅之宇宙精神，大自然的一切……都可激越着活泼泼的主体性灵。……从而在鸢飞鱼跃的情境中迷人森罗万象之中，尽情地吮吸自然的真谛，领略无上的美感。"同时，这种生命皈依"就是在内心归复本明的状态下，建立一种适宜的物我之间的关系。光明澄澈的境界，是自我性灵的栖所，也为万物提供一个居所：在这境界中，提升了自己的性灵，也让万物浸被光辉，却除一切物我冲突之处，将物提升到和人相互照应、相互契合的境界，使物成为光明境界中的物"，"意象在光亮中化生"。① 可以说，意象既面向生命又凝固生命，既表现生命又启发生命，最终导入生命。在审美意象的创构和欣赏过程中，主体与对象的生命本质和情感体验始终处于中心地位，片刻不能脱离。只有在这个意义上，我们探讨意象的生与死才具有意义，也只有在这个视野下来发掘中国古代意象理论及其著作，意象理论在今天才具有更为广阔的意义和价值。

宇文所安说："在概念和语言之间必须有'象'作中介，这个观点对诗歌和文学产生了深远影响。有了它，当诗人观察他周遭世界的形式，物理世界的无限特殊性就可以被减缩为范畴之'象'，继而再减缩为范畴语言。诗人和读者可以假设那些'象'是'意'（关于这个世界为何如此这般）的自然表现。于是，诗之'象'就可能是'意'的体现；而且这种假设还携带着《易》那种至高无上的权威性。"② 这是典型的对审美意象的功利主义和实用主义的心态，在广大研究者和读者中间具有普遍影响。这种观念不利于我们对审美意象进行本体意义的接近与交流。因此，在本体论的意义上研究审美意象的特性和价值，在当今文艺美学界是一项紧迫的任务。

（作者单位：江苏师范大学文学院）

---

① 朱良志：《中国艺术的生命精神》，安徽教育出版社，1995，第358~359页。
② 〔美〕宇文所安：《中国文论：英译与评论》，王柏华、陶庆梅译，上海社会科学院出版社，2003，第34页。

情感的缺失与中国当前美学的问题

寇鹏程

当前中国美学最缺少什么？有些学者提出最缺少信仰，需要补上"信仰的维度"，他认为"神性缺席所导致的心灵困厄，正是美学之为美学的不治之症"。[①] 的确，神性、信仰的虔诚与超越也许是我们当代美学缺少的一个维度。但是与其说缺少的是信仰，不如说我们首先缺少的是情感，因为信仰毕竟更加抽象与虚无，离我们一般人似乎更远，而情感则离我们更近，更加真实而具体，我们更能直观地感受到。因此，情感在美学中更具基础性，更直接，但我们的美学恰恰最缺乏情感，情感都没有，更何谈信仰。较长时间以来，我们其实在用各种方式批判、摧毁着真正的情感，还没有建立起一种真正的情感美学。本来美学在人的精神滋养中，最能提供的资源就是情感的陶冶，但在政治革命的需要与现实急功近利的市场影响下，情感在我们美学理论的价值谱系中越来越被边缘化了。情感美学的缺失是我们精神危机产生的原因之一，是我们当前许多社会问题的深层次动因。

一

也许有人会说，中国艺术自古以来就有"抒情"的传统，我们有"重

---

* 本文系国家社科基金规划项目"中国 20 世纪阶级论文论的知识谱系与价值谱系研究"（16BZW101）、西南大学中央高校创新团队项目"中国文学批评核心价值观的历史变迁暨当代建构研究"成果。

① 潘知常、邓天颖：《叩问美学新千年的现代思路——潘知常教授访谈》，《学术月刊》2005年第3期。

情"的悠久历史。《尚书》有被我们称为诗歌"开山纲领"的"诗言志";《乐记》强调"情动于中,故形于声";《毛诗·序》提出"情动于中,故形于言";陆机说"诗缘情而绮靡";《文心雕龙》要求"以情志为神明,辞采为肌肤";白居易说"根情、苗言、花声、实意";等等。这些形成了一个"气之动物,物之感人,所以摇荡性情,形诸舞咏"的由物到人、由人到文的链条,这样"感物而动""为情造文""发奋著书""不平则鸣"的理念,在中国古典艺术里已经传之久远了,我们的美学怎么会最缺乏情感呢?的确,"有情"是我们美学的一个传统,为什么说现在我们最缺乏的却是情感呢?这里面有我们情感本身的问题,也有当代特殊社会环境的问题。就古代情感美学本身来讲,我们的情感有三个值得注意的方面。

第一,在我们的意识里,"情"常常都只被看作一个人自然原始的本性,多属于本能的触发与直接的反映和感受,是低级的、第一层次的,情感本身还不是我们追求的价值目标,它还需要被后天的社会理想、人伦道德等文明所教化。圣人之所以制礼作乐,制《雅》《颂》之声,就是因为人如果基于自己的本来性情而动,就不可能无乱,因此要制礼乐以导之。《荀子·性恶》认为人之情性都是"饥而欲饱,寒而欲暖,劳而欲休"的原始本能;《韩非子·五蠹》说,人之情性,莫先于父母,皆见爱而未必治也,这样的情感免不了自私狭隘;李翱在《复性书》中提出,情实乃人的本性之动,如果百姓溺之则不能知其本也,这就是说,老百姓都是沉浸于自己的情感而忘记了人的根本大道的。任情则昏,所以到程朱理学时期,理学家追求"万物静观皆自得"的超然境界,不以物喜,不以己悲,这种"圣人无情"的超越性成了一种理想。因此我们的"情"实际上是一个"以理节情"的超越过程,"情"不是我们追求的目标。

我们的"吟咏情性",绝不是单纯吟咏个人的得失苦乐、所思所想,而是必然和家国大事、历史兴衰、天地人伦等联系在一起的。《毛诗·序》里所谓"国史明乎得失之际,伤人伦之废,哀刑政之苛",所以才"吟咏情性",而这种吟咏,也是"发乎情,止乎礼"的,是与家、国紧密联系在一起的,这种社会历史的"超越性"是我们"情感"的特点之一。黄宗羲曾经指出,那些怨女逐臣,触景感物,言乎其所不得不言,这只是"一时之性情也",而孔子删诗以使它合乎"兴观群怨""思无邪"之旨,这才是"万古之性情"。这里表达的"万古之性情"的"情"实际上已经是一种普遍的、社会性的、集体性的"情",而不是单纯个人的感受了。这也导致我们把文章看作"经国之大业,不朽之盛事",看成"三不朽"的事业之一,立言著书也因此担负了神圣的历史使命,不再仅仅是个人之间"求其友声"的共鸣了。由此可见,社会化、神圣化是我们自古以来的"情感"特质。

第二,由于中国艺术对自然、空灵、玄妙境界的追求越来越突出,我们的情感越来越"虚化"。中国传统艺术的美学追求越来越注重"形外""象外""言外",追求境生象外,形似之外求其画,含不尽之意见于言外的"寄托",激赏"镜中之花、水中之月"式的"无迹可求"的"诗味",甚至不着一字,尽得风流。在飘逸、神韵、含蓄、蕴藉、幽深与精妙、传神的追逐中,中国美学的虚化与神秘化成了不争的事实,这种"虚化"境界的追求导致我们的情感也越来越虚化。韩非子提出的是"画犬马难,画鬼神易",欧阳修则提出"画鬼神难,画犬马易"了,因为"犬马"只是"形似",被看作很容易的事情,而以形写神到了苏东坡时则变成"论画以形似,见与儿童邻"了。在虚实、形神、言意、表里、内外等关系上,中国艺术越来越倾向于"虚""神""意""里""外"的"写意"泼墨了。《周易》说"书不尽言,言不尽意",所以"立象以尽意","美在意象"逐渐成为中国艺术的美学原则。情感意象化而不直接抒情的这种"间接性",是我们情感的又一个特点。

在人格追求上,清虚淡远的超脱人格也逐渐成为文人的理想追求。老庄以一种"忘却"与"超越"的精神以及深刻的相对主义思想追求"自然"与"逍遥"的自由境界,不被物役,不被形累,万物随化,一生死,齐万物,"独与天地精神相往来"。这种超然物外、超越形式束缚的自由旷达的精神境界是中国艺术最重要的基因,也是千百年来文人墨客向往的理想人格。艺人追求的消散简远、淡泊素雅,是一种对功名利禄、庸俗猥琐的超越,如陶渊明的无弦琴、王维的雪里芭蕉等。这些固然是一种高洁的志趣与高尚的人格,但在遗世独立般的抛弃大众而自我完善之下,同时也是一种逃避与不负责任,是一种孤独与落寞,是一种对激情人生的负累与消磨,这在一定程度上也是一种冷漠,对于情感本身来说,也是一种较为单一与简单的情感,缺乏情感体验的丰富性与复杂性。如陶渊明不为五斗米折腰的故事,历来为中国文人所欣赏,但从另一面来看,陶渊明的这种行为对自己家人的穷困生活来说,也是一种不负责任,其对社会黑暗的斗争也是一种逃避的心态。

第三，随着中国文学艺术的发展，具有理性色彩的"意"逐渐占了上风，"情"逐渐式微。中国诗歌有"物镜"、"情境"与"意境"，但诗歌的最高境界已经不是"物镜"，不是"情境"，而是"意境"，"意"战胜了"情"，"情"越来越理性化了。南朝时的范晔已提出文章"当以意为主，以文传意"；唐时杜牧也提出"凡文以意为主"；梅尧臣讲究诗歌的"内外意"，要求"内意"尽其理，"外意"尽其象；《中山诗话》特别强调"诗以意为主"，作文"载道"。文以达意，逐渐成了文坛的范式性理念。中国艺术在追求超凡脱俗的"飘逸""神韵""兴趣""妙悟""性灵""童心"的虚化人格情感之外，开始越来越注重理性化内容的传达，越来越注重"法理""格调"的张扬了。宋以来的诗越来越讲求"法""理"，要求"规矩""法度""知识""道理"，"议论为诗"成了一个重要现象。黄庭坚说"无一字无来历""点铁成金""夺胎换骨"，他认为"好作理语"虽然是文章一病，但"当以理为主，理得而辞顺，文章自然出群拔萃"；陈师道强调"君子以法成身"，"可得其法，不可得其巧"；吕本中谈"活法"；苏轼讲"出新意于法度之中"；杨万里说"去词""去意"；姜夔讲"理高妙""意高妙""想高妙"。规矩法理与自然清新的关系已经成为人们争论交谈的中心，"理"与"趣"等代替了情，"情感"已经不是美学的中心话题了。

在"一物须有一理"的"理学"与"吾心即宇宙"的"心学"夹击之下，情感地位的下降是显而易见的。至如"饿死事小，失节事大"对人们的束缚，则更是对情感的摧残。由此"情""理"之间的偏废对立、争论碰撞与调和也就尖锐地凸显出来了。汤显祖为了强调"情"，提出"情有者，理必无；理有者，情必无"，将两者完全对立起来，认为情理毫不相容，从这也可以看出"情""理"的矛盾达到了极点。而钱谦益等则要求性情、学问互相"参会"，调和两者的矛盾。但是从明清文学实践来看，从王世贞等的"文必秦汉，诗必盛唐"的复古，到姚鼐"义理、考据、辞章"的古文，再到翁方纲的考证"肌理"，学问、知识、理性等在美学中的位置明显逐渐高过了情感。叶燮《原诗》提出诗人的四大品格是"才""胆""识""力"，才能与胆识成了诗人最重要的品格，这里面已经没有了"情"。这是中国古代美学历程中所昭示的情感历程。

二

从中国当代文学艺术与美学的实践来看，情感美学被遮蔽得更严重。文艺、美学的核心价值变成更加宏大的话语，在我们美学的价值谱系中，情感成了唯心主义的罪恶，成了"不好说"的，干脆被淡化、被疏远、被忽略的一种忌讳，情感被更加边缘化，成了受批判的一种错误，被看作个人微不足道的东西。路翎《洼地上的战役》发表后，读者一片欢呼，北京大学的学生甚至在广播上逐段朗诵，但是由于作品描写了志愿军战士和朝鲜姑娘之间懵懂的爱情，被批评为破坏了军队"纪律"，宣扬了"温情主义"。《关连长》里，敌人把二十几个孩子作为人质关在大楼里，关连长为了不伤害孩子，不得不改变战略，从而延缓了战斗进程，这被批评为资产阶级的人性论。宗璞的《红豆》，江玫对于与齐虹断绝关系泪流不止，那颗红豆"已经被泪水滴湿了"，这被批评为整个作品"暗淡凄凉"："这当然是一种颓废的、脆弱的、不健康的小资产阶级个人主义的感伤。"[1] 像《红豆》以及类似的作品这样来写"人情"，都被看作小资产阶级的人性论，而只要写到个人的感伤、徘徊、烦恼、痛苦、眼泪、叹息等，就有被批评为"小资情调"的可能，就有被打入吟风赏月的"腐朽""不健康"另册的可能，这种个人的情感在当时被批评为对人民毫无"积极性"，只能培养他们"颓唐的感伤的感情"，根本不能鼓舞人民建设社会主义的高昂"斗志"。

我们知道新中国刚刚成立时的文艺界，由于过分强调文艺从属于政治，文艺往往成了政策的图解，其主要价值标准是"人民大众""革命性""阶级性""真实性""集体主义""现实主义""乐观主义"等。中国古代的"扬、马、班、张、王、杨、卢、骆、韩、柳、欧、苏"由于没有"人民性"，郭沫若认为他们的作品"认真说，实在是糟粕中的糟粕"[2]。而"行乞兴学"的《武训传》感动了不少人，但是由于武训只是希望用教育来使穷人翻身而没有想到革命，最终成了被批判的对象。《红日》中的韩百安要父亲交出他偷拿的集体的粮食，父亲给他下跪他也不心软，这被看作为了集体利益大义灭亲的英雄形象而受到表扬；红军转移时，因为小孩啼哭，

---

[1] 姚文元：《文艺思想论争集》，作家出版社，1964，第150页。
[2] 郭沫若：《郭沫若全集》文学篇第二十卷，人民文学出版社，1992，第88页。

要把那些孩子扔下山谷，有的母亲犹豫落泪，这被批评为个人主义，是人性论。"阶级爱""同志情"掩盖了个人之间的私情，当时的文艺界满是政治化、概念化、口号化、公式化的宏大叙事，到处充斥着血与火的战歌，排山倒海的纪念碑，共产主义的教科书，等等。正是有感于这种假大空的泛滥，巴人说我们的文学作品政治气味太浓，缺乏"人情味"，呼吁作品表达一些"饮食男女"之类的共同"人情"，这被批评为超阶级的人性论。钱谷融先生认为我们的文学还没有以人自身为目的，反对把描写人仅仅看作反映现实的一种工具，呼吁文学应该是真正的人学，一切从人出发，一切为了人，但这种理论被批评为抽象的资产阶级的人道主义论。总之，"人情味"是当时集中批评的对象之一，甚至被看成洪水猛兽。而随后"文革"期间的斗争文化、整人文化、告密文化等"膨胀"，无疑将人与人之间残存的一点情感与信任摧毁殆尽。

从美学本身的发展来看，我们也还没有真正把情感美学提到本体论的高度来进行建构。我们知道新中国成立后的美学大讨论形成了我们通常所说的四大派：蔡仪的客观派，吕荧、高尔泰的主观派，朱光潜的主客观结合派，李泽厚的客观性与社会性结合派。但这四派由于当时唯物主义与唯心主义的严格区分，实际上都主要是认识论的美学，即把"美"作为一个"对象"与"知识"来认识。蔡仪提出："美学的根本问题也就是对客观的美的认识问题。"① 李泽厚当时也强调"美学科学的哲学基本问题是认识论问题"。② 即使是主观派的吕荧，在《美是什么》中也说："我仍然认为：美是人的社会意识，它是人的社会存在的反映，第二性的现象。"③ 其把美学限定在认识论的范围。高尔泰也强调自己愿意"从认识论的角度"来谈谈对美的一些看法。所以，实际上美学"四大派"的哲学出发点都是认识论，都还是知识论第一。

还有一个值得注意的现象是，在当时的美学大讨论中，本来还有一个重要的流派，就是以周谷城为代表的"情感派"，这"第五派"却被排除在美学大讨论的历史之外了。周谷城先生1957年5月8日在《光明日报》发表《美的存在与进化》，1961年3月16日在《光明日报》发表《史学与美学》，1962年在《文汇报》发表《礼乐新解》，1962年12月在《新建设》

---

① 文艺美学丛书编委会：《美学向导》，北京大学出版社，1982，第1页。
② 李泽厚：《美学旧作集》，天津社会科学院出版社，1999，第100页。
③ 吕荧：《吕荧文艺与美学论集》，上海文艺出版社，1984，第400页。

发表《艺术创作的历史地位》等一系列文章,提出:"美的源泉,可能不单纯是情感,但主要的一定是情感。"① 他认为,世界充满斗争,有斗争就有成败,有成败就有快与不快的情感,有了情感,自然会表现出来,表现于物质,能留下来供人欣赏的,就成艺术品。他说:"一切艺术品,务必表现感情;但感情的表现,必借有形的物质。"② 这就是所谓"使情成体"。如果情感不发生,美的来源一定会枯竭。我们每个人的生活,可能不一定都有情感,但是美或艺术或艺术品,是以情感为源泉的,而"依源泉而创造的艺术品,其作用可能不单纯是动人情感;但主要的作用一定是动人情感的"。③ 历史学家处理历史斗争过程及斗争成果,艺术家处理斗争过程与成果所引出的感情。周谷城先生的这一系列关于"情感美学"的论述在当时引起了巨大的争论,朱光潜、李泽厚、马奇、汝信、王子野、刘纲纪、叶秀山、陆贵山、李醒尘等都对周谷城的美学观点展开了批评讨论,生活·读书·新知三联书店辑录的《关于周谷城的美学思想问题》出版了三大册。这样重要的流派,在我们的当代美学史中却一般都不提,只提四大派。比如薛复兴先生的《分化与突围:中国美学 1949—2000》一书,颇有中国当代美学史的味道,但他也只记录了朱光潜、蔡仪、李泽厚及周来祥几人的美学,没有谈及以周谷城为代表的"唯情论"美学。中国当代美学史对于周谷城"情感美学"的遗忘只能说明我们对于情感美学本体论本身的价值重视不够。

"文革"结束后,第四次"文代会"明确提出不再提"文艺从属于政治",为文艺正名成为当时的主要思潮。这时文艺的审美特性受到关注,提出了"文艺美学"的设想,童庆炳、钱中文、王元骧等提出了文学的"审美特征""艺术特性"的概念,"文学是社会生活的审美反映""文学是审美意识形态""文艺是人类对现实的审美认识的重要形式"等理念成为当时审美自觉的主要命题,审美自律的美学逐渐形成。而 20 世纪 80 年代后期,李泽厚以马克思《1844 年经济学-哲学手稿》为基础的"实践美学"逐渐成为美学领域中影响最大的一种学说。他强调制造工具、劳动实践的"积淀"在美学中的基础性地位,理性化为感性,历史化为经验,他把马克思、康德及荣格、格式塔心理学等的一些理论熔为一炉,一时蔚为大观。

---

① 周谷城:《史学与美学》,上海人民出版社,1980,第 104 页。
② 周谷城:《史学与美学》,上海人民出版社,1980,第 108 页。
③ 周谷城:《史学与美学》,上海人民出版社,1980,第 104 页。

李泽厚的"工具本体"过于强调"理性""集体""共性"等概念,引起了一些学者的"对话"与"批评",纷纷要求以"感性""个体"来"突破"实践美学的局限,体验美学、后实践美学纷纷登场,强调个人体验的瞬间性、即时性。而20世纪90年代以来,随着社会主义市场经济的飞速发展,追求物质享受、感官刺激的享乐之风开始盛行,"发财主义""利己主义"等绝对自私自利的个人欲望无限膨胀,人们跟着感觉走,跟着欲望走,急功近利,戾气横行,欺诈、伪善盛行,为了金钱突破价值底线。人们痛感"人文精神的失落""道德的滑坡",社会的失信、失序、失衡与失范导致社会精神的迷惘,摔死婴儿、扶老人被诬、大妈被骗等事件让人们痛心疾首。在此种社会环境下,一种及时行乐式的消费主义理念兴起,日常生活的感官化开始成为一种"新的美学原则",暴露小说、隐私小说、身体写作、下半身写作、美女写作等层见叠出。可以说,为了金钱,中华大地再次群魔乱舞似地沸腾了,人与人之间那种美好的感情似乎烟消云散了,邻居不相识,不跟陌生人说话,处处陷阱,时时提防,我们再也难以寻找到那种"温柔敦厚""文质彬彬"的感觉了。曾经,我们为了政治、为了宏大而虚幻的梦想抛弃了感情,而现在,我们又为了金钱、物质利益再次抛弃了感情,感情成了我们当前最稀薄也最需要的东西了。

三

在这个意义上,情感成了我们美学最需要的东西,也因此具有形而上学的本体论意义。而曾经我们情感的快与不快本身就是我们美学研究的中心,康德的美学实际上就是研究快与不快的情感美学:"为了判别某一对象美或不美,我们不是把它的表象凭借悟性连系于客体以求得知识,而是凭借想象或想象力和悟性的结合,连系于主体和它的快感与不快感。"[1] 也就是说,美学是研究单凭表象引起的快与不快的感情。在康德知、情、意三分的知识体系中,美学是研究情的,而在中国现代美学之初,情感美学也确曾是我们的美学之本。吕澂先生1923年出版的《美学概论》指出,物象美不美,以能否引起人的快感为据;要想知道快感是什么,则又必须首先明白一般感情的含义,这样,吕澂实际上把"感情"作为美的本体;而

---

[1] 〔德〕康德:《判断力批判》,宗白华译,商务印书馆,1964,第39页。

"感情"是什么呢？吕澂认为"由对象引起之精神活动为感情之根据"，"吾人因精神活动而后与对象有感情可言"①；而"精神活动"奠基于"人格"，人格的价值是一切价值的根本。由此吕澂建立起奠基于人格的精神活动的情感美学体系。而在《文艺心理学》中，朱光潜先生也提出："美就是情趣意象化或意象情趣化时心中所觉到恰好的快感。"② 宗白华先生也把美归结为快感，他说："什么叫做美？——'自然'是美的，这是事实。诸君若不相信，只要走出诸君的书室，仰看那檐头金黄色的秋叶在光波中颤抖，或是来到池边柳树下看那白云青天在水波中荡漾，包管你有一种说不出的快感。这种感觉叫做'美'。"③ 实际上，宗白华认为美的快感就是美。可以说中国初期的现代美学，很多都是以快与不快的情感本身作为自己的美学本体的，只是由于中国社会历史发展的特殊进程，面对长期救亡图存的民族解放战争，情感美学被更加"紧迫"的政治美学、革命美学遮蔽了；新中国成立后，由于阶级斗争的特殊情况，情感美学再次被搁置了；21世纪以来，市场经济让我们把眼光投向了感官解放与欲望满足，情感美学再次被中断，我们的美学远离了情感。

李泽厚在实践美学"工具本体"的建构过程中，实际上已经从他的历史积淀的人性结构，即文化心理结构这一模态中提出了"心理情感本体"的命题。他在1989年关于主体性的《第四提纲》里提出："人性、情感、偶然，是我所企望的哲学的命运主题，它将诗意地展开于二十一世纪。"④ 而且他在《美学四讲》里高喊："情感本体万岁，新感性万岁，人类万岁。"⑤ 但是，这种"情本体"在学界的反响不大，正如李泽厚自己所说："总的看，学界是保持沉默。"⑥ 究其原因，也许是一来，人们认为李泽厚的"情本体"是他的"工具本体"的"积淀"，两个本体实际上还是只有一个"工具本体"；二来，他说的情本体就是日常生活的"日用伦常"，即无本体，这种情本体美学也就是另一种"生活美学"了，人们把它看作中国传统的人生哲学——而他观念中浓厚的海德格尔味，人们又把他的情本体看

---

① 吕澂：《美学概论》，上海书店，1923，第1页。
② 朱光潜：《朱光潜全集》第1卷，安徽教育出版社，1987，第347页。
③ 宗白华：《宗白华全集》第1卷，安徽教育出版社，1996，第310页。
④ 李泽厚：《李泽厚哲学文存》下编，安徽文艺出版社，1999，第662页。
⑤ 李泽厚：《美学三书》，安徽文艺出版社，1999，第596页。
⑥ 李泽厚：《李泽厚对话集：中国哲学登场》，中华书局，2014，第82页。

作另一种存在主义美学；三来，李泽厚主要从后现代哲学背景下人的孤独、荒诞与异化这样的世界性难题来讲情本体，来讲人"为什么活"，"如何活"，"活得怎样"，以此来把握"人类的命运"，所以人们把它当作另一种后现代哲学，一种人类学美学，觉得无甚新鲜；四来，李泽厚提出"情本体"后，并无太多相应阐释。由此，他的"情本体"美学的当代意义、现实意义并没有引起学界足够的重视。

（作者单位：西南大学文学院）

艺术跨界与美学重构

李 雷

在崇尚多元化后现代主义的今天，建基于审美独立和艺术自律的现代艺术分类原则，因与当下的艺术发展现实矛盾不断而逐渐丧失其理论合法性，取而代之的是艺术的跨文化、跨领域交流与合作，借用当下颇为时髦的话语，便是艺术的"跨界"（Crossover）。目前，不同艺术门类、艺术风格间的借鉴与融合，甚至艺术与时尚、金融、地产等其他行业相互合作、彼此借力等愈加广泛的艺术现实足以表明：艺术跨界已不单纯是某个或某些艺术事件，而是一种艺术发展趋势，引领着当今的艺术时尚和潮流，代表了一种区别于现代审美价值取向的新型艺术理念。

显然，艺术跨界风尚的盛行正在改变艺术发展的历史，其为艺术本身注入越来越多的新鲜元素，艺术也因此日益成为一种更具包容性的"大艺术"，从而使其在充斥着"艺术终结"悲观论调的后现代文化场域中表现出某种突围和新生的可能性，而这无异于一场新型的艺术革命。那么，艺术跨界，这一具有革新意义的艺术观念及其实践从何开始，因何而生，具体表现为何种形态，又该作何评价等问题，应是当下艺术研究与批评的重点所在。

一 艺术跨界：后现代去分化的产物

考察艺术跨界的肇始，需明确"艺术跨界"的意指。不难发现，"艺术跨界"中的"艺术"是指建基于现代理性和审美观念的现代意义上的"艺术"，而非前现代时期泛指的各种技能或技艺（skill）。英国著名文化研究学者威廉斯在《关键词：文化与社会的词汇》中对"艺术"进行考证时发现，"艺术"的原初概念指向任何的技能、技艺或工艺，具有较强的实用性、功利性和应用性特征，"艺术"的这种宽泛所指直到17世纪末期才逐渐转变为特指绘画、雕塑、音乐等。"跨界"所跨越的便是由现代艺术概念体系所设置的诸多边界。所以确切地说，艺术跨界是对现代艺术边界的否定和跨越，那么，对现代艺术分类原则的了解便显得尤为必要。

按照马克斯·韦伯的社会学理论，前现代社会中，艺术与其他的人类活动和价值领域是有机地融合在一起的，无论是中国传统的"诗乐舞一体化"说法，还是西方古典时期艺术乃哲学或神学奴婢的观念，皆足以说明，前现代时期，艺术更多的时候从属于政治训诫、道德教化或宗教教义，强调的是其功能性和实用性，即便存在模糊的艺术分类意识，也并不自觉。而人类步入现代社会的一大表征便是艺术的独立。随着社会的分化愈加明显，职业分工愈加明确，艺术得以逐渐摆脱以往外在的非艺术因素（宗教或政治）的控制，从自身寻求其合法化依据。在艺术活动中，道德判断逐步被趣味判断所取代，艺术的审美价值成为判断艺术的主导性标准。与此同时，以往靠皇室或贵族赞助的艺术家群体，也慢慢转向市场成为独立自足的职业艺术家。

现代艺术的独立不仅表现于艺术与其他的人类活动和价值领域的分化，而且体现在艺术内部的界限日趋明显，即各艺术门类之间的区别与独特性被置于首要的位置，各艺术门类通过确立自身形式或媒介的纯粹性来探寻不同于其他艺术的本体论依据。著名现代艺术批评家格林伯格认为，现代艺术崇尚自身批判，这种自身批判是为保留自身所具有的特殊性而抛弃来自其他艺术的媒介效果。"如此一来，每门艺术都变成了'纯粹的'，并在这种'纯粹性'中寻找自身质的标准和独立性标准的保证。'纯粹性'意味着自身限定，因而艺术中的自身批判剧烈地演变为一种自我界定。"[①] 这种对自身纯粹性和独特性的强调，使得艺术的门类渐趋细化，亦加速了艺术内部的分宗立派和对不同风格的追求与塑造。以西方绘画为例，文艺复兴以来的绘画为达到逼真的写实效果，会学习雕塑艺术，努力在二维的平面上经营一种深度的空间幻觉，而现代主义绘画则还原和突出其平面性，强

---

① 〔美〕克莱门特·格林伯格：《现代主义绘画》，转自〔法〕福柯等《激进的美学锋芒》，周宪译，中国人民大学出版社，2003，第205页。

调绘画之所以是绘画,而不是雕塑或其他什么艺术,就在于其平面性、色彩、构图和形式等。对于这些绘画要素不同方面的侧重则导致了现代主义绘画流派的异彩纷呈,例如,印象派痴迷于色彩,立体主义则注重对纯绘画性结构的组建,超现实主义关注无意识和梦幻等。[1]

基于这种艺术分类及艺术风格的分化,现代意义上的"艺术"概念得以确立,基于创作介质、存在方式或对艺术品感知方式的差异,不同的艺术门类得以区别并逐步细化,各种艺术美学风格也随之渐趋明确和成熟。这对于各门类艺术的纵深发展与理论研究自然有益,但无形之中大大限制了各门类艺术之间的交流,束缚了艺术家的创作自由,使得不同艺术各自"画地为牢",甚至艺术与社会生活、日常经验之间的联系也日渐疏远,艺术创造在各式各样风格的转换之间却难掩形式主义的尴尬与本质主义的弊病。于是,日渐体制化和机械化的现代艺术理念面临着越来越多人的质疑与反对,率先大规模地举起反现代艺术旗帜的是20世纪60年代初期的激浪艺术(Fluxus)。

受约翰·凯奇实验音乐的影响,激浪派故意疏离被博物馆画廊展览、批评和学术研究程式化的所谓"高雅艺术",否认现代主义艺术的神圣性和严肃性,否认传统规定的音乐、文学和视觉艺术之间的界限,致力于艺术边界的扩大。一方面,其效法杜尚的"现成品艺术"概念将日常生活行为和经验纳入艺术范畴,或使艺术向日常生活的偶发事件开放;另一方面,将实验艺术放到各种不同门类的艺术和不同媒介的交叉地带,例如音乐和诗歌、设计和诗歌、音乐和图形、音乐和戏剧表演、通俗艺术和高雅艺术、艺术与生活等概念的联结处。为了说明激浪派并非简单地增加或并置不同材料,其代表人物迪克·希金斯创造了"互动媒介"(intermedia)一词以强调在特定空间不同艺术样式及其构成材质之间的关系[2],这便是艺术跨界最初的实践设想与理论规定。

某种意义上,正是激浪派艺术开启了西方后现代艺术的大门,率先为艺术的跨界融合赢得了广泛的支持,其具有创新意义,极大地带动并影响了包括极简主义、观念艺术、行为艺术、装置艺术、多媒体艺术等在内的后现代艺术流派。作为对愈加束缚艺术发展的分化与界限的反叛者,后现

---

[1] 参见周宪《审美现代性批判》,商务印书馆,2005,第310~315页。
[2] 〔美〕安德里斯·海森:《回到未来:关于激浪派艺术》,张朝晖译,选自《激浪的精神》展览图录,沃克艺术中心,1999。

代艺术家们摒弃现代主义艺术的纯粹性，拒绝个人风格和艺术的统一，不仅尝试修复艺术和诸如商业、娱乐、政治、工艺设计和科学技术等其他人类活动之间断裂的关系，填补现代艺术与生活之间的交叉空白，而且果断跨越现代艺术分类学原则，大胆挪用其他艺术类型的手法和技巧，追求艺术风格的复杂化、多样性和各种因素的"混搭"，从而引领了延续至今的后现代主义"去分化"艺术时尚。后现代主义艺术大师安迪·沃霍尔以"跨界"创作而闻名，其创作横跨绘画、摄影、雕塑、电影、音乐、文学等多个领域，《玛丽莲·梦露》《毛泽东》《坎贝尔汤罐》等代表作即是其跨越绘画、摄影和广告印刷之间界限的经典艺术品。对于后现代艺术实践，苏珊·桑塔格认识并充分肯定了其中的新意及革命性。她指出："我们这个社会产生的问题不再允许某种门类化的处理方式，我们正在接近一个无分类的社会，将事物再分门别类是绝对不合时宜的。"[1] 可见，艺术跨界既是艺术自身发展的内在需求，亦是时代与社会进步的必然结果。

需注意的是，尽管当代艺术跨界是在颠覆了现代主义者所精心营构的艺术分类原则之后的后现代艺术时尚，但事实上，艺术的跨界与融合在前现代时期一直占据着文艺发展的主流。古希腊时期的柏拉图、亚里士多德等甚至一人开创了现代意义上的诸多学科；文艺复兴时期，众多艺术家在摆脱宗教专制束缚后所释放出的艺术能量几乎涵盖了包括绘画、雕塑、建筑、音乐、设计、哲学、医学、科学等在内的当今所有学科门类，著名的"文艺复兴艺术三杰"便是其中的佼佼者。在西方的"艺术""美术"等概念未传入现代中国之前，中国的传统文人雅士历来把"琴棋书画"、诗词格律作为文化素养的综合体现，司马相如、王维、苏轼、唐寅、李渔等皆是此中的代表。如果说他们的艺术跨界实践尚存有自觉追求、有意为之的意味的话，那么对于许多天才艺术家而言，艺术与非艺术、艺术与艺术之间似乎并无边界，固有的艺术规则与律令亦是失效的，不同的艺术形式仅是展现其艺术才华的载体，艺术跨界是自然而然的随性而为。

所以说，从艺术史的角度来看，艺术跨界在某种程度上是对前现代艺术的回归，是对被审美现代性割裂了的古典艺术传统的重新接续。更确切地说，艺术跨界是一种后现代主义艺术观念，其对现代主义艺术律令与规

---

[1] Susan Sontag, *Against Interpretation and Other Essays*, New York: Farrar, Straus and Giroux, 1966, p. 23.

定性界定的挑战，意味着现代趣味专制的终结，代表了对现代主义艺术观念的质疑与反叛，是和后现代主义思潮同时而生的，且与其他复杂多元的后现代主义理念和实践共同构成了"怎么都行"（保罗·费耶阿本德语）、"人人都是艺术家"（波伊斯语）的后现代文化艺术图景。

二 艺术跨界的路径与类型

仔细审视当下的文化艺术现实，即可发现，纷繁复杂的艺术跨界实践可大体划分为艺术与非艺术的跨界和艺术内部的跨界两大类型，其中既有对前现代艺术自然融合的传承，又有基于现时条件的跨界创新。正如任何艺术跨界皆同中有异一样，促成这两类艺术跨界的原因也不尽相同。

（一）艺术与非艺术的跨界

艺术与非艺术的跨界，首要的亦是最普遍的，莫过于艺术与商业、时尚的跨界。众所周知，当今社会是一个商品供应远远超出商品需求的消费型社会，其最显在的文化表征即商品的符号价值或象征价值超越其"自然"的使用价值和交换价值上升为主导价值，商品被越来越多地赋予身份、地位、品味、怀旧、休闲等附加文化内涵，消费者对商品的享用不再是一种简单的物欲满足，而是指向某种审美旨趣和生活方式的达成。于是，商品的外在形式美感与内在文化品味诉求得到前所未有的强调和重视，为此，越来越多的商品，尤其是时尚品牌倾向于与艺术联姻，借助艺术元素的植入而延续自身的品牌文化和提升自身的符号价值。与此同时，受消费文化逻辑的侵蚀，消费主义时代的艺术也已走出"象牙塔"而进入"寻常百姓家"，艺术与生活的界限逐渐被抹平。一方面，艺术日趋商业化和产业化，包含消费、收藏与投资等环节，类似于商品市场的艺术品市场逐步完善，艺术品可以像商品一样自由买卖。恰如杰姆逊所言，"在后现代主义的文化已经从过去那种特定的'文化圈层'中扩张出来，进入了人们的日常生活，成为了消费品"。[①] 另一方面，越来越多的日常生活用品、偶发事件、行为表演等元素被移植于艺术创作之中，甚至被直接视为艺术作品，这无疑为艺术被纳入工业设计、广告和相关的符号与影像的商品生产提供了最直接

---

① 〔美〕杰姆逊：《后现代主义与文化理论》，唐小兵译，北京大学出版社，2005，第146页。

的可操作性。在此基础上，艺术与商业、时尚的跨界合作应运而生。

艺术与商业、时尚跨界合作的形式颇为多元，无论是直接邀请艺术家参与品牌设计、形象改造和外在包装，或是设置某项基金褒奖或赞助一个或多个与自身品牌精神气质相契合的艺术家，以此来宣传自身品牌文化，还是间接赞助艺术活动吸引艺术界消费群体，都成为当下热门的跨界合作方式。其中的经典案例莫过于 LV 与日本知名艺术家村上隆的合作。2000年，路易·威登（Louis Vuitton）设计总监马克·雅克布邀请村上隆与其合作，力求改变 LV 虽成熟经典却颇为刻板老气的品牌形象，村上隆将其钟爱的颜色及樱花、蘑菇等多彩图案用于 LV 的经典 Monogram 之上，顿时给 LV 稳重优雅的传统形象注入了清新与活力，带给人们极大的感官审美愉悦，使其销售额提升了 10％，这也直接促成了双方 2005 年的再次合作。尽管村上隆为此遭受了颇多非议，但巨大的、有形或无形的收益更坚定了其寻求艺术与时尚、娱乐融合的信念。无疑，此次合作直接开启和引领了艺术与时尚品牌的跨界合作潮流。马克·雅克布曾颇为得意地说："它曾经，而且持续是艺术与商业最佳的结合。"

所以说，在消费文化盛行的当下，艺术与商业、时尚的跨界是一种你情我愿、双向选择的结果，既可以视其为正常的商业行为，亦可称之为前卫艺术实践。其得益于后现代艺术与生活界限的消弭，印证着后现代文化的消费本质，无形中也强化了当下艺术的商品属性，将商品生产和艺术创作皆推向更广阔的天地。

（二）艺术内部的跨界

相比于艺术与商业、时尚的跨界，艺术内部的跨界似乎更加纯粹，也更具自主性。艺术家们往往依据自身的创作诉求与审美喜好，借助不同艺术门类之间的对话与碰撞，激发艺术创作灵感，开拓新颖的艺术表达方式。当然，这种跨界尝试，并非刻意地冷落或放弃自身所擅长的艺术领域，而是择取一种全新的视角，置换一些固定的思维，借助别样的艺术媒介和不同的表现手段寻求一种艺术创新的可能性。

近年来，这种涉足不同艺术领域并尝试跨界的艺术家大有人在，而且涉及的领域几乎囊括了绘画、建筑、雕塑、音乐、舞蹈、戏剧、电影等所有艺术门类，如曾经的 Gucci 设计总监 Tom Ford 从事设计之余拍摄电影，西班牙电影大师卡洛斯·绍拉曾执导舞剧《莎乐美》等，这些艺术跨界行为皆取得了不同程度的成功，极大地推动了当下的艺术跨界热潮。中国内地的艺术跨界第一人非张艺谋莫属，从他执导歌剧《图兰朵》（1997）、芭蕾舞剧《大红灯笼高高挂》（2001）、实景歌舞剧《印象·刘三姐》（2004），到2008年担任北京奥运会开幕式总导演，张艺谋似乎总在"不务正业"，但正是他的一次次大胆尝试，将中国传统文化艺术的精髓展现于世界舞台上，奠定了中国艺术符号的国际地位，并为自己赢得了"国师"的美誉。

不难发现，当下不同艺术门类间的跨界似乎皆与视觉艺术有关，而这恰与后现代时期视觉文化占据主导的文化现实相契合，视觉经验和符号图像已成为我们获取信息、理解现实和把握世界的关键媒介，这使得几乎所有的艺术家皆努力地以视觉化艺术语言来呈现其艺术理念和艺术作品。如此一来，MTV这种新型音乐形式的产生便不足为奇，张艺谋的跨界创作能够不断突破，屡获成功也便理所当然。北京电影学院导演系教授郑洞天认为："张艺谋的长处在于视觉艺术，他可算是当代中国电影的视觉先锋。无论歌剧、舞剧，还是大型场外歌舞剧，都和视觉艺术息息相关，从这个意义来讲，张艺谋搞的是一种'大视觉'，而并非像有些评论所说的'不务正业'。"

另外，媒介技术的不断进步和艺术手段的不断丰富，一方面为不同领域艺术家的交流合作增加了可能性和可操作空间，另一方面也为艺术家突破自身艺术特长，尝试其他艺术门类提供了诸多便利，这使得艺术家在谙熟本专业艺术技巧的前提下有条件也有能力勇于涉足有着共通性的其他艺术领域。当然，此类型跨界的产生存在着多重原因，不排除有些艺术家的跨界纯属追逐风尚的"玩票"之举，或是极力"延展"自身艺术生命的策略。

相对纯粹的艺术跨界不仅包括各艺术门类间的交叉合作，更体现于不同艺术风格之间的借鉴融合。因仍属同一艺术领域，艺术风格跨界可能不像艺术门类跨界那样涉及不同材质、形式或媒介，而是在共同艺术本体的基础上打破不同风格间的藩篱，从而尝试进行有效的对话。尽管其对于内容可能不会带来巨大的变化，却意味着风格的转变以及表达方式的创新，亦会为艺术的发展带来诸多可能性。这种风格跨界广泛存在于音乐、建筑、绘画等艺术领域。仅以音乐为例，英国女高音莎拉·布莱曼用古典音乐的歌唱技法演绎流行音乐，这种跨界演唱方式综合了古典与流行的妙处，比起流行音乐更为内敛，较之古典音乐更为活泼，带给听众一种似曾相识又别具风味的聆听体验，因此被广为接受。中国的"女子十二乐坊"则开创了传统民乐与流行音乐的结合，她们借助流行音乐的元素给予长期以来几成固态的民乐表演以多媒体、多视角的新姿，追求在电声帮衬的综合声音中尽量凸显民乐声部，在逐步确立其别具一格演奏风格的同时，也极为有效地推广了中国民族乐器，拓展了民族器乐的欣赏群体。这些因风格的糅合而产生的颇令人欣喜的艺术效果，无不昭示着艺术风格跨界的必要性与可行性。

事实上，既然艺术门类跨界与艺术风格跨界同是发生于艺术内部，二者共时进行的多元跨界也就不罕见了。有时出于形式创新的艺术本体需要，或出于拓展受众群体的经济收益考虑，艺术家会彻底放弃"门户之见"，综合多种艺术元素和不同艺术风格为我所用，创造出一种令人耳目一新的艺术样式。"女子十二乐坊"的"视觉音乐"（"女子十二乐坊"的经纪人王晓京如此定位）即这种多元跨界的典型。显然，其音乐表演并非简单的流行音乐与传统民乐的结合，还包括声、光、色、舞等多元艺术形态的综合运用，其所呈现的是由多种民族乐器的和谐之声与12位乐手统一的外形之美共同呈现的纯粹"声色之美"，可谓听觉艺术与视觉艺术、古典与现代、传统与流行，甚至东方与西方之间的完美跨界。

通过对上述两种类型的艺术跨界的分析与比较，我们可以发现，无论是出于他者的邀约，或是艺术家的主动尝试，还是艺术发展的内在需求，艺术跨界皆与商业资本这一幕后推手有些许关联。在某种程度上，后现代主义时期资本对艺术领域的强势介入，改变了当代艺术的存在形态、创作模式及接受方式，加强了艺术与非艺术以及艺术内部的合作，从而助推了艺术跨界的热潮。

三 艺术跨界并非无界

无疑，艺术跨界作为一种混杂文化形态，在当今后现代社会的文化图景中愈演愈烈，甚至被某些前卫艺术家视为艺术创新的不二法门并上升至艺术理想与未来生活方式的高度。随着其艺术价值、美学价值及商业价值的日渐凸显，艺术跨界作为一种艺术创作的新型路径也得到越来越多人的认可与效仿。

艺术跨界打破了现代主义艺术自说自话、相互分化的狭隘观念，将艺术之外的社会、日常生活等其他观念元素纳入自身，重建了艺术与社会、日常生活之间的关系，改写了"艺术"概念和现代美学原则，从而使后现代艺术更加多元，亦更具包容性。同时，艺术跨界拔除了横亘于各艺术门类间的藩篱，建立了艺术交叉共生的可能性，带给艺术家更多的创作自由与空间，这对于整个社会文化艺术生态的调节有着难以估量的积极作用。但这并不意味着跨界便是艺术获得新生的唯一出路，更不代表任何跨界皆是成功且完美的艺术创新之举，因为艺术跨界自诞生之日便伴随着坚守艺术纯粹性的艺术家或艺术批评家的质疑与批判，更何况众多的艺术跨界尝试中不乏失败的案例，所以，我们需冷静客观地看待艺术跨界现象。

其一，艺术跨界是当今消费主义时代艺术商业化和产业化的产物。面对竞争日趋激烈的文化艺术市场，艺术家聚合各类资源进行优化组合，自然可以创生既有创意又有效益的文化艺术产品。但商业资本的介入，使得艺术跨界有时并非完全是出于艺术本体的考量，其或是资方利用"跨界"的噱头进行商业炒作和迎合市场以争取更大商业利润的营销策略——这可能在当下的艺术与时尚、商业的跨界实践中广泛存在；或是艺术家为追逐名利和跨界风尚而进行的"玩票"——本身并无多少宏大或高尚的艺术追求，这些跨界艺术品的艺术美学价值势必会大打折扣。

其二，某种程度上，艺术跨界是艺术精英阶层面对艺术与生活界限抹平、雅俗共赏的当代艺术现实，力图维护或重建昔日的对文化艺术权威垄断的一种被动性策略。布迪厄在其《区隔》（*Distinction*）一书中富有洞见性地指出，现代社会中，人们根据文化方面的品味相互认同和彼此区分，从而形成无形的阶层界限，而且随着社会的发展，这种文化品味与阶层界限一直处于动态变化之中，"当下层群体向上层群体的品味提出挑战或予以篡夺，从而引起上层群体通过采用新的品味、重新建立和维持原有的距离来作出回应时，新的品味或通货膨胀就引介到场域中来了"。[①] 于是，类似于"犬兔"越野追逐式的社会游戏便形成了。一直以时尚品味与高雅生活引领者自居的文化艺术界精英，当其所立法并独享的生活品味与艺术追求变得愈加普遍时，势必需要以新的方式树立别样的趣味来重建社会距离，从而维持其身份与地位。依此而论，某些艺术家在本行业门槛愈低的情形下尝试跨界创作，某种意义上可能是出于维护自身艺术权威与经济利益的

[①]〔英〕费瑟斯通：《消费文化与后现代主义》，刘精明译，译林出版社，2000，第129页。

"思变"性选择，只是此种潜意识初衷在成功的跨界实践之后慢慢内化为其艺术创新的自觉性诉求。

其三，艺术跨界貌似是对现代主义艺术律令的彻底胜利，但事实上，跨界包含着对传统艺术体制的含蓄的依赖，而跨界艺术家一直试图遮蔽这一事实。因为只有在现存的或者原来占主导地位的边界意识仍然受到尊重，至少是被普遍认可的时候，跨界艺术的乌托邦空间才能存在于各种媒介之间，其革命性也才能得到最大程度的彰显，所以，跨界并非彻底的无界，而是在谙熟各艺术分界的基础上进行超越尝试，或者说，艺术跨界需要维持一个"度"，需在"有界"基础上进行"跨界"，以此实现自身艺术身份的完整性与多样性的统一。

基于上述几点，我们可以发现，艺术家在跨界中无疑占据着至关重要的主体地位。艺术家冒着摧毁自身独享的神圣权威的风险，去挑战另一领域或别样风格，既可能出于艺术创新的诉求，也可能出于非艺术的外在因素，但只有具备足够的艺术涵养和对所跨领域的媒介、材质等有充分的把握，方有可能创作出优秀的跨界艺术品，否则，带来的可能是对艺术及其艺术生命的双重破坏。所以，艺术跨界可以说是颇具价值的艺术创新途径，但能否成为艺术发展的未来趋向，尚需艺术史的检验。

（作者单位：中国艺术研究院）

艺术家的出场

——现代艺术生产机制的生成及局限

孙晓霞

20世纪80年代初期的中国，为反戈被政治意识形态控制的僵化的艺术创作局面，在各艺术门类中都出现了关于艺术形式及对艺术主体性的大讨论。源自西方的自律艺术观念在各艺术学科中深深扎根，到如今，这种现代艺术观已经如空气一般环绕在我们周围，控制了人们艺术活动的方方面面。但综观中国当下实际的艺术活动，其既有政治主导下的主流现代艺术生产，也有艺术家圈子维护的现代及后现代艺术生产，还有以民族民间文化及大众日常生活为主导的日常生活化的艺术活动，等等。在这样一种多层次的、多维度的复调式艺术生产图景之下，以自律论为基础的、以审美为唯一目的的单一现代艺术生产机制，在具体的实践过程中并不完全适应。

马克思认为艺术是一种受生产普遍规律支配的特殊精神产物，他指出："宗教、家庭、国家、法、道德、科学、艺术等等，都不过是生产的一些特殊的方式，并且受生产的普遍规律的支配。"[①] 现代艺术无疑是在一定历史时期生成的专业化的生产实践，而这种实践方式的转变与艺术观念的变迁有着直接的对应关系。在乔治·迪基和霍华德·S. 贝克尔等人看来，艺术品赖以存在的社会性生产结构，如艺术制度及相关人员的相互协作模式等决定了艺术世界的样式，赋予了作品艺术地位。实际上，围绕着艺术作品，艺术家、批评家、史学家、理论家乃至普通欣赏者等人的相互作用使艺术世界的机器不停地运转，得以继续生存。专业艺术家创作艺术品，并由观

---

① 《马克思恩格斯全集》第42卷，人民出版社，1979，第121页。

者在专业空间进行欣赏活动,这样一种习以为常的"生产"模式与"现代艺术"及"当代艺术"观念之间有着错综复杂的联系,其中,个体身份地位及彼此间的关系变化影响着艺术观念的转变。那么这些人是如何在一个有机体系中存在的,他们各自的角色定位与彼此间的关系是如何生成及演变的,艺术家、批评家及观众是如何被养成的,这一系列问题都需要从历史演变的角度来考察艺术生产机制[1],这将是我们洞悉艺术世界的一个新视角。

一 走出现代艺术观

对现代主义的批判可能从它诞生的那一天就开始了。关于它带来的文化霸权,引发的文化同质化等问题,学界都有过激烈的论争,对唯审美、强调艺术自由的现代艺术的合法性,学界也有不同的看法。列文森就认为:"任何我们所认定为艺术界或艺术实践的事物都可能会展示出审美方面的相关性,至少在其最初是这样的,但这只是由于审美相关性在我们的(即,西方的)艺术制作传统中出现了好多世纪并持续了上千年。换句话说,它并不是一个奇异的偶然现象,也不是一种关于我们所认定的艺术实践会包括教化和人为授予事物审美特征的一种概念性真理,它只是那样一些原初的并持续了多年的看法,而这种看法几乎未加任何验证就成为我们对艺术实践肤浅认知中的主流观念。"[2] 恰恰是这个未加验证的艺术观念,为我们当代的艺术实践带来了不少困境和局限。不同空间和时间上存在着多样化的艺术活动,这些领域内的艺术活动不能只用现代艺术观这一种范式进行评判或展示、排列,择取什么样的艺术观将直接影响到我们整个社会的艺术存在方式。

在国内,跳出现代艺术观来论证他样艺术实践的合理性,已成为理论

---

[1] "机制"一词在《辞海》中的解释为"有机体的构造、功能和相互关系"或"一个工作系统的组织或部分之间相互作用的过程和方式"。"体制"的解释为"国家机关、企业事业单位在机构设置、领导隶属关系和管理权限划分等方面的体系、制度、方法、形式等的总称。如政治体制、经济体制等"。与体制相比,机制更侧重于指向事物的内在工作方式,包括有关组成部分的相互关系及各种变化的相互联系。因此,本文重点考察现代艺术生产的结构及各要素间的关系构成。

[2] Jerrold Levinson, "The Irreducible Historicality of the Concept of Art", *British Journal of Aesthetics*, Vol. 42, No. 4, October 2002, pp. 367 – 379.

研究的新热点。早在1989年，日本学者木村重信的《何谓民族艺术学》一文被翻译过来，文中提出，在arts和ART这个统一完整和确定的概念之间建立第三条道路，"把艺术在与总体性的生命的联系中加以把握，在艺术与各种文化现象的关系中加以重新探讨"。① 1991年，李心峰也发文倡导在我国开展"民族艺术学"研究，提出："（民族艺术学）是种带有方法论意义的范畴。就是说，它是从民族性这一独特视角对整个艺术世界一切艺术现象的抽象和概括。正像艺术可以从个人性和世界性角度分别去把握一样，任何艺术都可以从民族学角度，从艺术的民族性、民族特点、形式、风格、民族审美意识、思维方式、文化背景等方面去考察。"② 近年来，这种理论趋势更加明显。作为一个新兴学科，以田野考察为主要研究方法的艺术人类学学科的发展态势引人注目。其他很多学者也关注中国历史及现实中艺术观念的多样化问题，并从不同的角度撰文著述，希望扩展中国艺术观念和美学研究的理论视域。刘悦笛认为我们的当代艺术活动中存在着两种错位现象，一个是艺术实践与艺术观念的错位，另一个是艺术观念与艺术理论的错位，要形成真正具有"中国性"的艺术观，就必须要转换艺术观念。③ 显然，今日的理论家都已意识到"艺术绝不单单存在于可以找到它的名称的地方，也不单单存在于它的概念被人发展、它的理论被人建立的地方"④。因此，理论家于现代艺术系统之外不断扩展、丰富艺术观，"生态美学""生活美学""生命美学""城市美学"等理论的推进和发展，都在挑战"审美非功利""为艺术而艺术"等自律论的现代艺术观霸权。恢复审美与生活之间的本然关联成为艺术新的理论方向。

不过，还有较为重要的一环需要被关注，那就是深刻影响着我们当下的艺术实践活动的现代艺术生产机制。与其他时空背景下的艺术活动相比，现代艺术是一种职业化群体（其中有艺术家和非艺术家的区分）完成的生产活动，艺术家、艺术作品、艺术接受三要素互相独立，三者之间有清晰的分野和界限，侧重以作品有纯粹、独立的"艺术"意义来实现艺术家的价值。这势必会造成我们的艺术史及艺术理论多集中在对艺术作品的研究

---

① 〔日〕木村重信：《何谓民族艺术学》，李心峰译，《民族艺术》1989年第3期。
② 李心峰：《民族艺术学试想》，《民族艺术》1991年第1期。
③ 刘悦笛：《以"生活美学"革新当代艺术观》，《中国艺术报》2012年2月20日。
④ 〔波〕瓦迪斯瓦夫·塔塔尔凯维奇：《西方六大美学观念史》，刘文潭译，上海译文出版社，2006，第51页。

分析。但是人类学家梅里亚姆认为，以作品为重心的艺术研究，从本质上说是描述性的，这种情况造成了艺术研究成为一种高度专业性并具有限制性的领域。因此他提出应将艺术视为一种行为，艺术研究应关注艺术行为的整个过程。① 彼得·比格尔也提出："只有体制本身，而非关于艺术作品的先验体验概念，才能以精确的、历史性的、可重复出现的方式说明艺术的本质。"② 要言之，回到艺术机制本身，通过了解其形成的历史动因，或许可以为破解当下艺术观错位的难题提供新的通道。如诺埃尔·卡罗尔所言："当我们提出'艺术是什么？'的问题时，我们想了解的东西主要与艺术实践的特性和结构有关——我想指出，一般而言，最容易通过历史叙事的方式来研究它们。"③ 那么我们就从现代艺术生产机制最初形成的历史时期洞悉其生发的内部动因，这将有助于我们理解现代艺术的特性与局限。

二 现代艺术机制的生成

西方世界从一开始就坚信，在人类历史上，艺术家是不同于常人的一群人，不论他被视为工匠还是天才，艺术家至少都是拥有或掌握关于真实与美的规则或秩序等"特殊技能"的人。只是在最初，艺术家及其所创作的作品还都默默无名，他们这种创造性工作隐匿在各式各样的社会生活中，为狩猎、庆祝或纪念生命过程而进行相关的艺术活动。但是我们看到，进入古希腊时期后，哲学家们开始关注艺术，让艺术活动具有了特殊的含义。

1. 哲学家与神学家的代言

在古希腊时期，"艺术"一词浑融在物品制作的技艺之中，但柏拉图和亚里士多德所关注的艺术是一项不同于工匠的制作的技能，二人都没有将它理解为那种有意识的、计划性的技艺型活动，而是指向具体的"诗、戏剧、绘画、雕塑、音乐和舞蹈等"。柏拉图和亚里士多德在寻求各种艺术的统一性时提出了"摹仿"（mimesis）理论，认为前述这些活动有一种共同的特征："他们全都是摹仿的。"④ 不过亚里士多德与柏拉图不同，他认为，

---

① 转引自李修建《人类学家如何定义艺术》，《中国社会科学报》2011年5月17日。
② 〔德〕彼得·比格尔：《先锋派理论》，高建平译，商务印书馆，2005，第37页。
③ 〔美〕诺埃尔·卡罗尔：《超越美学》，李媛媛译，商务印书馆，2006，序言Ⅳ。
④ 参考 Noël Carroll, *Philosophy of Art: A Contemporary Introduction*, Routledge (11 New Fetter Lane, London EC4P 4EE), London and New York, p. 21。

艺术家有按照事物如其所是或其必然性、可能性进行再现的自由和能力。在古希腊人看来，音乐是调和音乐家神性狂热与理性可信的数学基础的中间因素；雕刻试图捕捉永恒、完整的理想形象；戏剧是创造理想的典型，揭示瞬间闪现的永恒。各个门类的艺术活动统一于众神的主题下，通过塑造众神形象，试图揭示宇宙的理性规律，努力达成一个理想世界。

当时人们创造了大量的艺术奇迹，我们所熟悉的有建筑方面的赫拉神庙、厄瑞克修斯庙、奥林匹亚宙斯神庙、帕台农神庙，庙宇风格的狄俄尼索斯剧场；雕塑方面的《赫尔墨斯与婴孩狄俄尼索斯》《宙斯》《科尼杜斯的阿芙洛狄特》；戏剧（舞蹈、声乐与器乐、对话与戏剧情节等的统一体）方面的索福克勒斯的《俄狄浦斯王》、欧里庇得斯的《俄瑞斯忒斯》《酒神节》；等等。有趣的是，尽管作品是艺术家创作的，但哲学家才是让艺术与世界深度沟通的代言人。哲学家相信宇宙是可知的，是建立在理性和谐的原则之上的，人类社会都是依托自然宇宙的逻辑和秩序来建构的，而艺术作品是探寻世界宇宙的解码器，哲学家总结出对称、整一、完美等艺术的审美规则，工匠负责生产符合这种规则的艺术品。在此，艺术不仅承担着其他各项社会功能，更是一个通道性存在——哲学家负责通过艺术来探寻宇宙终极秘密与规律。

中世纪是宗教的时代，教会在对神的拥戴中将财富、艺术和美进行混合的做法，让艺术大量地集中在宗教世界内。此时期的"艺术"含义模糊而充满多种指向，其既包括机械的实践性技术，也有自由艺术和理论艺术这两部分内容。美的问题则属于神学家所关心的内容，但关于美的理论，其与艺术的天然联系会让神学家无意间涉及艺术家的存在。例如，圣奥古斯丁（354~430）认为艺术家创造的美会把我们引领到更好的事情上去，因为"所有在这里的这些美的事物都是来自那在灵魂之上的理念的美，通过灵魂传递到巧妙的双手上"[①]。显然这句话中"巧妙的双手"是更多被关注的而不是艺术家个体，技艺层面的意义远超于艺术家个人的存在。除此之外，关于美的艺术的概念的专门论述还没有出现，也没有将诸种美的艺术联合起来的观念出现，更没有形成一种独特的关于艺术的哲学思考。

艺术在此时并没有进入哲学家和神学家的关注视野，现在我们能看到

---

① 转引自〔美〕温尼·海德·米奈《艺术史的历史》，李建群等译，上海人民出版社，2007，第15页。

的大部分关于艺术的话题多是在反对偶像崇拜的信条下，讨论图像可能带给教会的影响。利奥三世（717~740年在位）禁止圣像的存在，认为耶稣的画像只能描绘其人性的一面，不能描绘其神性的一面，因此是不完整的，是要遭"天谴"的。另外，图像在不能真实描绘耶稣的状态下还受到崇拜就是一种"偶像崇拜"了，是不被允许的。圣伯尔纳德（1090~1153）也认为神圣的语境中有太多的艺术可能使人们从更重要的工作中分心。但是，由于中世纪时期能够阅读的人太少，因此，赞成图像成为宗教教育手段的观念是比较盛行的。大格里高利教皇（590~604年任教皇）写道："教堂中使用图画，这样那些不识字的人至少可以通过看墙上的图画来读到他们不可能从书中得到的东西。一幅图画对于不识字的人来说，就好比是书本对于识字的人，它们都起着相同的作用，因为无知的人能够从图画中看到他们应该做什么，没有受过教育的人能够在图画中阅读……它们原本不是为了让人来膜拜，而仅仅是为了教导那些无知者的心灵。"① 在此，图像照亮了《圣经》中的篇章，成为宗教的有效指南，作品指向了神圣世界的真实性。也有偶像崇拜者认为画像反映了神的部分存在，因此艺术有肩负原型部分拯救的力量。在格里高利的引导下，罗马的天主教教会一直负责保护和创造大量的艺术品，但即便这样，受到反偶像崇拜观念的影响，我们现在看到作品的风格特征就是平面性，人物一本正经的表情及脱离肉身的形象等就是要消除信众头脑中对神圣者形象的想象和了解。

尽管有哲学家和神学家站在各自的立场上，借艺术家创作的作品通达理想世界，但艺术家个人的命运被淹没在作品和社会其他活动之中，于艺术生产的整个系统而言，艺术家的影响和意义更多时候体现为工具性的"灵巧的双手"。而只有在艺术家自己开始思考艺术是什么的问题时，艺术的意义才与艺术家个人的命运和社会地位紧紧地联系起来。

2. 艺术家的出场与现代艺术机制的雏形

中世纪中后期，宗教出现了世俗化的苗头，圣方济通过新诗歌运动打造出一个游吟诗人的团队，将自己认同为民众的音乐家，圣方济的修士们创作大量的类似于民歌的圣歌，如《太阳颂》《亡母悲歌》等在民间广泛流传，使得教堂与民间的关系更加密切。由此，艺术开始表现此在世界与彼

---

① 转引自〔美〕温尼·海德·米奈《艺术史的历史》，李建群等译，上海人民出版社，2007，第11页。

岸世界之间的矛盾，艺术家一方面在上帝面前为"无名之辈"，另一方面与他们的同辈为争取世俗的认可及社会地位而进行着激烈的竞争，开始出现了艺术家的自我认定。艺术家与手工艺者切尼诺·切尼尼在其1390年撰写的《论艺术的书》中，把艺术家放在了上帝和众神之下，他说："绘画需要想象力和技术，从而去发现那些不为人所见，隐藏在自然物体的身影之中的事物，并通过双手把它们塑造出来，并将之展现在那些平凡的双眼面前，让他们看到并不真正存在的东西，这门职业应该排在带着诗歌王冠的理论宝座的旁边。"[1] 1435年，阿尔贝蒂在《论绘画》中强调自己是画家而不是数学家来进行理论的陈述；他指出，绘画在历史上就被赋予了特殊的意义，其他艺术家可能被称为手工艺人，只有画家不在此行列。[2] 这就是说，他要使艺术家从一种地位低下的手艺人上升到该时代思想的保护者和代表者。[3] 这种艺术家对自我社会地位的肯定，随着文艺复兴时代的到来，终于得到了全面的实现。

1517年新教派开始宗教改革，取消了教会控制的中央权威和神职人员在上帝与信徒之间的中介作用，这些变动和调整让教会的控制力量不断削弱。新兴城市的中产阶级包括商人和手工匠人阶层对贵族的社会地位形成了有力挑战，这种市民阶层的出现让整个社会充满了对人自我的肯定。在这种新的局势下，艺术家的社会地位不断提升，长久处于社会底层的艺术家的创作力迅猛爆发，为后世的艺术活动带来了久远的影响。在威尼斯，圣马可教堂的牧师和音乐家不再受基督教会权威机构的规约，他们直接为10人议会和总督负责，这就极大程度地给予作曲家面对世俗社会进行自由创作和实验的空间。在英国，戏剧不再是皇家和教会的独享内容，而成为贵族和社会大众群体中最流行的艺术方式之一。绘画界更是出现了全方位的转变，艺术家的出场成为历史的必然。

行会出现导致艺术家群体产生。早在12世纪，欧洲就出现了地方性组织的手工艺行会，直到文艺复兴盛起，行会才逐渐被学院取代，其中最为著名的莫过于达·芬奇曾于1472年加入的画家圣卢卡行会。这种手工艺人

---

[1] 转引自〔美〕温尼·海德·米奈《艺术史的历史》，李建群等译，上海人民出版社，2007，第15页。
[2] 参考〔意〕阿尔贝蒂《论绘画》，〔美〕胡珺、辛尘译注，江苏教育出版社，2012。
[3] 参考常宁生、邢莉《从行会到学院——文艺复兴时代的艺术教育及艺术家地位的变化》，《南京艺术学院学报》（美术及设计版）1998年第3期。

联合体建立在互助与合作的基础之上,带有很强的基督教兄弟会的契约性质,入会必须宣誓;行会也是具有规则制度的垄断组织,它们根据其组织原则建立必要的规章,以便在生产和销售等商业运作中保护自己的成员的利益。因此当时的艺术家们加入行会大多出于非常实际的功利目的,因为行会会员的资格可以使他们承接到一些重要的订件。[①]而且一些师傅一旦获得了成功就会建成生意兴隆的店铺,吸引更有实力的赞助人,并逐渐形成艺术制造和销售的系统,从而形成影响整个社会的普遍的文化需求及艺术风潮。

个人对艺术的赞助改变艺术家生存模式。文艺复兴时期,艺术家逐渐摆脱了教会与皇家贵族的控制,其中最为关键的力量就是个人赞助。美第奇家族作为欧洲历史上影响最大的艺术家赞助方,对艺术史的发展起到了决定性作用。仅15世纪,美第奇家族就先后资助了马萨乔、多那太罗、吉贝尔蒂、弗拉·安吉利科和弗拉·菲利波·利比等多位艺术家,其他如米开朗琪罗更是一生都和美第奇家族密切相关。这个家族中的洛伦佐作为一位著名的诗人和艺术评论家,最先召集了当时最优秀的学者、文人和艺术家进行哲学讨论,而他赞助过的艺术家中最有名的是达·芬奇。达·芬奇在1482年之后受米兰大公卢多维科·斯福尔扎的邀请前往米兰,并陆续接受了这个慷慨赞助人交给他的诸多任务,此外他还受到罗马教皇和伊莎贝拉·德斯特的青睐和推崇。在佛罗伦萨,达·芬奇和米开朗琪罗曾就韦奇奥宫(市政厅)设计招标进行过竞争。这种赞助制度深刻地影响到艺术家的创作及生活方式,赞助人的有力支持也让艺术家逐渐摆脱了行会的束缚,得以自由行走并创作于各个城市之间。

专业艺术院校取代行会,提升了艺术家的社会地位。1562年,米开朗琪罗的学生瓦萨里在第一代托斯卡纳大公和当时的艺术家的共同努力下建立了第一所艺术学院,名称是Accademia del disegno。学院建立的初衷就是提高艺术家(这里主要指造型艺术家)的社会地位,使他们能与诗人、科学家等相提并论,帮助他们从行会的桎梏中解脱,并提供创作艺术的知识和思考的背景及环境。因此学院不仅发挥着训练学生传授知识的职能,也是艺术家们的专门组织机构;学院直接在文化、统治者、艺术家、工作及

---

① 参考常宁生、邢莉《从行会到学院——文艺复兴时代的艺术教育及艺术家地位的变化》,《南京艺术学院学报》(美术及设计版)1998年第3期。

赞助人之间建立关系网络。

艺术批评走向专业化、学院化。在艺术学院建成之后不久，罗马圣卢卡学院建成，它开始接纳一些不从事艺术创作但对艺术有浓厚兴趣的业余的"文艺爱好者"（literati）。他们的角色相当于后来的艺术鉴赏家和艺术批评家，他们的艺术批评语言带有浓郁的文学性和修辞色彩，在之后的历史中形成了一种独特的学院批评话语，并逐渐发展成西方近代艺术体系的一个重要组成部分。在相当长的历史中，它在艺术家之外制约着艺术发展的方向，影响国家艺术赞助计划和项目，操纵博物馆、美术馆画廊及私人的艺术作品收藏和购买，左右着大众的审美趣味，决定艺术家的发展和命运。[1]

艺术家开始进行艺术史的写作。如果说前述阿尔贝蒂的《论绘画》是画家从自然原则来解释绘画技法的一本画论式的著述，1550 年瓦萨里出版的《艺术家名人传》则是记录艺术家生平与成就的一本艺术史专著。书中，瓦萨里采用传记写作文体，以叙事的方式首次为艺术构建起一种历史的框架，从而将艺术的发展引入艺术史的写作。书中记录了艺术消亡后的再生时代——1300~1560 年的 200 多位艺术家。瓦萨里认为，14 世纪是艺术的童年世纪，15 世纪是其技术成熟的时代，16 世纪则是艺术的再生复生时代，是作品登峰造极的时代。因此，带着一种以佛罗伦萨为核心的地方主义精神，瓦萨里采用神话学的叙述方式，强调艺术家是上帝自然造化的天才。他认为，杰出的艺术家往往能通过短暂的学艺，甚至自学成才就迅速成熟并达至艺术创作的巅峰，因此书中大量出现对艺术家的赞誉辞藻，强调了天才的艺术家，同时辅以逸闻趣事等，以说明艺术不是商品，作品是艺术天才的创作，艺术家是高贵的，以此提升艺术家的社会地位。

艺术家个人形象出场。这一时期的绘画中，艺术家个人明确出场。少年达·芬奇按照自己的形象来画小天使，在他师傅的作品中崭露头角；在《迦拿的婚宴》中委罗奈斯把提香、巴萨诺、丁托列托以及他本人画成一群乐师。达·芬奇早期的作品均没有署名，而拉斐尔在 1504 年创作《圣母的婚礼》时，"将自己的名字和创作时间 1504 画在了远景中寺院柱顶过梁的

---

[1] 参考邢莉《自觉与规范：16~19 世纪欧洲美术学院研究》，东南大学博士学位论文，2004，第 14 页。

装饰带上,他一改画家匿名的传统,明确地宣称了自己对画作的著作权"[1];《雅典学院》中拉斐尔在靠近壁画的边缘描绘了他本人和画家索多玛的形象,将画家自己和先哲们汇聚一堂,艺术家的自尊、地位和价值已不言而喻。波提切利的自画像也出现在其作品《贤士来拜》中,波提切利立于画面左侧边缘,他身披金黄色绒袍,似乎对身边发生的宗教事件漠不关心,却把目光转向画外。[2] 关于自己的肖像画也成为艺术家的创作主题之一。

艺术家取代哲学家来思考艺术本体。社会和知识界对于艺术家地位的认可,很大程度地体现在绘画界卓然超群的一群艺术家身上,他们对自身所从事的艺术活动的理解和想法在社会上产生了重大影响。前述的切尼诺·切尼尼和阿尔贝蒂等人将画家置于较高的社会地位的想法在达·芬奇、米开朗琪罗、拉斐尔的时代逐渐变为现实。这一时期的画家们开始尝试建立一套专属于绘画本体的教学体系,而不是训练学徒那么简单。达·芬奇一生对植物学、动物学、工程学、水力学、地质学、光学、解剖学等其他学科有深入的探索,他的素描呈现了胎儿在子宫中的位置、血管、身体组织等,他对人体肌肉和骨骼结构等的研究成果影响到当时医学的发展。但达·芬奇的最终目的是将美定性为高贵和迷人的,能够关涉人的灵魂的,是寻找和发现这个物质世界的秩序的通道,由此可知,他的艺术观是要区分科学的艺术(大脑进行创作)和机械性的艺术(双手工作的工匠)。米开朗琪罗也提出"画作是出自于脑,而不是出自于手,不会动脑思考的人会危害到他自己"。[3] 长久以来被视为记忆性的、依靠双手的机械性绘画逐渐被提升为一门强调自由的真正科学。

当然,文艺复兴时期艺术的生产机制变革是全面而深刻的,本文所列举的只是艺术史上几个显而易见的转变。与此时期相比,西方历史的大部分时期,艺术总是与宗教活动、模仿性仪式及群体认同息息相关,艺术用于表现权力、财富和社会地位,画家、雕塑家、建筑师、作曲家、钢琴家都为皇家、官员、教堂和富人工作,艺术家个人的自我情感及其价值取向不可能得以明确表达,经常被淹没在作品的象征性、隐喻性的表述中。但经过文艺复兴这样一个极富创造力的时期,艺术的生产实践机制进入一个

---

[1] 〔德〕巴克、〔德〕霍亨斯塔特:《拉斐尔》,徐胭胭译,北京美术摄影集团出版社,2015,第15页。
[2] 曹意强:《时代的肖像——意大利文艺复兴艺术巡礼》,文物出版社,2006,第74页。
[3] 李瑜:《文艺复兴书信集》,学林出版社,2002,第81页。

多环节共同作用的时期,国王和贵族的赞助、商业化的交易等让宗教的控制不断弱化;画商等中介环节有力地激发着艺术创作的活动;艺术家的心智要自由,精神要解放,他们不再被限制在对于规则的机械化的顺从中;艺术家不再是单纯的技术熟练的模仿者,而是有如上帝之光在头脑中闪现的禀赋;等等。这些变化最终让艺术家跻身于时代伟人的行列,他们开始走向专业化的进程:在行会被学院代替的过程中,艺术走向专业化,此后,艺术批评被学院化,艺术家开始撰写艺术史,艺术家个人形象出场,艺术家自己开始对艺术进行哲思并开始言说艺术的意义,等等。在这样的一种全面转型的过程中,西方社会逐渐确立了艺术家、艺术品、艺术欣赏者三者身份定位清晰的现代艺术机制的雏形,艺术家提高自身地位的内驱力使得艺术的历史脉络发生了重大的转变。

3. 走向霸权及其局限

随着启蒙时代的到来,资本主义社会体制逐步成熟,艺术品市场渐趋稳定,这种由专业院校、赞助人、批评家共同推崇艺术家的艺术生产机制形成了一个完备"王国"。资产阶级文化取代了过去宫廷和教会所代表的文化,艺术家对庇护人的依赖关系被疏离并最终被切断了,转而出现了对市场及其所代表的利润的最大化原则的、非个人性的、结构性的依赖。艺术家不用再粉饰世界,他们也不再通过哲学家,而是用自己的画笔和刻刀来与自然、真理及现实世界进行直接的沟通。卡拉瓦乔《一篮水果》中的水果叶上的虫洞,强调的是月亮之下世界的不完美性、易朽性。在阿姆斯特丹,伦勃朗开始与尤伦伯格经销商做绘画方面的生意:委托原画、复制珍品、版雕石刻。他清晰地知道新兴贵族对老牌贵族全套宫廷礼仪的渴望,但他保持着对撕开束缚的精神世界的原初性,因此,作品《夜巡》解开人性的面具,戳穿虚饰的表象,引发轩然大波。这让艺术家的自由度不断增大,艺术家成为真实的代言人,他们对社会的批评力不断增强。1737年,法国学院开始举办沙龙,这是现代艺术展览的开始,也是现代批评的诞生;1764年,"艺术史"这个名词第一次出现在温克尔曼《古代艺术史》中,使得艺术的历史成为一个专门的研究学科;1747年,法国人夏尔·巴托建立起了一个艺术体系,将诗、绘画、音乐、雕塑和舞蹈包括进来,这是艺术史上的一个伟大的概括,艺术的生产机制中有了评判好坏以及是否能成为"艺术"的标准。

在文艺复兴时期创造的这种艺术,从技法到审美理念都达到了后人难以企及的辉煌高度，让后世的理论家开始思索艺术家作为天才的同时，也思考艺术的终结问题。此后，在康德、黑格尔等人的理性思考中，艺术一方面被认为拥有了自律性，另一方面也开始对社会做批判性思考。艺术家更是乐于规划未来，并压制空间上和时间上边缘的东西，将自己与大众、与市场分离开来①。社会大规模的商业化和资本市场的建立、出版业的发展、博物馆和剧场的兴起等中介传播方式的完善和丰富，使得艺术家不但独立而且富有，面向广大公众的市场让艺术家变得自由，他们可以随心所欲地在艺术中注入自我。艺术成为美、自由的代名词②。

三 现代艺术生产机制带来的局限

可以看出，在古希腊时期，关于美的理论和艺术本质的理论是来自哲学家的（即便有艺术家的言谈也不是非常理论化）；在中世纪，对美的思索来自神学家，艺术多被从它与宗教的关系这方面来理解；在文艺复兴时期，艺术家在教皇、贵族的赞助下开始进行自我的辩护与身份的确证，艺术家群体得以站上了神坛，现代艺术生产机制基本形成。显然，及至后来确立起的强调自由和纯粹的现代艺术生产机制是伴随着艺术家要求出场的内驱力而发生的，其原初目的就是要证明艺术家的合法地位，取得艺术家对于艺术的发言权。"为艺术而艺术"的观念就是在这样的历史进程中生发的，并在历史的沉积中形成相应的评判标准、价值观念和生产机制。

自此，艺术家借由艺术品的魔力登上王座，统领了艺术生产系统，形成一个自证的城堡，它唯一能生产且有资格生产一种叫"艺术品"的畅销商品。"为艺术而艺术的学说，从本质上讲是对审美经验具有不同于其它价值的内在价值的概述，是对只靠艺术家就能使这种经验的最高形式成为可能的一份审美的独立宣言。"③ 即便之后先锋派实验艺术进行的一系列反叛也没能（也不愿）打破这个系统。尽管表面看来先锋艺术是解构艺术的，但实际从艺术创作的操作层面看，它们无非是站在纯粹艺术的立场把所有与之前的艺术创作相关的技术和规则全部取消了，即以非艺术替代艺术。

---

① 〔德〕彼得·比格尔：《先锋派理论》，高建平译，商务印书馆，2005，第 5 页。
② 参考高建平《美学的当代转型》，河北大学出版社，2013。
③ 〔美〕门罗·C. 比厄斯利：《西方美学简史》，高建平译，北京大学出版社，2006，第 261 页。

任何物品都可以作为艺术存在，强调的是取消技艺的绝对精神化的艺术观，依靠的却是文艺复兴以来形成的现代艺术生产机制模型。"艺术欣赏以及社会语境都不再对艺术家和艺术作品有制约力……单向度的挤压和聚合力使任何事物只要接近艺术生产语境都可能被圣化为艺术品，被印上一种象征和意义。"① 现代艺术生产机制中不断强化艺术家地位的不可动摇性、不可置疑性，最终让"艺术的自律"走向了"艺术制度的自律"。

先天带有的艺术家的强烈自我意识让现代艺术生产成为排斥其他工艺、社会生产的一种专门化艺术活动。这样一种严苛的、排他的机制在后续的发展中又"根据当下的理论来解读历史，再通过历史感的建立来论证与强化理论，经过这种双向的互动，现代艺术观念和体系得到了确立"②，艺术作为个人生活之外的客观对象的存在不断得到自我确证与巩固。自此，现代艺术构建起强大而完备的生产机制，并在全球化的征程中，拥有了对其他的艺术生产形式进行评判和任意抽离的权威性，通过艺术的创作、生产、流通、消费、博物馆展示或剧场演出、艺术批评及理论建构等环节贯彻并强化这种权威。在这个生产系统的控制下，现代艺术生产机制剥夺了任何其他艺术活动形式的自我定义权，排斥其他任何一种生产目的艺术活动，排除手工技艺性概念，排除艺术同社会的联系性，排除了一切"不纯粹"的艺术活动。

这种为审美或为艺术自身的单向度的艺术生产把"艺术"作为一个既有标准概念，回溯历史或对其他形式的艺术活动进行价值判断，再以抽离的方式让其他形式的艺术活动"脱域"③，也就是将其他的类似物从社会生产生活中抽离出来，通过各种审查制度进行筛选，从古到今摘选出符合其标准的对象。在貌似开放、包容的表象之下，将他种艺术活动中某个环节的内容置入博物馆、剧场等专业的艺术空间进行展演，塑造为另一种"经典艺术"的形象，成为现代艺术实践的范式或模板。这种将作品置入舞台、展台、玻璃柜以强调作品和艺术家的方式，隔绝了艺术与生活、艺术与观

---

① 孙晓霞：《艺术语境研究》，中国社会科学出版社，2013，第163页。
② 高建平：《美学的当代转型》，河北大学出版社，2013，第23页。
③ "脱域"正是现代性的本性。吉登斯在《现代性的后果》中指出，所谓脱域，指的是社会关系从彼此互动的地域性关联中脱离出来，从通过对不确定时间的无限穿越而被重构的关联中"脱离出来"。（见 Anthony Giddiness, *The Consequences of Modernity*, California: Stanford University Press, 1990, p. 21.）

众的真实关联,将作品与人之间原本丰富复杂的流通关系切割为纯粹客体与观赏者的关系,再试图在作品和观者之间建立起一种艺术化了的纯粹审美、审艺术的感性联系,最终在不断扩大现代艺术势力范围的同时,将整个世界多样化的艺术活动切割为现代艺术的"标准模样"。

时至今日,人们意识到了现代艺术生产带给其他文化活动的这种伤害,理论家开始强调,不同的美学和艺术观念对应着不同的文化背景,而社会并不全然是一种文化背景。"这种(给予艺术家天赋特权的)信仰并没有出现在全部,甚或大部分社会中;它可能是西欧社会所独有的,是那些自文艺复兴以来受它们影响的国家所独有的。"[①] 在中国民间社会也有来自传统的、代表中国独特审美经验的艺术内容,它们以基因的形式深深地隐藏在我们的日常生活和审美情趣之中:"一切东西都既是古老的又是新颖的——一切艺术都是历史积淀的产物,过去弥漫于今天,今天艺术的结构和主题、媒介与技巧、造型与形式,都是过去的继续。"[②] 现在看来,古老的书法、绘画、音乐及园林艺术等都注重个人体悟式的主体性审美经验,艺术品不是商业交换而来的,艺术家不是为了争取个人社会地位或赚取商业利润而进行创作的,更多时候,艺术创作是在道法自然、天人合一的观念引导下展开的关于自然及人自身情感的体验与表达。其中,个体可以是感受者,也可以是创作者,更可以是为自己代言的艺术家,这种感悟式的艺术体验不一定涉及他人的注视和欣赏,却有更多层、更丰富的艺术观念蕴含其中。且不论魏晋风度对后世文人艺术的深远影响,就连"非有诏不得画"的宫廷艺术家面对将军也能"封还金帛,一无所受",反过来要求将军"为舞剑一曲,足以当惠,观其壮气,可助挥毫"。[③] 这种自有的艺术尊严与人格风骨,也证实了在传统艺术形态中,艺术家往往无须为争取自己的社会地位而刻意为画,其强调的恰恰是艺术家和欣赏者的主体存在感和在场性。相较之下,现代艺术家脱身于工匠、艺人的历史,让他们在确立"艺术"这个学科主体的过程中夹杂了强烈的排他意识和颠覆性冲动。

今天,面对现代艺术霸权带来的同质化、单一化危机,我们要在现代艺术生产机制之外重新肯定传统审美经验及其艺术精神所依托的他样艺术

---

① 〔美〕霍华德·S. 贝克尔:《艺术界》,卢文超译,译林出版社,2014,第 13、14 页。
② 〔美〕威廉·弗莱明、玛丽·姐安:《艺术与观念》,宋协立译,北京大学出版社,2008,第 22 页。
③ 朱景玄:《唐朝名画录》,温肇桐注,四川美术出版社,1985,第 2 页。

生产活动；在被现代艺术长久忽略的边缘地带邀请艺术欣赏者与艺术家共同出场；在审美日常生活化和日常生活审美化的双向过程中，强调一种主体在场的审美表达和审美体验，挖掘关于"艺术"的心理感悟和内心情感。在现代艺术生产机制之外，人们依旧可以面对窗台上的一蓬碗莲、院落里的一丛绿苔、荷塘里的两尾妙鱼得到审美的感受，也可以在热烈隆重的节庆仪式中感受生命的尊严，更可以在一笔浓墨与淡彩间体悟黑白变幻之美，思索世界的秩序与奥秘。这样的一种隐入生活、融入生命的艺术形态是我们延续了千百年的文化基因，也是我们未来在现代艺术生产机制之外，发展其他形式的艺术生产活动、不断丰富艺术观念的最佳"领地"。

（作者单位：中国艺术研究院马克思主义文艺理论研究所）

道家的审美方式：《庄子》美学论要[*]

左剑峰

一 "乘物游心"：审美经验

在《庄子》中，"乘物以游心"（《人间世》）[①]是人生的理想状态。"吾游心于物之初"（《田子方》），"游乎万物之所终始"（《达生》）。"物之初""万物之所终始"即道，只有凭借道的智慧将精神提升到一定高度才能乘物游心。《庄子》中有一段文字较集中地揭示了道的含义："夫道，有情有信，无为无形；可传而不可受，可得而不可见；自本自根，未有天地，自古以固存；神鬼神帝，生天生地；在太极之先而不为高，在六极之下而不为深，先天地生而不为久，长于上古而不为老。"（《大宗师》）道无形却是真实的，它产生天地万物，具有时空的无限性；道产生万物出于无为，并非有意识创造。比较而言，"老子的道，本体论与宇宙论的意味较重，而庄子则将它转化为心灵的境界"[②]。《庄子》道论显然受老子影响。这种沿承关系说明，道内转为人生境界仍是以相应的本体论、宇宙论为基础的。不以自我拘限的、有限事物的视角，换之以宏阔的道之大全、无限宇宙世界的视野去俯瞰世间万物、纷呈万象，在它们显出沧海一粟、白驹过隙之本相时，人的精神便得以超脱出来。与孔孟着重以内心情感体验为根本依托来提高人生境界、塑造理想人格不同，老庄依托的是更清醒冷静的理性智

---

[*] 本文原载《贵州大学学报》（社会科学版）2015年第2期，本次有较大改动。
[①] 本文引《庄子》原文仅注篇名。
[②] 陈鼓应：《老庄新论》，中华书局，2008，第376页。

慧，以宇宙世界的大真实来启迪人生的大智慧。作为宇宙论、本体论的道，落实于作为人生智慧的道便是无为，"夫虚静恬淡寂漠无为者，天地之本，而道德之至"（《天道》）。故而，在《庄子》对道的诸多说明中，无为最重要，其所有言论皆由此牵出。概言之，乘物游心即无为地、自然而然地与物相接的态度。

无为的前提是"无己"（《逍遥游》）、"丧我"（《齐物论》），将来自人为的种种束缚从精神中悉尽涤除，"堕肢体，黜聪明，离形去知，同于大通，此谓坐忘"（《大宗师》）。人当摆脱形骸、身体欲望、知识和智巧的束缚，与道融通为一。值得注意的是，"坐忘"并非禁绝一切身体欲望和知识，[①] 而是指人的精神不应被它们束缚和搅扰。与坐忘对立的是"机心"，《庄子》敏锐地意识到身体、知识对精神的束缚根源在人的机心，"机心存于胸中，则纯白不备"（《天地》），坐忘所杜绝的仅系由机心鼓动的人为欲望和知识。

对于世俗情感，《庄子》亦持"忘"的态度，主张"无情"："有人之形，无人之情。"（《德充符》）"悲乐者，德之邪；喜怒者，道之过；好恶者，心之失。故心不忧乐，德之至也。"（《刻意》）但无情非否定一切情感，而是仅反对"遁天倍情"（《养生主》），即否定由机心助长的情感。当惠子问及"人故无情乎"，庄子做了肯定回答，并进一步解释道："吾所谓无情者，言人之不以好恶内伤其身，常因自然而不益生也。"（《德充符》）"无情"是将情感保持在"因自然而不益生"的状态，从而避免为情所伤困。"情莫若率"，"率则不劳"（《山木》）。"率"即自然，情感能做到自然而然，精神便不会为其烦劳。此外，《庄子》对情感还提出了"不入"的要求："喜怒哀乐不入于胸次。"（《田子方》）"不入"相当于"忘"，无情实即忘情。

对于自然的欲望和情感，必要的知识，乃至生死等一切无可奈何的、"不得已"（《庚桑楚》）的事物，人只能顺任之。"夫务免乎人之所不免者，岂不亦悲哉。"（《知北游》）不过，心可以"忘"了它们，做到"形如槁木，心如死灰"（《齐物论》），使其作用所及仅限于人之"形"，而"不入

[①] 徐复观先生曾认为，庄子对于"形"的态度，"既不是后来神仙家所说的长生，也非如一般宗教家，采取敌视的态度，而是主张'忘形'"。参见徐复观《中国人性论史》，上海三联书店，2001，第337页。关于庄子对于知识的态度，王博先生认为："知识并不是在任何意义上都该被否定的东西。"参见王博《庄子哲学》，北京大学出版社，2004，第53页。

于心"(《田子方》),此正所谓"外化而内不化"(《知北游》)。可见,真正束缚人精神的只有人自己,绝非外物。

弃绝人为,忘乎不得已,余下的便只是心灵之"游"。"若一志,无听之以耳而听之以心,无听之以心而听之以气。耳止于听,心止于符。气也者,虚而待物者也。唯道集虚,虚者心斋也。"(《人间世》)"气"是心灵虚静状态的比拟词①。乘物游心即以虚廓心灵应接万物,它既非感官感觉("无听之以耳"),亦非产生与对象相应的情感和知识的心之活动("无听之以心")。异于理性计虑,体现出乘物游心作为感性活动的特征;异于感官感觉,说明它是一种内在感性活动;异于欲望、世俗情感,体现出它的超功利性。乘物游心不包括身体,而只是心之游。《庄子》还反复强调乘物游心时的自由特征。"游无何有之乡,以处圹埌之野","游于无有者"(《应帝王》),"游无极之野"(《在宥》),说明乘物游心是精神虚廓无限、无所窒碍的状态。"藐姑射之山,有神人居焉,肌肤若冰雪,绰约若处子;不食五谷,吸风饮露;乘云气,御飞龙,而游乎四海之外",这里以寓言笔法指出乘物游心时精神自由的超凡脱俗。

庄子与惠施同游于濠梁之上,庄子见鲦鱼"出游从容",认为这便是它的"乐"。惠施责难道:"子非鱼,安知鱼之乐?"(《秋水》)其实,庄子所谓"乐"并非一般的快乐,而是"至乐"。"至乐无乐"(《至乐》),"至乐"亦即"天乐"。"与天和者,谓之天乐"(《天道》);"以虚静推于天地,通于万物,此之谓天乐"(《天道》)。"至乐""天乐"是人内心处于虚静自然的状态下,与万物冥合相融时所呈现的乐。人与鱼同浴于乐的光辉,鱼之乐即人之乐,人之乐亦即鱼之乐。故濠梁之辩不仅体现出二人对待事物的方式不同②,而且体现出他们各自所言之乐在内容、性质和境界上的殊异。"至乐""天乐"就是乘物游心时产生的审美愉悦。

学界常将《庄子》美学与阿诺德·伯林特(Arnold Berleant)的美学联系起来,前者的人物冥合思想与后者的"连续性"原则(人与环境交融在一起不可分割)虽有类似之处,但在审美经验上存在很大不同。《庄子》虽

---

① 徐复观:《中国人性论史》,上海三联书店,2001,第340页。
② 朱光潜先生用不同于理智的"移情作用"来解释庄子的观点。参见朱光潜《文艺心理学》,安徽教育出版社,1996,第39页。朱良志先生认为,惠施所持的是"科学认知"的态度,而庄子的感受来自"生命的体验"。参见朱良志《中国美学十五讲》,北京大学出版社,2006,第5页。

不否认身体感官的存在,却持"忘"的态度,他不认为它在审美中具有何种积极作用,更不会将其凸显出来,这种对待身体感觉的态度与西方传统美学相近。与之相反,伯林特非常重视身体感觉,认为"审美经验必须作为有意识的身体经验来理解"①,"这种欣赏在很大程度上是对细节的直接经验",② 这就是他所谓的"审美介入"(aesthetic engagement)。就无视身体感官的积极作用而言,《庄子》思想中的精神与身体尚存在一定程度的对立。

二 "大美":审美对象

老子曰:"五色令人目盲,五音令人耳聋,五味令人口爽。"(《老子》十二章)《庄子》也认为,"五色乱目","五声乱耳","五臭薰鼻","五味浊口","趣舍滑心"(《天地》),"目无所见,耳无所闻,心无所知","无视无听,抱神以静"(《在宥》),"恶欲喜怒哀乐六者,累德也"(《庚桑楚》)。但如前所述,《庄子》并非否定一切感官、情感和心智的存在,而是要求将它们自然而然地保持在"忘"的阈限中。"汝斋戒,疏瀹而心,澡雪而精神,掊击而知。"(《知北游》)滤尽一切可能有的纷扰束缚,精神便空灵澄澈了。审美既不在于从色形声中获得快适,不在于通过对象感发情感,也不在于获取对象的知识。那么,乘物游心究竟要欣赏什么?换言之,以道的智慧观照世界时,呈现于眼前的是怎样一幅图景?

乘物游心所欲欣赏者,乃天地间的"大美"。"天地有大美而不言,四时有明法而不议,万物有成理而不说。"(《知北游》)陈鼓应解释说:"广大的天地,运化不息,无处不蕴含着活泼的生机。万物欣欣向荣,表现着大自然的无言之美。"③ 可见,所谓"大美",即宇宙世界在自然和谐的运行、变化和生灭过程中所散发的活力生机。看群雁高飞,听飞瀑流泉,嗅草木之清芬,赏游鱼之愉悦,任它花自飘零水自流……此时,审美并不陷溺于声色眩惑、喜怒忧思之中,而要尽情领纳宇宙世界的生命之美,遁入永恒的大化流行中去。

---

① 刘悦笛:《从"审美介入"到"介入美学":环境美学家阿诺德·伯林特访谈录》,《文艺争鸣》2010年第11期。
② 李媛媛:《审美介入:一种新的美学精神——访国际美学协会前主席阿诺德·贝林特教授》,《哲学动态》2010年第7期。
③ 陈鼓应:《老庄新论》,中华书局,2008,第338页。

大美亦即宇宙世界的本色之美。在《庄子》看来，宇宙世界的本相真景就是一派和谐的生机，一个有序的生命世界。"天地有官"，"阴阳有藏"，"万物自壮"（《在宥》）。生生相禅、无稍断绝的生命世界本有的和谐，《庄子》称为"天和"（《知北游》）。其借老聃之口描绘出这一"至美"的宇宙图景："至阴肃肃，至阳赫赫；肃肃出乎天，赫赫发乎地；两者交通成和而物生焉，或为之纪而莫见其形。消息满虚，一晦一明，日改月化，日有所为，而莫见其功。生有所乎萌，死有所乎归，始终相反乎无端而莫知乎其所穷。"（《田子方》）

本色之大美亦即"浑沌""素朴"之美。"素朴而天下莫能与之争美。"（《天道》）本相世界就是"浑沌"与"素朴"的，自然生机蕴藏其间。《应帝王》篇讲述了一个故事，南海之帝和北海之帝常到浑沌（中央之帝）所属之地相会，浑沌待其甚善，南海之帝和北海之帝想报答浑沌，他们思忖，人都有七窍，方便于视听食息，而浑沌独无，于是，二人动手为浑沌凿开，一日一窍，七日后浑沌死了。在《庄子》看来，一切人为，哪怕是善意的，也必将破坏世界本来的和谐之美。

宇宙世界本色之大美还被称为"天乐（yuè）"。天乐"听之而不闻其声，视之不见其形，充满天地，苞裹六极"（《天运》）。天地万物生机鼓吹，仿佛无声之乐，充满着节奏韵律的美感。欣赏大美，就是以寂寞无为之心聆听徜徉于宇宙天地间的无声之乐。沈周《观瀑图》题诗云："松风涧水天然调，抱得琴来不用弹。"不听琴声而宁愿听大自然的"天籁"（《齐物论》），因为它是无声天乐的有声呈现。大美相当于老子所说的"大音希声，大象无形"（《老子》四十一章），具体而言，"天乐"即"大音希声"，"浑沌""素朴"即"大象无形"。

《庄子》实际主张自然全美。[①] "以道观之，物无贵贱。"（《秋水》）"举莛与楹，厉与西施，恢恑憰怪，道通为一。"（《齐物论》）立于道的高度，以无分别的"常心"（《德充符》）看本然世界，则"目击而道存"（《田子方》），无物无时不是道的表现，无不流布出大美。"物固有所然，物固有所可。无物不然，无物不可。"（《齐物论》）一切美丑、贵贱、是非等区分皆出自人为剖判。《庄子》反对"判天地之美，析万物之理"（《天

---

① 彭锋先生曾从"齐物"思想的角度指出庄子主张"自然全美"。参见彭锋《完美的自然：当代环境美学的哲学基础》，北京大学出版社，2005，第245页。

下》），主张"原天地之美，达万物之理"（《知北游》）。不过，《庄子》的"自然全美"，不啻自然世界全美，举凡自然而然的事物皆美。

为破除美丑、贵贱之区分，展示道、大美无所不在，《庄子》采用了"每下愈况"（《知北游》）的观点，即越是通常认为卑贱丑陋的事物越能令人晓谕。因此，它说道在蝼蚁，在稊稗，在瓦甓，在屎溺。基于同样的原因，我们看到《德充符》篇中塑造的一系列形体畸残之人"德有所长，而形有所忘"，让人越过美丑的成见，见出由朴素自然之心（"德"）所放绽的大美。大自然的生生活力当然于葱茏蓬勃、鲜艳灼目中有所体现，但中国古代山水画家有时似乎深谙"每下愈况"的道理，热衷于雪景寒林、枯木怪石的创构。例如苏轼《枯木竹石图》，粗看肃杀冷岑，但画中线条飞旋活络，石头显露铮铮棱角，枝干蜷曲却翻腾而上向外伸展扩张，特别是在孤石和荒地上竟冒出几茎新芽。细赏这些，便不禁让人深感"生命的倔强和无所不在"[①]。中国画首重"气韵生动"（谢赫《古画品录》），它正是大美之表现。中国画以水墨为上，舍形悦影，以线条的节奏韵律弱化对客观空间的依赖，这些正是为了表现宇宙世界的和谐生气和朴素大美。

大美首先从理论上说明了无限宇宙的整体之美，但现实审美活动不可能将宇宙大美全部纳入其中，虽仰观俯察、远近取与，所得仍仅为有限广大的环境。对大美的欣赏，实际只能是环境和对象，大美之"大"非以数量、规模论之，关键在能否游心。有此心，从一游鱼中亦能领会大美；无此心，虽极人目之旷远，大美亦不存焉。乘物游心之"物"并不限于自然环境，而中国山水画却长于表现自然环境之美，与此相应，《庄子》之"游"的含义也在山水画理论中发生了变化，其不但有摆脱尘嚣缰锁后的精神自由这一深层内涵，还有（实际的或假想的）身即山川从容行走的表层含义。"世之笃论，谓山水有可行者，有可望者，有可居者。画凡至此，皆入妙品。但可行可望不如可居可游之为得，何者？观今山川，地占数百里，可游可居之处十无三四，而必取可居可游之品。君子之所以渴慕林泉者，正谓此佳处故也。故画者当以此意造，而鉴者又当以此意穷之。"（郭熙《林泉高致·山水训》）"林泉之心"也不等于庄子的"游心"，其含义除心灵悠闲自适外，还兼指对自然山水的喜好。"中国山水画，是庄子精神不期

[①] 朱良志：《中国美学十五讲》，北京大学出版社，2006，第256页。

然而然的产品"①，但这些概念含义的变化，不仅说明了山水画是大美的一种具体表现方式，而且说明了相比于其他事物，山水自然、山水画和园林更易解放人的胸襟，激起或满足人的尘外之想。

大美的存在表明宇宙世界本身就有其价值。"独与天地精神相往来而不敖倪于万物，不遣是非，以与世俗处。"（《天下》）"不遣是非""无物不然，无物不可"（《齐物论》）等观点，容易给人以虚无主义、相对主义和滑头主义的印象，其实不然。《庄子》将人从狭小眼界中托举出来，让人彻底清醒，认识到自身在宇宙世界中所处的真实位置和最终命运。它仿佛将一切闪耀光华的文明价值都击碎了，只剩下：白茫茫大地真干净！但《庄子》消解的仅系人为价值，它为世界、人生留下了一个既成的价值根柢——大美。在它看来，宇宙世界本身就价值完满，其原因不仅在于宇宙世界生生不息，更在于宇宙生命力不是盲目冲撞的，而是和谐有序的。享誉儒家的圣人之所以遭到《庄子》的批判，乃因其"招仁义以挠天下"（《骈拇》），"毁道德以为仁义"（《马蹄》），即因推举仁义而破坏了世界本有的和谐。"法天贵真"（《渔父》）、"独来独往"（《在宥》）、"相忘于江湖"（《大宗师》）、"无为"及"独与天地精神相往来"等处世原则，既对人的行为构成限制，同时也为人提供了价值方向——返归宇宙世界的大美。"不遣是非"，为的是走出无谓的纷争，进入真正的价值领域；"无物不然，无物不可"是仅就本相世界而言的。我们可以不赞成《庄子》的价值立场，却不能否认它的存在。

大美作为一种独特的审美对象似乎无可厚非，但作为一种人生价值追求则不免显得消极。这种消极性与《庄子》将人精神之外的一切事物都归于无可奈何的"命"有关，"死生存亡，穷达贫富，贤与不肖毁誉，饥渴寒暑，是事之变，命之行也"（《德充符》）。对此，我们不免生疑：这些内容真的完全属于命吗？人的选择与努力难道对于"生死存亡""穷达贫富""贤与不肖"等竟无任何影响吗？《庄子》认为这些都是命，要人安之顺之，"知其不可奈何而安之若命，德之至也"（《人间世》）。另外，《庄子》的消极也与"不以人助天"（《大宗师》）的思想有关，它将"人"（人为）与"天"（自然而然）对峙起来，摒绝一切人为创造，悉委之自然。对于生生相禅的宇宙，对于淳朴未开的远古社会，对于机心未现的自然人性，《庄

---

① 徐复观：《中国艺术精神》，华东师范大学出版社，2001，第80页。

子》未免过于信任和崇拜了。它的消极透出极度的乐观,难怪荀子讥之为"蔽于天而不知人"(《荀子·解蔽篇》)。拘泥、执着、人为未免乎累,但一切具体追求都在道的消解下褪去了光彩,人生是否显得过于枯淡和空虚了呢?仅仅抓住大美,持守"天地与我并生,而万物与我为一"(《齐物论》)的浑沌世界之天然和谐,又何尝不是对宇宙生气的一种窒碍呢?人当继宇宙未竟之功,宇宙大全的生命潜力也应通过人的创造进一步绽放出来。道路或许崎岖、艰辛、迷茫、冒险、偏离、苦难和异化在所难免,原有的和谐也必然被打破,但人类可以追求更高的和谐,即充分包容人的创造力的和谐。由是观之,《庄子》思想本意在呵护生命,实则走向了生命的反面,宇宙生命本应容纳人的创造,不应抽象地否定人类对感官欲望、情感需要及知识等方面的积极追求。当然,不可否认,在人类文化发展中,《庄子》起到了重要的补充和调节作用,如扼制欲望过度膨胀、盲目追求发展等。

三 "物化":自然审美

《庄子》不希望人汲汲于关切他人和社会,"至仁无亲"(《天运》),每个人只需追求自己的精神自由。但"相忘于江湖"未免太清冷了,其症结在于《庄子》以理想化了的、再也回不去的大美、浑沌、天然和谐,来消解一切虽不完美但也现实,虽不彻底但也有部分效果的具体人为措施。这种凌空蹈虚在一定程度上给予古代士人以消极影响,使得他们易卸下责任,善于明哲保身、躲藏隐匿,甚至以洁身自好为高。对俗世的厌倦在客观上却促成了中国古代自然审美的发达——自然山水、花鸟虫鱼皆可娱情悦性,令人神超形越,有助于回避国运民瘼的严肃与惨厉。

对大美的欣赏,意味着摒弃人为,认同最高价值的道或宇宙本相。尘寰中的纷扰不易挣脱,自然世界却本来清净,天地自然之美有其难以取代的优势,可以成为雅好老庄的文人自我修持的方便法门。这预示着自然世界凭其大美在后世文人心目中地位的急剧上升,这也是道家思想对中国古代自然审美产生重大影响的根本原因。

乘物游心消除了人与自然的距离、隔阂与对立,"天与人不相胜","与天为徒"(《大宗师》),它是一种如其本然地欣赏自然的方式。"水静犹明,而况精神!圣人之心静乎!天地之鉴也,万物之镜也"(《天道》),"至人之用心若镜,不将不迎,应而不藏"(《应帝王》)。人内心澄明莹彻仿若镜子,没有任何人为偏私的蒙蔽,如其本然地映照万物,"虚室生白"(《人间世》),容纳万有。而且,《庄子》认为这种如其本然的欣赏最终与自然事物融为一体,"与天为一"(《达生》)。人融于自然是通过"以天合天"(《达生》)的途径来实现的。走出自我,"反其性情而复其初"(《缮性》),人的心灵、性情、德与道相契合,变得自然虚空,如此方能与天地万物相融。在此相融状态中,人与物没有分别,此之谓"物化"(《齐物论》)、"伦(沦)与物忘"(《在宥》)。入乎斯境,欣赏时的"我"就是那只蹁跹翻飞的蝴蝶,那尾水中游曳的鲦鱼。

"若夫乘天地之正,而御六气之辩,以游无穷者,彼且恶乎待哉。"乘物游心不依赖于特定外物,不限于何种情势。《庄子》还说:"审乎无假,而不与物迁。"(《德充符》)由"无假""不与物迁"可知,这种审美方式既包括对美的自然的欣赏,也包括对非美的自然的欣赏;既包括对自然对象的欣赏,也包括对自然环境的欣赏。但由于道家智慧来自对宇宙世界的全体省察,《庄子》在论述时亦常在宏阔视野下遍举天地万物,仿佛置人于荒天迥地,故极易推动人超出自然对象,去欣赏更为广阔的自然环境。推动中国古代自然环境审美,当是《庄子》更为重要的贡献。[1]

《庄子》主张"与物为春"(《德充符》),人与自然和谐相处,人能宽快自适,万物亦欣欣向荣。《庄子》描绘了"至德之世"人与自然关系的图景:"万物群生,连属其向;禽兽成群,草木遂长。是故禽兽可系羁而游,鸟鹊之巢可攀援而阚。"(《马蹄》)人与万物当比邻而居,相互信任,不应处于彼此防备的敌对关系中。"阴阳和静,鬼神不扰,四时得节,万物不伤,群生不夭,人虽有知,无所用之……莫之为而常自然。"(《缮性》)在《庄子》看来,人应当投身于宇宙世界本有的和谐中。

尽管《庄子》信任、崇奉自然,要求与自然和睦相处,但其思想出发点及最终关切点在人。"道"虽有宇宙论、本体论的意义,但对它的阐述是为摆脱人生苦恼、牵累这一核心目的服务的。《庄子》每大谈宇宙自然后,都会回到现实人生出路的问题上。以宇宙自然之真启人生解脱之智,乃《庄子》一书之全部秘密。《庄子》标举的"大而无用"(《逍遥游》),其实

---

[1] 关于《庄子》对中国古代环境自然审美的推进意义,请参阅薛富兴《山水精神:中国美学史文集》,南开大学出版社,2009,第250~266页。

还是"无用之用"(《人间世》),即全身保命及免除精神困苦。"外天下""外物""外生",然后"朝彻""见独",最终只为在尘世纷扰中保持内心宁静——"撄宁"(《大宗师》)。虚静淡泊,"缘督以为经",只为"可以保身,可以全生,可以养亲,可以尽年"(《养生主》)。人与自然万物融合为一所得之"至乐",也回到了"至乐活身"(《至乐》)上,反对伤害自然,主要因为"不伤物者,物亦不能伤也"(《知北游》),反对贪婪索取,是为避免"逐万物而不返"(《天下》),因而"能胜物而不伤"(《应帝王》)。凡此种种,说明《庄子》一书虽旁薄万物,恢宏察思,其理论聚焦却只落在个人精神的解脱上。

受道家思想影响的古代自然审美,其喜爱的与其说是自然界,不如说是在与自然相拥时自然世界馈赠与人的内心宁静与悠然自适。如文征明的山水画《临溪幽赏图》,画中四周古木参天,一泓清泉从林间幽深处曲折流出,一位文士携侍童游于板桥之上,临溪幽赏。如果以纯粹山水表现理想人格还嫌间接、含糊,那么画中人物的存在便有必要。山水树木占据画幅空间绝大部分,成为画作所要突出的主角,欣赏者的注意力首先很自然地被引向它们。当欣赏者的视线由山水树木转向桥上人物时,忽然发现在所见山水和自己之间隔着一个同在欣赏这片山水的画中人,他或许就是山水这一大文本的理想读者,他吮吸着造化精神(画中题词曰"闲看天机"),是山水精神的真得者。于是,画中人也成了欣赏对象,那模糊的身影,很可能唤醒欣赏者内心遥远而又逐渐清晰的具有山水情结的真我形象。画中人规约着欣赏者,似乎在提醒他将山水欣赏从原来各种可能展开的方向,最终聚注在理想人格的追求上。这样的山水画张于室内,除提供可居可游的想象式满足外,还发挥着格言警句的作用。因此,欣赏天地大美并非最终目的,它不过是人实现精神超越与自由的手段。

"乘物"是手段,"游心"才是最终目的,道家的自然审美依然把自然视为手段,这也是一种人类中心主义[①]。由今观之,《庄子》思想的意义是复杂的,在人类欲望膨胀、盲目自恋、过于崇拜科技的时代,由于它非常警惕人心向外驱驰的后果,故对现代文明的偏蔽具有抑制和文化调节作用,但在自然审美方面它又难免有人类中心主义之嫌。因此,自然审美有必要

[①] 人类中心主义体现于自然审美中就是指"自然只为我们及我们的愉悦而存在"。参见〔加〕艾伦·卡尔松《当代环境美学与环境保护要求》,载《从自然到人文——艾伦·卡尔松环境美学文选》,薛富兴译,孙小鸿校,广西师范大学出版社,2012,第286页。

由以人的解脱为目的，转变为以欣赏自然本身为目的。这种转变并非审美境界的降低，相反，它具有更深厚的伦理基础，体现出人类尊重自然，不以自然为手段，自觉抛开自我关切而走进自然的博大胸怀。《庄子》不遗余力地剽剥人类文明的价值，意识到宇宙天地本来就有其生命价值和意义，而欣赏自然要对此进行感受和体认。换言之，我们相信自然本身就魅力无穷，值得欣赏。既然如此，我们应当为了感受自然的魅力与大美而去欣赏自然。

（作者单位：江西师范大学文学院）

"得意忘象"与魏晋美学

李红丽

一 "得意忘象"的哲学内涵

(一) 言、象、意之辩溯源

言、象、意之辩由来已久,早在先秦时代,人们就发现了言意之间的矛盾。老子曰:"道可道,非常道。名可名,非常名。"① 道如果能够言说,那就不是恒常的道了,因为道是无形无名的本体,不能用有形有象的名言去表达。这就已经透露出"言不尽意"的观点。庄子同老子一样,将"道"作为宇宙万物的本体,所不同的是,庄子的"道"更多的是从精神境界上讲的。庄子以精神境界之"道"作为万物的本体,"意"则是对于"道"的领悟,它是难以用语言传达的。《天道》篇指出:"语有贵也,语之所贵者,意也。意有所随,意之所随者,不可以言传也。"② 《秋水》篇又云:"可以言论者,物之粗也;可以致意者,物之精也。"③ 可见,庄子主张人们应该"得意忘言",正如"筌者所以在鱼,得鱼而忘筌;蹄者所以在兔,得兔而忘蹄"④ 一样,庄子认为语言只是达意的工具,得到了"意"就应该忘掉语言。

---

① 陈鼓应:《老子著译及评介》,中华书局,1984,第53页。
② 郭庆藩:《庄子集释》,中华书局,2004,第488页。
③ 郭庆藩:《庄子集释》,中华书局,2004,第572页。
④ 郭庆藩:《庄子集释》,中华书局,2004,第944页。

《易传》也认为"言不尽意",但其主张主要是"立象尽意"。《易传·系辞下》云:"子曰:'书不尽言,言不尽意。'然则圣人之意,其不可见乎?子曰:'圣人立象以尽意,设卦以尽情伪,系辞焉以尽其言,变而通之以尽利,鼓之舞之以尽神。'"这里的"言"是指语言,"书"是指文字,"书不尽言"是说文字不能包括所有的语言;这里的"意"是指圣人之意,圣人之意是超越有形世界而达无限的无形本体世界。因此,圣人之意是具有超越性的。"言不尽意"是说有限的语言不能准确地表达无限的圣人之意,所以圣人"立象以尽意"。《易传》中关于言、象、意的论述对于王弼的言、象、意之间关系的探讨有着非常重要的影响。王弼就是在解经的过程中阐发自己的"得象忘言""得意忘象"的观点的。

魏晋时期,"言意之辩"的兴起和发展主要与两个因素有关。一方面,与当时人物品鉴的风气有关。汉魏之际,人物品鉴由原来的重骨法形体转向崇尚内在精神,但气韵神态又无法言传,只能意会。魏时刘劭《人物志》已言神鉴之难。葛洪《抱朴子·清鉴》篇云:"区别臧否,瞻形得神,存乎其人,不可立为。自非明并日月,听闻无音者,愿加清澄,以渐进用,不可顿任。"葛洪认为,单从外貌骨法鉴赏人物易失于皮毛,所以必须瞻形得神,由表及里。但人的气韵神态又不同于具体的骨法长相,它非言语可以详述,只能意会,所以,"言意之辩"中的某些议题被援引入人物品鉴领域。另一方面,清谈盛行,《易传》《庄子》中提出的"言""意""象"的关系问题引起玄学家的很大兴趣,论辩甚多。玄学家大多认为"言不能尽意",如荀粲说:"六籍虽存,固圣人之糠秕。"此说法出自《庄子·天道篇》,轮扁见桓公读书,曰:"君之所读者,古人之糟粕已夫。"[①] 庄子以此说明圣人之意是形而上的精神之道,它非语言可传;言之所传,不过是糟粕而已。荀粲祖述庄子之说,提出:"盖理之微者非物象之所举也。"他认为《周易》中微妙的玄理是卦象不能穷尽的,强调的是意内言外,言不尽意。

(二)"得意忘象"的哲学内涵

王弼在总结庄子的"言不尽意""得意忘言",《易传》的"言不尽意""立象尽意",荀粲的"言不尽意"的基础上,建立了自己的言意理论。汤

[①] 郭庆藩:《庄子集释》,中华书局,2004,第490页。

用彤先生曾指出:"言意之别,名家者流因识鉴人伦而加以援用,玄学中人则因精研本末体用而更有领悟。王弼为玄学之始,深于体用之辩,故上采言不尽意之义,加以变通,而主得意忘言。于是名学之原则遂变而为玄学家首要之方法。"① 王弼的"言意之辩"与荀粲的"言不尽意"相比,更强调"得意忘象",注重对宇宙本体的领会和把握。

王弼的言、象、意之辩主要表现在《周易略例·明象》篇中,他成功地把《易传》的"言不尽意""立象尽意"和庄子的"得意忘言"融合在一起,创造了儒道合流的玄学方法。尽管他对于言、象、意的讨论是针对《易经》的卦辞、卦象、圣人之意这三者的关系进行的,但是这种讨论已经超越了易学本身的意义,达到了一般方法论的意义。这种方法论不仅是哲学认识论的方法,而且也是解释文化经典的方法,是文学艺术的创造方法。为了清晰地了解王弼言、象、意之辩的理论方法,我们按照《明象》篇的内在逻辑,分四个层次进行论述。

言、象、意关系的第一个层次是:"夫象者,出意者也。言者,明象者也。尽意莫若象,尽象莫若言。言生于象,故可寻言以观象;象生于意,故可寻象以观意。"这里的"言"是指卦爻辞,"象"是指卦爻象,"意"是指圣人作卦的意义(圣人之意)。这段话的意思是说,卦象是表达圣人之意的工具,卦辞是明象的工具,所以表达圣人之意要通过卦象,表达卦象要通过卦辞。言辞是由《易》的卦象产生的,可以通过言辞的内容追溯到卦象的意义;卦象是由圣人制定的,可以通过卦象所表现的内容理解圣人的本意。从哲学认识论的意义上说,事物现象是事物本质的外在表现,语言可以通过对事物现象各个方面的描述形成表象,帮助人们认识事物的本质。王弼把语言和形象看成表达事物内容的工具是有合理成分的。

第二个层次是:"意以象尽,象以言著。故言者所以明象,得象而忘言;象者所以存意,得意而忘象。犹蹄者所以在兔,得兔而忘蹄;筌者所以在鱼,得鱼而忘筌也。然则,言者,象之蹄也;象者,意之筌也。"王弼引用庄子的"得鱼而忘筌""得兔而忘蹄",说明卦象是表达圣人之意的工具,领会了圣人之意就会忘掉卦象;卦辞是表达卦象的,明白了卦象就会忘掉卦辞。王弼的这种说法是有合理成分的,语言和它所描绘的形象都是

---

① 汤用彤:《魏晋玄学论稿》,上海古籍出版社,2001,第21页。

人们的认识工具,当人们认识了事物的内容就会淡化语言和形象的作用。

　　第三个层次是:"是故,存言者,非得象者也;存象者,非得意者也。象生于意而存象焉,则所存者乃非其象也;言生于象而存言焉,则所存者乃非其言也。"这就是说,执着于卦辞就不能理解卦象,执着于卦象就不能理解圣人之意。卦象是由圣人制定的,圣人之意决定卦象,如果执着于卦象,就会失去圣人之意,所执着的卦象也就不是原来的卦象了。同样,卦辞是由卦象产生的,卦象决定卦辞,如果执着于卦辞,就会脱离卦象,所执着的卦辞也就不是原来的卦辞了。王弼的意思包含着两个方面:一是要区别事物的形式和内容,卦辞和卦象是卦爻的外在形式,仅局限于形式,就失去了内容,而失去了内容,形式也就没有意义了;二是要区别认识工具和认识对象的关系,指出认识工具或认识方法不能代替认识对象,脱离了认识对象,认识工具也就失去了它的作用。

　　第四个层次是:"然则,忘象者,乃得意者也;忘言者,乃得象者也。得意在忘象,得象在忘言。故立象以尽意,而象可忘也;重画以尽情,而画可忘也。"这里王弼把忘掉卦象作为得到圣人之意的条件,把忘掉卦辞作为得到卦象的条件,是指要超越言象之表进一步理解圣人之意。在王弼看来,圣人只把卦象、卦辞看作表达意义的方法和工具,圣人之意只可意会不可言传,所以"得意在忘象,得象在忘言",才能理解圣人之意。

　　王弼的言、象、意之辩包含两个方面的意义,一方面是对有形世界,可以用"言"和"象"来"尽意";另一方面是对无形的本体,不可用"言"和"象"来"尽意",只能用"微言"来启示,用意会进行内心体验。他在《老子》第二十五章注中说:"夫形以定名,字以称可。言道取于无物而不由也,是混成之中,可言之称最大也。吾字之曰道,取其可言之称最大也。……凡物有称有名,则非其极也。言道则有所由,有所由,然后谓之道,然则道是称中之大也,不若无称之大也。无称不可得而名,故曰域也。"[①] 这里王弼认为有形的万物可以通过名言概念来把握,但是"道"和宇宙全体是不能用名言和概念来把握的,用"可言之称最大"来称呼"道",不如用"无称之大"来称呼"道"。所谓"无称"就是"无名""玄""深""微""远"这些"微言",用内心体会"微言"才可"得道"。由此可见,"得意忘象""得象忘言"是与玄学宗旨相一致的。玄学的根本

---

① 楼宇烈:《王弼集校释》,中华书局,1980,第63~64页。

宗旨就是探究宇宙的本体，本体是一个超越具体物象的抽象的存在，这就决定了理解本体的方法不同于认识具体事物的方法。玄学家在探究本体的过程中，创造了一种新的方法来把握本体，这种方法既有理智的思辨，又不完全执着于思辨的"得意忘言"。这种方法也可以称为思辨的直觉，或者超理智的直觉，即超出概念和逻辑的分析，用内心体验的方法把握本体。王弼正是用既有理智的思辨，又不完全执着于思辨的超理性直觉的方法来说明"言不尽意"的。一方面，所谓"寻言以观象""寻象以观意"，就是用思辨的方法，从感性到理性、从现象到本质步步分析，接近本体；另一方面，由于本体不能完全用理智把握，所以"得意在忘言""得意在忘象"是用超理智的直觉来把握无限本体的。

（三）"得意忘象"对玄学的影响

"得意忘象"作为玄学的总方法、总原则，对整个魏晋玄学都产生了很大的影响。关于"得意忘象"的方法在当时学术思想界所起的作用，汤用彤先生在《言意之辩》中做了详细的论述：1. 用于经籍的解释；2. 深契合于玄学的宗旨；3. 用以会通儒道二家之学；4. 于名士之立身行事有影响；5. 对佛教翻译、解经有很大的影响。[①]

作为一种研究方法，"得意忘象"强调的是"得意"，即把握事物的本质和精髓，不过分地拘泥于事物的表面现象。真正的对于"意"的了解，是一种既需要"象"又超脱于"象"的领悟；同样，对于"象"的了解，也是一种既需要"言"但又超脱于"言"的领悟。王弼看到了任何固定的"象"和"言"总是有限的，前者不足以充分地代表或象征它所要尽的"意"，后者不足以充分地说明或解释它所要"尽"的"象"。所谓"忘象""忘言"，目的是要打破"象""言"的有限性，以达到把握那不能用有限的"象"与"言"加以指示说明的"意"与"象"。总之，王弼之所以主张"言不尽意"论，是因为玄学所追求的"道"亦即无限，无法用指谓有限个别事物的名言概念表达。

王弼的"得意忘象"是在魏晋玄学用"贵无"的思想重新解释儒道经典的历史条件下产生的。儒道经典的差异是明显的：儒家经典几乎很少涉及"无"的问题，更没有"有生于无""以无为本"的思想；《老子》关于

---

① 汤用彤：《魏晋玄学论稿》，上海古籍出版社，2001，第22~37页。

"有""无"的讨论比比皆是。王弼的言、意、象之辩系统地解决了这个问题，他认为"圣人体无"，"无"又难以用语言表达，所以要通过言象之外的意义来表达，这样《周易》、《论语》和《老子》就通过"以无为本"联结起来了。

"得意忘象"作为玄学家的一种生活方式，表现了他们对精神境界的高度重视，对精神自由的无限追求。在他们看来，要达到真正的精神自由，就必须超越有形的物质世界，进而达到对本体世界的探究，这种对物质世界的超越可以说是"忘象"。当然，这种"忘"，不是完全要超越物质世界，而是在主观上达到一种精神的超脱。

二　"得意忘象"与魏晋美学

（一）"得意忘象"的美学意蕴

在王弼的哲学命题中，"得意忘象"是最具有美学意味的。如果说在王弼玄学中讨论的"得意忘象"中的"意"还主要是指圣人之意，是一个抽象的概念，那么当"得意忘象"的理论广泛地引入美学领域之后，"意"就已经不再是一个抽象的概念了，它成为审美的情思；美学上的"意"总是与审美活动和艺术创作活动中艺术家主体的心意状态相联系。同样，"得意忘象"中的"象"已经不仅仅指卦象了，更多的是指艺术作品的形象；美学中的"象"也总是与具体的审美对象和艺术形象相关联。成功的艺术作品是通过生动多姿的艺术形象传达艺术家的主体心意状态的。

"得意忘象"强调的是"得意"，即得事物之精髓、本质。这个"得意"具有很强的主观性，"得意"的主体必须充分发挥自己的创造性，去领悟事物的"意"，以自己的"意"去把握、化解物的"意"。在这种情况下，得到的"意"，实际上已经不是纯粹的物之"意"了，而是己"意"与物"意"化合而成的一种事物。魏晋玄学这种重在主体创造的研究方法与审美活动是相通的。不管是在艺术创作中还是在艺术欣赏中，审美主体的创造作用对审美客体的精神上的化解作用都很重要。

"得意忘象"中的"得意"，其审美的终极指向是达到一种"与道同一"的自由无碍的精神境界，此境界通向本体之"无"。玄学家要想达到此境界，需要超越物质世界，这种对物质世界的超越也可以说是"忘象"，当然，这种"忘"，不是要完全超越物质世界，而是要在主观上达到一种精神的超脱。汤用彤先生说得好："本来吾人所追求，所向往之超世之理想、精神之境界、玄远之世界，虽说是超越尘世，但究竟本在此世，此世即彼世，如舍此求彼，则如骑驴求驴。盖圣人'尝游外以弘内，无心而顺有，故虽终日挥形而神气不变，俯仰万机而淡然自若也。'"①而这种主观精神上的超脱、此潇洒通脱的人生境界也是审美的境界。王弼明确地将"神明茂"作为圣人与常人的区别，这与他强调研易，贵在"得意"的观点是相通的："应物而无累于物"，重在神明茂。"无累于物"即"忘象"，重在神茂，也就是通过"忘象"而"得意"。

（二）"得意忘象"与文学理论

"得意忘象"引入文学领域，正暗含了文学创作和欣赏的内在规律。如果说玄学中的"得意忘象"，是指用一种超理智的直觉来把握无限的本体，那么，"言不尽意"则是指人们在理性思维时不能用语言文字把头脑中的概念完全准确地表达出来；如果说在理论创作中，人们尚不能将头脑中的概念完全用文字表现出来，那么，作为审美活动、以情感为枢纽的文学创作，其审美情感具有比概念更复杂的特性，也就更难以用语言文字表达出来。魏晋南北朝的文学家已经看到了这一点。

嵇康在《兄秀才入军赠诗》中说："目送归鸿，手挥五弦。俯仰自得，游心太玄。嘉彼钓叟，得鱼忘筌。郢人逝矣，谁可尽言？"清代文人王士禛评嵇康诗曰："'手挥五弦，目送归鸿'，妙在象外。""象外"即嵇康所说的"俯仰自得，游心太玄"的精神境界。"嘉彼钓叟，得鱼忘筌。郢人逝矣，谁可尽言"，是用"言不尽意""得意忘象"说明"游心太玄"的境界只可意会不可言传。

陶渊明在《饮酒》诗中说："采菊东篱下，悠然见南山。山气日夕佳，飞鸟相与还。此中有真意，欲辩已忘言。"也就是说，作者捕捉、感觉到了审美对象的意蕴，形成了一种主体情思，但这种情思难以用语言来表达，只可意会。诗人在采菊时有意无意地看到了南山，真正达到了意与境相交融。《世说新语·文学》篇记载："庾子嵩作意赋成，从子文康见问曰：'若

---

① 汤用彤：《魏晋玄学论稿》，上海古籍出版社，2001，第183页。

有意邪，非赋之所尽；若无意邪，更何所赋？'答曰：'正在有意无意之间。'"① 庾子嵩的回答，很精彩地说明了审美情感非概念所能穷尽、非语言所能全述的特点。

刘勰以道为体、以文为用，认为文学创作之妙处在象外、言外。《文心雕龙·隐秀》篇云："是以文之英蕤，有秀有隐。隐也者，文外之重旨者也。秀也者，篇中之独拔者也。"首先，"秀"是见之于作品的艺术形象，即"篇中之独拔者"，它属于艺术反映生活有限的一方面；"隐"是"文外之重旨者"，它不是篇中的艺术形象，而是"象外之象""味外之旨"。一个艺术作品应有秀有隐，秀在"篇中"，隐在"文外"。一个好的艺术作品应该是从"秀"中见出"隐"，从"篇中"见出"文外"，从有限见出无限。

所以，"得意忘象"引入文学创作、欣赏领域，正契合了审美情感具有的只可意会、不可言传，从有限见出无限的特征。它引导和启发人们正视这一悖论，在必然性中寻找创作、欣赏的规律，使艺术创作、艺术欣赏建立在自由、自觉的基础之上。

（三）"得意忘象"与书画理论

魏晋时期受玄学的影响，人们所追求的是人的内在精神世界和高妙玄远的人格本体，新的艺术原则表现在绘画上就是"气韵生动"和"以形写神"，用绘画生动地表现人的内在精神气质。

顾恺之提出了以"传神写照"为核心的绘画理论。这一绘画理论的提出，与魏晋南北朝时期关于形神问题的讨论相关联。"魏晋南北朝时期，形神问题的讨论大致经历了三个阶段：一是和人物品藻、鉴识相连的，二是和玄学相连的，三是与佛学相连的。"② 汉末魏初时，刘劭在《人物志》中已经提出"征神"的问题，指出"夫色见于貌，所谓征神"。他所说的"神"，主要是与曹操对"才"的强调相联系的个体的智慧、才能、性情。到了正始玄学中，何晏、王弼对于"圣人"的"神明"问题，强调的是"圣人"的智慧，并赋予"神"一种形而上的意义，将其直接同对无限自由的理想人格本体的追求联系起来了。正始之后，阮籍、嵇康更加注重个体精神的自由，使得"神"的地位更加高于"形"。西晋以

---

① 刘义庆撰，徐震堮注《世说新语校笺》，中华书局，1984，第140页。
② 李泽厚、刘纲纪：《中国美学史》（魏晋南北朝编），安徽文艺出版社，1999，第129页。

后，阮籍、嵇康对于形神的看法已经普遍被接受。到了东晋，玄学清谈之风再度兴起，同时又日益与佛学密切联系起来，使得神逐渐成为一个美学化的概念。"神"这一概念，在魏晋时期主要指同天赋、气质、个性相关的智慧、才能、精神，以及由此而达到的具有审美意味的形而上的人生境界。

顾恺之画论中的"传神写照""以形写神"就是在上述历史条件下形成的，其观点虽不否认"形"，但强调"神"具有超越于"形"的无比微妙的功能和表现。因此，对"神"的把握不能停留在"形"上，也不能仅靠语言概念去获得。"神"也可以说是"意"，不过，这里的"意"主要指人的具有审美意味的精神境界；"神"也可以说是"象"，同样，这里的"象"主要指人内在的智慧、才华表现出的外在的风貌。"以形写神"就是说要通过对人外在的形象、风貌的摹写显现人内在的精神气质。一旦抓住了最能表现人物个性、气质的地方，就会专注于描写此处以达到"传神"的效果，其他的都可以暂时忽略了，这也就是王弼所说的"得意忘象"。顾恺之发现，眼睛是最能传神的，为了达到"传神"的效果，他对画眼睛特别重视。《世说新语·巧艺》记载："顾长康画人，或数年不点睛。人问其故。顾曰：'四体妍媸，本无关妙处；传神写照，正在阿堵之中。'"[①] "传神"的关键在于眼睛的刻画，而不是外部的形体动作，忘"形"得"神"、忘"象"得"意"，才是绘画艺术的最高境界。

谢赫的"气韵生动"也大体是在魏晋南北朝形神观的讨论中发展起来的，并且是对顾恺之"以形写神"的绘画理论的发展。他在《古画品录》中说："六法者何？一，气韵生动是也；二，骨法用笔是也；三，应物象形是也；四，随类赋彩是也；五，经营位置是也；六，传移模写是也。"谢赫将"气韵生动"放在六法之首，说明他认为绘画最重要的原则就是"气韵生动"，就人物画来说，要求"气韵生动"，就是要求画家把人物的精神风貌、个性气质通过对其外在容貌的描写生动形象地呈现出来。与顾恺之所强调的精神的内在永恒性不同，谢赫更强调对人物形体动作、姿态的生动描写。在他看来，人的气质精神不是外在于人的，而是寓于人的形体动作之中的，所以，做到了"气韵生动"，也就是达到了"传神"的效果。可以说，谢赫的"气韵生动"才真正贯穿了王弼即体即用、体用不二的"以无

---

① 刘义庆撰，徐震堮注《世说新语校笺》，中华书局，1984，第388页。

为本"的本体论。而作为探讨本末有无的研究方法,"得意忘象"也是一种本末、体用关系,以"意"为"本"、为"体",以"象"为"末"、为"用",正如"无"在"有"之中一样,"意"也在"象"中,对"象"的观察、体悟,也就达到了对"意"的领悟。因此,笔者认为,谢赫的"气韵生动"说,是在审美艺术领域中对"以无为本""得意忘象"理论的具体运用。

"得意忘象"在魏晋书法理论中的表现就更加丰富了。魏晋书法艺术十分注重艺术家主体的"意"的自然抒发和表现,"意"作为艺术家主体情思的概念,被广泛运用。传为卫夫人的《笔阵图》有云,"意后笔前者败""意前笔后者胜",说明了"意"在书法中的重要性。"意前"意味着"意"的统帅作用,写字时,心手合一,气贯于笔,神现于字;"意后"则意味着写字时精神不够集中,这样书法是练不好的。王羲之进一步强调了"意"与书法之本质的联系,要求书法要"点画之间皆有意",而且"意"要"深",要"有言所不尽"。以书法的点画为"意"的表现,也就是指出此"意"是艺术家内在自由心灵的表现。

(四)"得意忘象"与音乐理论

追究事物的本体是玄学的一大特色。玄学家不仅对天地万物即整个宇宙本体有着浓厚的兴趣,对艺术的本体问题也同样很感兴趣。嵇康的《声无哀乐论》就涉及了音乐本体的问题。嵇康认为:"夫天地合德,万物资生;寒暑代往,五行以成;章为五色,发为五音。音声之作,其犹臭味在于天地之间,其善与不善,虽遭浊乱,其体自若而无变也。"他从"以无为本"的玄学本体论出发,强调音乐的自然之质,追求音乐的自然和谐。嵇康认为,声音之所以与哀乐无关,在于从宇宙整体的角度出发,音乐的本质是自然,自然者,自然而然之本性也,与人之喜怒哀乐无关。而这种理论也得益于"得意忘象"的方法。汤用彤先生说:"而嵇夜叔虽言'声无哀乐',盖其理论亦系于'得意忘言'之义。夫声无哀乐(无名),故由之而'欢戚自见',亦犹之乎道体超象(无名),而万象由之并存。故八音无情,纯出于律吕之节奏,而自然运行,亦全如音乐之和谐。"[①] 这就是说,道是无名无形的本体,万事万物因此有了存在的根据;也正是因为音乐的本体

---

① 汤用彤:《魏晋玄学论稿》,上海古籍出版社,2001,第184页。

是超象无名的，所以人之喜怒哀乐之情才得以存在。音乐的本质是自然和谐的，遵循了宇宙本体之道。我们不局限于有限的声音，忘言忘象，才能通于言外，达于象表，最终才可以"得意"，即达到与宇宙同体的自然之道。嵇康从天道的自然无为论到人性自然、音乐自然，丰富了人类追求的精神自由的内容，使人性自然与音乐自然相配合，这种音乐观的产生是与以王弼为代表的言、意、象之辩的文化环境分不开的。

（作者单位：西北政法大学哲学与社会发展学院）

庄子《齐物论》现象学美学诠释
——兼论其与海德格尔现象学之会通

肖 朗

中华审美文化源远流长，是中国传统文化的精髓，也是世界上独一无二的精神财富，而当今是一个社会大变革、哲学社会科学大发展的时代，这一切都为推动中西美学对话，进而构建中国特色美学话语体系提供了难得的机遇。中国传统美学思想资源一方面需要当代人的深入挖掘整理，另一方面需要在和西方的对话中将其推向全世界，对中国传统哲学包括美学的诠释，绝不能再走用西方的概念生搬硬套的老路，因为中国文化无论儒释道哪家都不是一种概念化的思维方式。而西方现象学正是对西方传统主客二分概念思维反思的结果，因此和中国传统思想有亲缘性。从现象学的宗旨而不是现象学学科出发，我们也可以说在中国传统思想和美学那里体现了深刻的现象学精神。海德格尔本人在其学术及生活中提到过中国思想。张世英先生的《哲学导论》亦有大量海德格尔现象学观念并由此展开的相应的中西对话。教育部重点人文社科研究基地北京大学美学与美育中心的刊物《意象》第四期便是以现象学和中国美学为主题的论文集，刊发了叶朗、张祥龙、孙周兴、张庆熊等诸多大家的文章。

海德格尔将现象学解释为让人从显现的东西本身那里如它从其本身所显现的那样来看它，从而发展出了自己的现象学思想。海德格尔的现象学是要将物从现在单一的科学化、对象化、客体化的思维中拯救出来，让事物保持为自身，让事物自身开启而不受人的干扰。因为事物存在于被我们看成对象之前，在一种先行敞开的层面上，人和物本性上是亲切的。并且这样才能达到人与物的本性和自由，由此，美便在其中显现出来。由此可以看出，海德格尔的现象学本身便带有很深的美学意味。现象学经由海德格尔的发展，和中国古代道家的思想不谋而合了。中国古代道家思想并非一种主客二分对立的思维模式，且主张放弃个人的思想和知识，顺其自然，随物而游，这是主客二分之前的物我之本性，也是二者共同的自由。其在美学方面的表现，是更为本源的天地之大美，人应顺应天地之美，而不是去分析和判断美。海德格尔本人在其文本及学术活动中也提到过老子和庄子。[①] 无论是海德格尔还是老庄，其思想都表现出很强的美学意味，但是明确从美学方面对二者进行比较的成果较少并且略显粗糙。本文以现象学的视角从庄子《齐物论》文本[②]出发，指出这两位极具美学特色的思想家在美学上的相同之处，一方面对庄子的《齐物论》做出新的诠释，另一方面指明它与海德格尔现象学思想的诸多相通之处，希望借此深化并推进二者的比较研究。

一　丧我与天籁：声音自身的显现

庄子在《齐物论》第一章的开头说：

> 南郭子綦隐机而坐，仰天而嘘，荅焉似丧其耦。颜成子游立侍乎前，曰："何居乎？形固可使如槁木，而心固可使如死灰乎？今之隐机者，非昔之隐机者也。"
> 子綦曰："偃，不亦善乎，而问之也！今者吾丧我，汝知之乎？女闻人籁而未闻地籁，女闻地籁而未闻天籁夫！"（《齐物论》第二章）

以现象学视角看，这里有三个关键词，一个是"吾丧我"，一个是"似丧其耦"，还有一个是"天籁"。丧我即去除成心成见，扬弃我执，破除主

---

① 对于海德格尔本人谈及老子和庄子的内容，国内学者张祥龙对此做了归纳整理，有兴趣的读者可以参阅其《海德格尔传》（商务印书馆，2007）、《海德格尔思想与中国天道——终极视域的开启与交融》（修订新版）（中国人民大学出版社，2010）等著作。另外台湾学者赖锡三贤在张祥龙归纳整理的基础上又做了进一步收集整理和深入挖掘的工作，有兴趣的读者可以参阅其著作《意境美学与诠释学》（北京大学出版社，2009）。
② 本文所引《庄子》，皆出自陈鼓应《庄子今注今译》最新修订本，商务印书馆，2007。文中只标出篇名及章节。

体，打破自我中心主义，也就是大家熟悉的庄子讲的心斋坐忘、澡雪精神，老子讲的涤除玄览、绝圣弃智之意。老庄此意和胡塞尔现象学对主体的悬置有些相似，学术界已经对此做过探讨，在此不再赘述。不同之处是胡塞尔对自我悬置的同时也悬置了对象，最终是要回到纯粹意识，而庄子这里清除了自我，但是不悬置物，而是通过物我合一，最终同于大道。物我合一便是文中所谓的"似丧其耦"，"耦"作"偶"，有物我对立、灵肉对立之意，文中颜成子游看到南郭子綦"似丧其耦"，便是指南郭子綦忘了我与物、灵与肉之相对，意指精神活动超越匹对的关系而达到独立自由的境界，也就是回到物我对立之前的事物之本来面目了。这也正是海德格尔现象学所追求的目标，即回到主客二分之前的更本源的存在。

老庄虽然讲道生万物，但是"道"和西方传统形而上学本体论的东西并不一样，这里的"生"不是创生和生产，而是共生和生生；老庄的道虽有虚无之意，但这里的虚无不是没有，而是无中生有和无所不在。如果从声音的角度看，这里的"道"便是天籁，所以颜成子游看到南郭子綦好似灵魂出窍，便问何故，南郭子綦说他只能听到人籁、地籁而未闻天籁。在这里我们可以看到三者的区别：人籁是人吹箫管发出的声响，地籁是指风吹各种窍孔发出的声音，天籁是指各物因其自然状态而自鸣。因此天籁是声音自身的显现，不是通过事物也不是通过人显示自己，而是自己显现自己，正如海德格尔一再强调的自身言说的纯粹语言。海德格尔纯粹的语言是指语言自身言说，它不是事情的表达，而是语言自身的展开，语言自身说话表明它是纯粹语言，纯粹语言不同于日常语言和理论语言，而是诗意语言。海德格尔认为诗意语言是最接近语言本性的，或者说就是语言自身本性的揭示，因此是纯粹的语言。

庄子对语言也进行过思考，提出了寓言、重言、卮言三种不同的语言。"卮言日出，和以天倪，因以曼衍，所以穷年。"（《庄子·天下》）只有卮言是突破时空界限、主客二分和个体对象化的语言。"在对对象世界进行言说的过程中，寓言和重言冲破了个体的限制，分别从空间和时间的维度拓宽了语言的表现区域。但是，从世界存在的本然状态而论，所谓时间和空间的划分，以及其他通过对自然的秩序定位来使语言更具针对性的做法，都缺乏事实的依据。这是因为，所谓的时间和空间格局，是人为自然建构的秩序，而自然本身并不存在这种秩序。如果语言只有在对象被固定在某个秩序之中才能发挥效能，它所讲出的就不是自然的本相，而只可能是自然人化后的形态。从这个角度讲，寓言和重言虽然有助于切近对象、揭示真理，但由于对象已成为人化的或被人的知觉建构的对象，所以它依然不能言说对象本身。在这种背景下，一种更具超越性的语言的出现就显得必然。庄子把这种语言称为卮言。"① 海德格尔认为，人是语言的存在，因此纯粹语言关涉人的存在，是人的家园，所以海德格尔中期有句名言：语言是存在的家园。"作为缘在之人的最大缘分就是能听懂语言境域本身的纯显现之说。用庄子的术语来讲就是，只有听懂了语言本身的'天籁'，才能去说日常的'人籁'或语言。"② 在庄子这里，就是说现实中我们能听到这样那样的声音，但是唯独听不到声音本身。传统的思维方式是要通过现象认识本质，这个本质往往是我们通过抽象思维形成的概念，但是这个概念反过来会影响并决定着我们对待事物的方式，构成我们与事物之间的一道屏障，蒙蔽了事物的自在存在。按照海德格尔的说法，这套概念把握方式不但不能接近事物，而且还构成对自在自持的事物的扰乱。《齐物论》的天籁，并非理性思辨，而是声音自身的显现，因为它是纯粹声音本身，是"和以天倪"，所以也是最美的声音，以至于在我们现在日常语言中，最美的声音被称为天籁之音。

二 溺与成心：人与物的遮蔽

庄子在《齐物论》第二章用精练简短的语言描述了人生在世的各种情态：

> 大知闲闲，小知间间；大言炎炎，小言詹詹。其寐也魂交，其觉也形开；与接为构，日以心斗：缦者，窖者，密者。小恐惴惴，大恐缦缦。其发若机栝，其司是非之谓也；其留如诅盟，其守胜之谓也。

---

① 刘成纪：《道禅语言观与中国诗性精神之诞生》，《求是学刊》2009 年第 6 期。
② 张祥龙：《海德格尔思想与中国天道——终极视域的开启与交融》（修订新版），中国人民大学出版社，2010，第 321~322 页。海德格尔将纯粹语言比作庄子的天籁，倒是帮学术界对天籁一词提供了一种新的理解方式。关于庄子《齐物论》中的"天籁"一词，以往主流的解释是郭象的注解，即"天籁"指自然界中万物发出的天然的、非人力作用的自然声响。后人大多继承这种说法，如冯友兰说"地籁与人籁合为天籁"（见冯友兰《中国哲学史》，中华书局，1962，第 281 页），但是这种说法显然是不符合庄子原意的，因为庄子关于三种声音的划分是递进的、有层次的。

其杀若秋冬，以言其日消也；其溺之所为之，不可使复之也；其厌也如缄，以言其老洫也；近死之心，莫使复阳也。喜怒哀乐，虑叹变慹，姚佚启态。乐出虚，蒸成菌。日夜相代乎前，而莫知其所萌。已乎，已乎！旦暮得此，其所由以生乎！（《齐物论》第二章）

"与接为构，日以心斗"，即与物纠缠不清，与人钩心斗角。"其发若机栝，其司是非之谓也；其留如诅盟，其守胜之谓也"，即人发言的时候像放出的利箭，专门"伺候"别人的是非来攻击；不发言的时候就好像咒过誓一样，只是默默不语等待制胜的机会。"其溺之所为之，不可使复之也"，即人总是沉溺于这些所作所为之中，慢慢就失去本性了，像用绳子束缚了自己，以上各种情态日夜交织，却失去了根本性的东西。"近死之心，莫使复阳也"，是说人一直沉溺于世，这样走向死亡的心灵再也不能使人回复本来的生气了。庄子这段话虽然短，却与海德格尔《存在与时间》对此在的描述比较相似。《存在与时间》可以看作海德格尔对此在的现象学分析，在海德格尔那里，此在沉沦于世，最大的特点便是沉沦和操心，此在的生存论意义即操心，其中既包括人与人，也包括人与物，从而导致人的非本真的存在。"此在拿自身同一切相比较；在这种得到安定的、'领会着'一切的自我比较中，此在就趋向一种异化。在这种异化中，最本己的能在对此在隐而不露。沉沦在世是起引诱作用和安定作用的，同时也就是异化着的。"[1]

接着庄子提出了"真宰"一说，认为人生由更高层次的东西来规定，当然这个东西也必须通过人显现出来，并能够改变和规定人的日常生活形态。

非彼无我，非我无所取。是亦近矣，而不知其所为使。若有真宰，而特不得其朕，可行已信，而不见其形，有情而无形。（《齐物论》第二章）

这段话的意思是没有它就没有我，没有我那它就无从呈现。我和它是

---

[1]〔德〕马丁·海德格尔：《存在与时间》，陈嘉映、王庆节合译，熊伟校，陈嘉映修订，生活·读书·新知三联书店，2009，第206页。

亲近的，但不知道是由什么东西指使的，仿佛有真宰，然而又寻不着它的端倪，可通过实践来验证，虽然不见它的形体，但它本是真实存在而不具形象的。庄子这里排除了主体客体的主导作用，追溯到更本源的存在（"真宰"）。海德格尔也提出了存在，因为在早期，海德格尔的存在便是通过此在来显现的。此在主要有两个方面意思，一是当下存在，此在生存；二是此在是存在的敞开，此在守护存在。此在就是绽出的（ekstatisch）生存，海德格尔将此看作人的本质，而且认为此在的沉沦绝非脱离了存在。"反过来说，本真的生存并不是任何漂浮在沉沦着的日常生活上空的东西，它在生存论上只是通过式变来对沉沦着的日常生活的掌握。"[1]但是存在并非存在者，它并非某一具体的物，不具备形象，但是能规定一切存在者。西方哲学最大的问题就是遗忘了存在，或者将存在仅仅看作一个具体的存在者了。

既然有真宰，为何人们总是沉沦于世呢？在庄子看来，主要是人充满了各种成心成见，导致真宰被遮蔽。

> 夫随其成心而师之，谁独且无师乎？奚必知代而心自取者有之？愚者与有焉。未成乎心而有是非，是今日适越而昔至也。是以无有为有。无有为有，虽有神禹且不能知，吾独且奈何哉！（《齐物论》第三章）

这里谈到一个关键词"成心"。"成心"在《齐物论》中是个很重要的观念，"成心"即自己的偏执之心，心中现存是非，把没有当成有，类似于现象学的先见。每个人都以自我为中心，便引发无数主观是是非非的争执，产生武断的态度与排他的现象，归根结底，这是由于成心作祟。所以庄子在这里说人总是心存各种是非之心，不如"莫若以明"。庄子在后面的文本中连续两次提到"莫若以明"。

> 道恶乎隐而有真伪？言恶乎隐而有是非？道恶乎往而不存？言恶乎存而不可？道隐于小成，言隐于荣华。故有儒墨之是非，以是其所非而

---

[1]〔德〕马丁·海德格尔：《存在与时间》，陈嘉映、王庆节合译，熊伟校，陈嘉映修订，生活·读书·新知三联书店，2009，第208页。

非其所是。欲是其所非而非其所是，则莫若以明。(《齐物论》第三章)

在各种是非争辩中，真正的道和言都被遮蔽了，二者变成了片面认识和虚矫之言，不如跳出是非之辩，用空明的心境去观照事物本然的样子。庄子接着说：

> 是亦彼也，彼亦是也。彼亦一是非，此亦一是非。果且有彼是乎哉？果且无彼是乎哉？彼是莫得其偶，谓之道枢。枢始得其环中，以应无穷。是亦一无穷，非亦一无穷也。故曰莫若以明。

这里就是要破除事物之间彼此的对立，回到没有分别的心，这样才能顺应无穷的流变，就像一个空的圆环，枢在环中才能旋转自如。是非的争论是没有终点的，不如以空明的心境去观照事物本然的情形。"是以圣人不由而照之于天，亦因是也"，是说圣人可以放弃成见，观照事物的本然。用西方现象学的说法，就是放弃个人意见和成见，获得洞见，也就是观照事情本身。如果从现代西方哲学的角度来看，我认为，"莫若以明"与海德格尔所说的"让存在者成其所是"有某种共通性，"去蔽"即类似于"莫若以明"[①]。

无论是庄子还是海德格尔，排除我执的观照都是把握事情的重要方式。这也是中国传统思想和西方现象学的共通之处，在审美中表现得更为突出，因为审美就是直接观照美的现象的本身。庄子以镜子比喻人的心灵："至人之用心若镜，不将不迎，应而不藏，故能胜物而不伤。"(《庄子·应帝王》)意指对外物的观照如同镜子，如其本来面目显示事物的本性，这样才能窥见作为整体而存在的天地之大美。我们知道海德格尔从他的老师胡塞尔那里接受了本质直观和范畴直观的现象学方法，并将之视为现象学的核心观念。海德格尔这里的观和看也并不能被简单地理解为眼睛的视觉行为，但也不是神秘性灵感意义上的看和柏格森的直觉主义，而是对事物本身纯粹的质朴直观。"直观"这一表述与上面我们已在充分的意义上加以规定的

---

① 吴根友：《读庄献疑——〈齐物论〉"莫若以明"新解》，《中国哲学史》2005 年第 4 期。李振纲、王素芬在《化解"成心"对生命的遮蔽——解读〈齐物论〉的主题》一文中，也明确地将"成心"看作生命的遮蔽，与此对应，将"齐物"看作生命的解蔽。有兴趣的读者可以参阅该文，载《河北师范大学学报》(哲学社会科学版) 2009 年第 2 期。

"看"是相应的。直观所指的是:"对具体有形的显现物本身就如同它自身所显示的那样的简捷的把捉。"[①] 学者潘知常就认为,从庄子的以道观物,到郭象的以物观物,再到禅宗的万法自现,正好通向了西方现代的现象学。

三 振于无竟,寓诸无竟:源天地之大美

在人与物的关系上,庄子前面通过破除成心来否定传统的认识方式,提出了自己独特的认识方式,并且这种认识方式具有很强的现象学意味。

首先,庄子指出了这种最高的认识的特点。

> 故知止其所不知,至矣。孰知不言之辩、不道之道?若有能知,此之谓天府。注焉而不满,酌焉而不竭,而不知其所由来,此之谓葆光。(《齐物论》第五章)

一个人如果能够止于所不知的境域,就是极点了,这便是葆光,即潜藏的光明。在海德格尔那里,绝对的光明或者绝对的黑暗并非是万物之源,林中空地(Lichtung)才是真理的开端。林中空地是光明与黑暗的显现与隐藏的游戏,这里的黑暗是光明的隐蔽之所,黑暗葆有了光明,即庄子潜藏的光明之意,也正如老子所言的"知其白,守其黑""明道若昧"。正是林中空地首先允诺了在场的可能性,这里是思想的最根本之处,也就是庄子说的思想的极点。

《齐物论》第六章中有很长的篇章主要是在谈论人的认识的有限性,指出常人的认识充满了各种成见,因此万不可以僭越自己,觉得自己认识的才是真理。最后的解决方法就是该章的最后一段。

> 化声之相待,若其不相待,和之以天倪,因之以曼衍,所以穷年也。何谓和之以天倪?曰:是不是,然不然。是若果是也,则是之异乎不是也,亦无辩;然若果然也,则然之异乎不然也亦无辩。忘年忘义,振于无竟,故寓诸无竟。(《齐物论》第六章)

---

① 〔德〕马丁·海德格尔:《时间概念史导论》,欧东明译,商务印书馆,2009,第59页。

这句话也是庄子在该篇中提出的自己的认识方式："振于无竟，故寓诸无竟。"庄子这里强调的是万事万物并不需要一个一个去认识——那肯定是认识不完的——而是以"顺"为基本原则，和以天倪，忘年忘义，就是在不干预、不控制客体的前提下，因循其自然整体的运动。能够做到这一点就已经是与万物不分彼此了，便是更高层次的认识了，便可以"振于无竟，故寓诸无竟"，即遨游于无穷的境遇，并能够寄寓于无穷的境遇，游乎天下之一气，也就是庄子的逍遥游，佛家讲的得大自在。反过来，这种自由又将人与存在者整体联系了起来。"是以圣人不由，而照之于天，亦因是也。"所以圣人不走一般的认知之路，而是观照于事物的本然，这也是因任自然的道理。"这里没有任何二元之分，包括主客之分、物我之分。这万物一体的境域是一切事物之所以可能的本源或根源，它先于此境域中的个别存在者，任何个别存在者因此境域而成为之所是。人首先是生活于此万物一体的'一体'之中，或者说天人合一的境域之中，它是人生的最终家园，无此境界则无真实的人生。但人自从有了区分主客的自我意识之后，就忙于主体对客体的追逐（无穷尽的认识与无穷尽的征服和占有）而忘记了对这种境界的领会，忘记了自己实际上总是生存在此境域之中，也就是说，忘记了自己的家园。"①

这种脱离了主体性的认识方式实质上也是现象学的认识方式，就是让事物自然而然地显现出来，用海德格尔的话说，就是泰然让之。与传统形而上思想的意愿相反，泰然让之是另一种思想方式，对万物的泰然让之是完全不同于作为万物的设定和控制的思想方式的。不同于主观意图去克服破解，对万物的泰然让之也意味着对于神秘的敞开，亦即将神秘当作神秘。以此方式，泰然让之和敞开自身带来了一种人与世界的新的关系，允诺我们一个新的根据和基础，在此，我们在技术世界之内能够无危险地站立并能幸存。"为何人在此凭借对于万物的泰然让之能够幸存于技术的世界之中？因为对于万物的泰然让之同样是转折于林中空地之中并且是一还乡。通过如此，人首先处于还乡之中，以期克服此无家可归的时代。"②

只要思想在此以泰然让之面对万物，那么，它将让万物作为万物物化，

---

① 张世英：《哲学导论》，北京大学出版社，2002，第128页。
② 彭富春：《无之无化——论海德格尔思想道路的核心问题》，上海三联书店，2000，第172页。

"天地有大美而不言，四时有明法而不议，万物有成理而不说。圣人者，原天地之美而达万物之理，是故至人无为，大圣不作，观于天地之谓也"（《庄子·知北游》）。① 庄子这里的大美，是没有主客二分的，天人一体的美，人顺应天地的本性才能领会到这种始源的天地之大美。如果人只是用自己的主观意志去追问美，则是割裂了这种天地之大美了："判天地之美，析万物之理，察古人之全，寡能备于天地之美，称神明之容。"（《庄子·天下》）因此，对海德格尔和庄子来说，他们都要求获得一种对于物诗意的态度："物物而不物于物。"（《庄子·山木》）"鱼相忘于江湖，人相忘于道术。"（《庄子·大宗师》）人在世界中和万物一起游戏，人和物共同生成，宇宙和人生混为一体。"也正因如此，审美活动，在海德格尔和中国美学看来，只是'俱道适往''与之沉浮'，海德格尔称之为'应和''召唤'"②。在此，美感不会固定于某个对象，而是永远"御风而行"（《庄子·逍遥游》），在中国的艺术创作中，一朵小花，一条小鱼，都要以小见大，展现生命本身的圆融具足和宇宙的勃勃生机。注重天地之不可分别、浑然天成、生机无限之大美，这正是中国美学之根本特性所在。

《齐物论》末尾是大家熟悉的庄周梦蝶的故事，这个寓言深刻揭示了人与物同一，人物化，物人化，最后达到一种物我同构、与道合一的最高境界。这里也彻底泯灭了主体客体和思想认识的分别和界限："孟孙氏不知所以生，不知所以死；不知孰先，不知孰后，若化为物，以待其所不知之化已乎！"（《大宗师》）其最终是人和物的自由。"我们知道，庄子的终极追求是'逍遥游'，'逍遥游'的前提是'无待'，而彻底地做到'无待'就是'化'——因为人不可能离开万物而独存，但却人可不以'对象性'思维对待万物，而以'万物一体'的方式'消融'或'化'于万物之中。于是'万物与我为一'，'有待'自然转化为'无待'，'有限'自然转化为'无限'，而'道'亦在其中矣。"③

---

① 与此相似，老子曰："是以圣人居无为之事，行不言之教，万物作而弗始也，生而弗有，为而弗恃，功成而弗居。"（《老子》第2章）孔子曰："天何言哉？四时行焉，百物生焉，天何言哉？"（《论语》）
② 潘知常：《海德格尔的"真理"与中国美学的"真"——中西比较美学札记》，《天津社会科学》1992年第4期。
③ 郭继民：《隐喻：诗性哲学的魅力——从庄子与西方后现代哲学的会通看》，《云南大学学报》（社会科学版）2009年第2期。

四　结语

邓晓芒在《胡塞尔现象学对中国学术的意义》中指出："中国传统学术的一个重要特点在我看来就是一种不自觉的'现象主义'精神。人们历来固守于实实在在的直接经验和天然的情感，因而现象学的'还原'或回到'事情本身'对中国传统来说根本不是什么问题。"[1] 尤西林说："中国人如能立意以现象学而非现象学学、哲学活动而非哲学史研究的方法对现象学精神有所感悟，便可能表现一种为现象学自身期待已久的东方式解释态度。"[2] 笔者认为，这种亲缘性在美学中表现得特别突出。

但是以现象学激活中国古代美学思想，要从现象学的宗旨出发，而不是局限于将现象学看作西方哲学的一个流派。现象学与中国思想的关联绝非简单地拿西方的理论来"框"中国的思想，反而恰恰是反对我们以往拿一些西方的概念、主客二分、唯物唯心等来肢解中国古代的思想。同时，此种关联也表明中国思想固有的精深微妙之处，只有在和西方现象学的对话中，才能从理论化概念化体系中释放出来，中国传统思想才能微妙开显、生机重现。正如海德格尔虽提到老庄思想，但是其思想来源和立足点都是西方思想本身。本文这里所做比较之目的亦是立足中国固有思想之传统，展现中国古代思想生命情调之美、灵心妙悟之感、天人合一之境，让看似断裂的传统在中西精神的比较中得到释放，并融入当下中国的文艺和审美实践中。

（作者单位：四川师范大学文学院、西南政法大学哲学系）

---

[1] 邓晓芒：《胡塞尔现象学对中国学术的意义》，《江苏社会科学》1995 年第 1 期。
[2] 尤西林：《人文精神与现代性》，陕西人民出版社，2006，第 140 页。

隔离、对接与开放

——中国古代的声音之道与实践传统[*]

程 乾

传统对于中国音乐实践活动而言，是一个充满了塑造、叠加、瓦解、重构且从未间断的延续过程，也是一个糅杂了无数具体劳作、事实及文本、传说，乃至想象、虚构的过程。比如两汉时期，"声音"被"凝固"成诸多与礼相通的"标准"，因因相袭。随着汉末统治集团的分崩，儒学面临危机，士阶层音乐观念中伦理的、政治的、实用的价值判断，逐渐朝着个体化、感性化、精神化转变。李泽厚曾注意到士大夫、伦理政教、主体情感三者的微妙关系，指出尽管"士大夫知识分子都经常是伦理政教的积极支持者、拥护者，大都赞成或主张诗文载道，但社会生活的发展，使传统的伦理政教毕竟管不住情感的要求和变异"，于是，与"'载道'关系较远的艺术形式便成了政教伦理所鞭长莫及而能满足情感愉悦的新的安乐处了"。[①]在中国音乐观念的发展过程中，"声音"自身的意义很容易被天理、道德、礼义、良知等概念遮蔽，只有敢于将"技"与"道"的距离拉近，声音的意义才有可能与实践传统携手。

---

[*] 本文部分内容源自《谁在挥弦？——魏晋士人对音乐实践传统的体察和运用》，载《中央音乐学院学报》2015年第4期。

[①] 李泽厚：《李泽厚十年集》（第1卷），安徽文艺出版社，1994，第244~245页。

一 隔离：通往哲思之路的困顿

1. "隔离"的由来

就中国古代社会而言，在音乐技术日臻完备的隋唐之前，音乐思想早在先秦时期就已经成熟。"乐"从何处来？它跟"心"的关系是怎样的？它在社会生活中的功能和价值是什么？关于"声音之道"的种种体验和探求，文人士大夫总是有这样的追问和热情。事实上，浩如烟海的古代音乐文献多数并不是出自音乐家之手，蕴含于其中的音乐观念大多是间接地对音乐实践产生影响。在音乐领域中，话语权群体与操作技术群体很早就产生了"形上"与"形下"的"隔离"，并不断地在历史过程中被凸显出来。不可否认，在音乐观念的构建方面，操作技术群体（职业音乐家、乐官、乐工）的文化修养、经济状况、政治身份以及被社会风气裹挟之下的变动性和时效性都是他们承担这一职责的巨大阻碍，身为实践的主力，却很难站在发言的前线。有学者指出"隔离"的关键问题在于："思想层面的美学问题主要是由处于统治阶层并拥有话语权的文人士大夫所书写，而音乐的实践主体——卑贱的乐工们并没有音乐的话语权，这就不可能不造成美学理论与实践形态的某种'隔离'。"[①]

就当下的中国传统音乐美学研究而言，仍然存在着美学思想与音乐形态、音乐行为相分离的情形。蔡仲德先生在晚年曾谈到《中国音乐美学史》一书的遗憾之处，其主要有两点，一是关于佛学思想对中国音乐美学影响的研究不足，二是音乐思想与音乐形态之间"贯通"的缺失。关于后者，这不只是蔡先生个人的遗憾，也不是当代学术一时的诘难，而是历史由来已久——这的确是一个延续至今的古老的话题。

书写和沉思是古代知识分子所擅长的沟通人与社会之关系的方式，文人士大夫通过这种方式把握世界。艺术领域也不例外，音乐的表达、流播、传授等，无一不依靠语言和文字。然而，从另一个角度上讲，书写、思考的介入对音乐也是一种干涉，因为若要尊重音乐形态本身的"声音"的事实，就应当接受人类思维的模糊性和非语义性。文史界向来也有"诗无达

---

① 冯长春：《中国传统音乐美学研究断想——回顾"音心对映论"之争所引发的几点思考》，《人民音乐》2008年第11期。

诂"之说，即表达对于无穷宇宙世界及其关联的认识，应出于人的本能，若以有限的方式描述主体内心世界不确定的感觉和情绪，注定要在限制之中，不能到达彼岸。

2. 声音之道与实践传统有多远？

开卷之余，笔者常常感到在古代音乐文本中的观念与体验及教化与心灵之间，存在着不同程度的隔膜与冲突，其间隐含的关联又让人在面对历史经验时，感到它们与个人身心的丝丝相扣。古人今人多次论及的"音乐之道"，能否在音乐事实中得到体贴的印证？文本中描述或体现的音乐经验如何进一步解析？它本身具有一种生长力与弥合力吗？

在中国历史中，人生与音乐往往具有千丝万缕的联系，尤其是先秦儒家丰富多彩的音乐活动，伴有大量生动、感性的音乐行为。当诸子"非乐"之论弥漫思想论坛，"人为之乐"沦为诸多学派的否定对象时，儒家率先肯定了音乐与人之间的关系，对世俗音乐的合理性给予了认可，不仅承认了听觉之美，褒扬了音乐之善，而且文质并举，将其推至人生境界的高度。孔子有习琴的经验，相信音乐体验带给人的陶冶之力，故有"成于乐"之说。"游于艺"成为儒家美学中"道德实践"与"艺术境界"之间的重要环节。尽管儒学在之后的发展演变中对于音乐的性质、功能的判断出现了种种问题，造成了一定程度的负面影响，但其早期对于中国音乐的推动是不应当被抹杀的。

先秦之后，汉儒继续推崇孔子的乐教思想，但几乎不再谈论音乐体验，而是直言教化。《礼记》曾在"孔子闲居"中描述了儒家的"无声之乐"，鼓吹统治者的宽宁之治。当音乐仅仅作为一种声势或者象征存在时，其生命力也就不再饱满了。代表着秩序与规则的《礼记》在五经中的地位首屈一指，《乐记》作为《礼记》的重要部分被纳入其中。在礼乐高悬的大堂下，人们一旦成为道德伦理世界的奴仆，或许终其一生都无法拨响属于自己的心弦。

耶鲁大学教授苏源熙在《"礼"异"乐"同——为什么对"乐"的阐释如此重要》一文中指出，"乐"是中国古代唯一真正获得"理论化"待遇的艺术，获得这种"优待"的原因是，"乐"以"礼"的分支的"身份"进入知识阶层的讨论，"礼"是"乐"获得意义和重要性的唯一背景。苏源熙认为中国的古乐呈现出一种既富丽又贫瘠，既丰满又干瘪的复合性轮廓，对于这样一具由"断片"拼凑成的"遗体"，很难推定出什么结论。苏源熙对这些音乐文本的作者存有疑惑：他们究竟是在个体实践的意义上真正精通"乐"，还是只在一般认同的意义上从他们理想的社会之"音"自上而下地推导出种种"乐风"与"乐理"？苏认为，乐论起源于对那些郑卫之音的恐惧和焦虑，它驻守在那里，为了驾驭和牵制那些流行的、新生的、异质的俗曲。但在中国音乐的历史中，现实世界中活生生的"乐"把这种"乐"的规范性文本，嵌上了一个"反讽"的边框。①

空洞的说教毕竟难以深入人心，虽然统治阶级提供了一套易于认知的价值体系和操作模式，但其对人们本然的感性欲望是羁绊不住的。事实上，在儒家心性的修养过程中，虽然音乐不是必需的，但大多数人都不否定音乐所带来的精神愉悦，其内心对活泼生动的听觉形式所体现出的亲近感，时时闪现。即便是对于最应当摆出"亲雅远郑"姿态的最高统治者，也未必能做到按圣贤的"规范"行事。"庄暴见孟子"中说：

> 他日，（孟子）见于王曰："王尝语庄子以好乐，有诸？"王变乎色，曰："寡人非能好先王之乐也，直好世俗之乐耳。"（《孟子·梁惠王下》）

《韩非子·十过》中有一段君臣关于"悲声"的对话：

> 平公问师旷曰："此所谓何声也？"师旷曰："此所谓清商也。"公曰："清商固最悲乎？"师旷曰："不如清徵。"公曰："清徵可得而闻乎？"师旷曰："不可。古之听清徵者，皆有德义之君也。今吾君德薄，不足以听。"平公曰："寡人之所好者，音也，愿试听之。"师旷不得已，援琴而鼓。

文中师旷以"德义"为由阻拦君王听乐，但晋平公坚持要听，理由是"我爱好的是音乐（声音本身）"，言下之意，音乐背后的远见高论可以暂且不谈。除此之外，音乐观念遭遇的尴尬之处还在于，一家之言往往被真实的世俗生活所打破。晏婴提出"哀有哭泣、乐有歌舞"（《左传·昭公二十

---

① 苏源熙：《"礼"异"乐"同——为什么对"乐"的阐释如此重要》，载《中国学术》第16辑，商务印书馆，2004，第141、156、155页。

五年》),然而他人的挽歌已唱起来了。阮籍在《乐论》中提到一种情形:"昔季流子向风而鼓琴,听之者泣下沾襟。弟子曰:'善哉鼓琴,亦已妙矣。'季流子曰:'乐谓之善,哀谓之伤。吾为哀伤,非为善乐也。'以此言之,丝竹不必为乐,歌咏不必为善也。"①《乐论》中透露出来的美善观念与阮籍听觉审美选择之间的冲突,其背后更隐含着儒道两种文化体系的矛盾。由此可知,在实际听觉的情境下,社会实践中的音乐风格要自由、丰富、宽广得多。

二 隐性的对接:重返感性与实践

1. 人能够超越音乐形式吗?

人对音乐形式的需求源于本能,禽鸣虚籁,朔管弦桐,咏唱啸歌,千百年来,此类的情志笔意无处不在。荀子云:人不能不乐,乐不能无形。"乐则必发于声音,形于动静,而人之道,声音、动静、性术之变尽是矣。"② 曹植云:"夫君子而不知音乐,古之达论,谓之通而蔽。"③ 古人将钟鼓管磬琴瑟竽笙等乐器作"养耳"之用,认为听觉感官与身体、生命乃至宇宙相通。上古时期,具有多种艺术才能的"巫"被视为通神之师,备受尊崇。《尚书》云:"多材多艺,能事鬼神。"④《抱朴子》云:"创机巧以济用,总音数而并精者,艺人也。"⑤

在中国历史上,还有一部分文人士大夫对"技""艺"怀有强烈的兴趣。例如,《魏书》有"术艺传",《晋书》有"艺术传"。在仅仅不足两百年的魏晋时期,史料中有姓名可稽的擅乐之士即有百余人,其中包括曹植、嵇康这样"世间术艺,无不毕善"⑥ 的博综型天才,也包括丝竹、鼓吹、啸歌、律调等某个领域的独擅者,如阮咸谙熟音律近乎"神解"。从汉末到南朝初,士林涌现了一批深具音乐资质的创作群体,他们更愿意在实践上有

---

① 阮籍:《乐论》,见蔡仲德《中国音乐美学史资料注译》(增订版)(下册),人民音乐出版社,2004,第434~435页。
② 荀子:《乐论》,见蔡仲德《中国音乐美学史资料注译》(增订版)(上册),人民音乐出版社,2004,第168页。
③ 曹植:《与吴季重书》,《文选》卷四十二,上海古籍出版社,1986,第1907页。
④ 孙星衍:《尚书今古文注疏》,中华书局,2004,第326页。
⑤ 杨明照:《抱朴子外篇校笺》,中华书局,1991,第539页。
⑥ 释道世:《法苑珠林校注》卷三十六,中华书局,2003,第1171页。

所作为，并由此掌握了运用音乐形式力量的主动权。曹操父子、荀勖父子、戴逵父子等人都曾直接参与宫廷、民间、宗教音乐的推陈出新，蔡邕、嵇康、阮氏家族、柳世隆父子、左思、石崇、刘琨、范晔等人都是制曲的中坚力量。其中，戴颙、柳恽制作了大量"皆与世异"的"新声变曲"①。明代中晚期的徐渭、李开先、徐上瀛、冯梦龙等人同样在中国戏曲、民歌和琴曲等领域起到了巨大的推动作用。

新的音乐传统的确立需要有一个较为长久、充分的实践过程，其不仅在于音乐规模之大，音乐活动之丰富，更在于旧体接纳了多少新元素，出现了多少新样态。艺术天赋和生命自觉使后世音乐家走出汉儒论乐的格局，站在了音乐的实践前沿，声音以更自由的方式参与到士的精神世界，呈现出以往从未有过的样态。技艺的成就都是从无意识的深度爱好中得来，换言之，我们无法要求人放弃对音乐形态的迷恋。有一部分人在听觉、感受力和创造力上具有超常的禀赋，构建了苏世独立的音乐生活，为之注入源头活水。一方面，他们深化了自我的生命体验；另一方面，他们对声音形式的自由探索洗礼了一度被效仿和描摹所充斥的思想界和娱乐界，推动了中国哲学的创进。细心的历史观察者们通过诸多时期的各种音乐实践活动，接触到了极具天赋与刚健人格的音乐家群体，以及由此建构的音乐世界。

2. 与实践相关的描述与追问

在古代音乐文明中，一边是《乐记》的鼓吹，一边是乐府的声色。尽管俗乐的娱乐性质与伦理教化之间有种种矛盾，但统治阶级并没有生活在追求享受与道德自律的"痛苦"之中，这种冲突被生活与生命的活性化解掉了，而阐释者却常常在观念与行为的对比下陷入困境。《乐记·乐本篇》说"声音之道与政通矣"，事情的发展似乎形成了一个印证此"道"的"反讽"。后来，献王刘德由于礼乐齐盛、德才兼备而誉满于世，从而遭到汉武帝刘彻的猜忌。据南朝宋裴骃记载："孝武帝艴然难之，谓献王曰：'汤以七十里，文王百里，王其勉之。'（献）王知其意，归即纵酒听乐，因以终。"②刘德在无望中放弃了对圣贤之道的追求与恪守，以逍遥觞咏终却了人生岁月，其后来的选择未尝不是一种"个体"本位的回归。

此外，中国音乐美学涉及的诸多范畴与命题，有很多都和实践活动有

---

① 沈约：《宋书》卷九十三，中华书局，1974，第2277页。
② 司马迁：《史记》卷五十九《五宗世家》，裴骃"集解"，中华书局，1959，第2094页。

很深的渊源，比如，"新声""中声""哀有哭泣，乐有歌舞""审一定和""意""丝不如竹，竹不如肉，渐近自然""求之弦中如不足，得之弦外则有余"，等等。在《溪山琴况》所涉及的演奏美学及其审美命题里，这一特点表现得最为突出，在此，和、度、气、意、象、兴、况味、神韵等范畴都在实践依托下得到了比较充分的阐释。

例如《溪山琴况》所谈及之"意"，有时指客体——就所奏琴曲而言，包括"趣"（"以全其终曲之雅趣"）、"情"（"悉曲之情"）、"意"（"体曲之意"）；有时指主体——就演奏者而言，包括"兴"（"兴到而不自纵"）、"气"（"气到而不自豪"）、"情"（"情到而不自扰"）、"意"（"意到而不自浓"）、"神"（"神闲气静"）、"心"（"心不静则不清"）、"度"（"必以贞静宏远为度"）、"质"（"君子之质"）、"志"（"中独有悠悠不已之志"）；有时指主客体的结合——就演奏者所奏出的琴声、琴乐而言，包括"趣"（"所得皆真趣"）、"味"（"我爱此味"）、"情"（"我爱此情"）、"意"（"弦声断而意不断"）、"度"（"调无大度则不得古"）。在此主要指演奏者之意，这是因为《琴况》认为演奏的目的不在娱人而在"自况"，在于"藉心以明心见性"，所以强调的不是乐曲所蕴涵的神趣情意，而是演奏者自身的性情心意。《琴况》认为成功的器乐演奏必须善于"移我情"，善于"体曲之意，悉曲之情"，将乐曲之意转化为演奏者心中之意。[1]

在观念与音响之间，始终沉潜的这种"隐性"的"对接"，受到了当代研究者的关注。20 世纪 90 年代中期，有人指出"某种音乐形态的生成和发展，总是有它潜在的根源，在音乐发展的历史进程中总是隐含着某种音乐审美观念的演变过程"[2]。与此相关的一些问题也被陆续提出：是否应当建构中国传统音乐美学体系以及如何建构？中国音乐美学研究如何将触角伸向那些富含审美意象的音乐形态？

中国古代的声音之道是在对人性深刻的关切中产生的，面对真实生动的音乐事象，政教鼓吹与生命体验的交融从未停止过，这也是人类精神世界复杂性和真实性的一种折射。历史上的音乐实践告诉我们，个体的生命体验会在政教伦理与美感经验之间产生调节作用，让问题进入一个不再局促的空间。当然，这需要一个前提——在主体心灵没有遮蔽的情况下，心

---

[1] 蔡仲德：《中国音乐美学史》（修订版），人民音乐出版社，2003，第 746 页。
[2] 王次炤：《美善合一的审美观念及其对中国传统音乐实践的影响》，《音乐研究》1995 年第 4 期。

与声的关系才能充分打开。

三 开放的声音：一个主体"亲历"的世界

1. 何谓开放的声音？

自先秦起，音乐观念的冲突多源自形式，而形式问题又往往聚焦在对节奏的控制是否适度上。与节奏舒缓、崇简尚静的雅乐相比，郑卫之音是"繁手淫声"，节奏急促多变。例如古代的琴曲，弹奏指法多样、曲调种类丰富，如何从中选择就是个重要问题。儒家认为心声合一，节制声音，便是节制自心，君子之乐不是做声音的逍遥游，而是实现克己归仁。孔子曾就音乐的形式问题提出批评并确立标准，他讽谏君主，规诫弟子，删诗著述，为之倾注了大量心血。儒家的音乐观认为，倘若将为"仁"看作最高宗旨，那么就应当接受规则对自身欲望的束缚，遵守音乐活动中"有限的自由"。与儒家不同的是，在《庄子》寓言中出现了各种任性的音乐。比如《山木》中写道："歌猋氏之风，有其具而无其数，有其声而无宫角，木声与人声，犁然有当于人之心。"庄子在此赞扬了另一种"好声音"，即尽管不合节奏、不成律调，听起来却令人的内心感到舒适的那种奇特的音乐。

魏晋时期，文人士大夫视名教为秕糠，认为精神为形质所拘便不得自由。在所有音乐样式中，他们偏爱啸歌，认为丝竹不如人声自由无碍、浑然天成。长啸的妙处在于"因形创声，随事造曲"，"音均不恒，曲无定制"①。声音听从主体内心的召唤，迟速俱得，行其所当行，止其所当止。人对声音美感的关切成为常态，并将其纳入音乐之"道"的论述中，一直影响到南朝。范晔以识别宫商作为学问的基础，认为这与人的自然之性相关："性别宫商，识清浊，斯自然也。观古今文人，多不全了此处，纵有会此者，不必从根本中来。"② 人们对声音根源的探索还推动了音韵学的发展，沈约在论及上古时期的讴歌吟咏传统时，用音律释文律，他评赞其后的文体别开生面，独树一帜，所涉及的许多概念也都从音乐术语中来。③ 音乐经验成为士证实生命存在的一种能力，并且集中表现在主体运用音乐形式的"自由度"上。

---

① 成公绥:《啸赋》,《文选》卷十八,上海古籍出版社,1986,第868、869页。
② 沈约:《宋书》卷六十九《范晔传》,中华书局,1974,第1830页。
③ 参见沈约《宋书》卷六十七《谢灵运传》,中华书局,1974,第1778~1779页。

嵇康诗云:"目送归鸿,手挥五弦,俯仰自得,游心太玄。"① 人们对宇宙的俯仰观照由来已久,而声音的强弱、疏密、高下恰好塑造了另一种宇宙空间感。线性化的旋律,曲调绵长,余音未绝,连绵不断,幻化出无穷的情状,仿若精神的远游。旋律作为一种生长和绵延,暗合了生命的长度和状态。从形态轨迹而言,长辞远逝的旋律与生命兴衰的过程,两者具有某种程度的同构倾向,声音可以随着主体情绪的不同而自由地发生变化。嵇康认为,声音在组织形式上没有常度和定数,文王之操,《韶》《武》之音,莫不如此。嵇康还指出,声音的本质并不玄奥,道理可一言蔽之:"音声有自然之和,而无系于人情。"② "自然之和"是恒定的,组织形式却千变万化。那些"仲尼识微""季札善听"的骗局,不过是使世人迷惑于所谓的"声音之道"不敢自作主张罢了。

此后,宋元明清曲家也孜孜追求歌唱之道,但他们往往纠结在守望传统与渴望突破的矛盾之中,想要冲出更稳固、更复杂的法网,就变得更为艰难。可贵的是,其间,李贽曾经提出声音之美在于个体性情,"轻重急徐,自有尺度"③,冯梦龙将"矢口寄兴"的山歌俚曲视为真情之至者④,都可谓不易之论。

2. 游于意:感性样态的自我体认

中国音乐美学的研究曾经过于强调深度和高度、知识与概念,丢失了传统中原有的人文关怀的"温度"。将"体认感性样态"作为切入点与"史"结合,才有可能得到有别于以往对文献梳爬剔抉的"乐论"的理解,探索中国音乐美学发展的真正活力。

在中国历史上关于音乐体验的记述中,语言曾担当着重要的角色。"峨峨乎若太山,汤汤乎若江河",这是聆听者关于音乐体验的语义表达,反映了一种用语言来呈现音乐审美体验的方式。在《晋书·桓伊传》的记载中,桓伊吹奏"梅花三弄"之后"便上车去","客主不交一言",这是聆听者关于音乐体验的无言表达,即审美主体超越了语言所规定的疆域。而以生命的"直觉"去感知自身的存在,同样也是一个深刻的音乐美学问题。审

---

① 嵇康:《兄秀才公穆入军赠诗》,戴明扬《嵇康集校注》,中华书局,1962,第16页。
② 蔡仲德:《〈乐记〉〈声无哀乐论〉注译与研究》,中国美术学院出版社,1997,第301页。
③ 李贽:《焚书》,中华书局,1961,第182页。
④ 冯梦龙:《山歌序》,蔡仲德《中国音乐美学史资料注译》(增订版)(下册),人民音乐出版社,2004,第727页。

美体验最终不是抽绎成一个可以"推导"的结论,而是化为一种心境,归属于每一个个体。

古人以独特的体验方式参与到了美的变化中,这种体验是精神的游度。"游"不仅是一个通向从容自在之境的美学命题,更是一项极富个体性的实践活动,这种体验是个体所独有的,从某种意义上而言,其很难与他人分享。中国美学是生命体验的产物,其本质在于呈现生命,是对无限自由、自在的生命状态的追溯和玩味。古人追求的精神自由度决定了中国古典艺术意境的深广度,音乐便是如此。在中国音乐审美的实践中,主体的审美活动是整个生命的参与过程,即"亲历"。

实现中国音乐美学的亲历,要求主体躬身参与其中,即"习艺"。朱熹认为:"艺是小学工夫。……习艺之功固在先。游者,从容潜玩之意,又当在后。"(《朱子语类》卷三十四)"习艺"虽不是实现"游"的唯一条件,却是实现"游"的必要前提。音乐形态被主体所感受,转化生成乐之"象"。至于所得之"意",个体的体验又千差万别,无数丰富的"差别"就构成了一个开放的世界。

中国审美活动注重"立象以尽意"。"象"是主体"观"的结果,"象"与"意"形成了依存关系,立象是手段,尽意是目的。例如,在昆曲的唱腔方面,曲学专著《顾误录》"学曲六戒"里有一戒叫"按谱自读",20世纪80年代李元庆先生在《戒"按谱自读"今解》一文中对此有过研究,他认为,与现代乐谱相比,古人记谱疏略,对于曲调中的"细腻小腔,纤巧唱头"[①],初学者若按语演唱,便不能得其神髓。笔者曾为"中国传统音乐形态如何体现审美意识"的问题冥思苦想,不得要领,直到有一天闲唱《牡丹亭》"惊梦"中"棉搭絮"一段,在声韵的顿挫收放与音色的枯润浓淡处反复体会把玩,觉察传统音乐形态与审美意识两者的交融实为"意"与"象"以主体亲历为中介相互渗透的过程。由此生发的"神韵"之美固然来自"象外"(或称"味外之旨"),但一切又须臾不离于"象",它成为一种不可言说的秘密,一种况味,被包裹在主体自身对于"度"的自由运用的形态之中。音乐的"意境",作为主体为自由而创造的独特、广阔的精神空间,正蕴藉于其中。

---

① 李元庆:《民族音乐问题的探索》,人民音乐出版社,1983,第113页。

明人都穆云:"夫人之声,即天地之声也,人有古今,而声无古今。"①声音之道与实践传统彼此依存。自上古以来,音乐的传统源自无数个体的实践活动,是众多体验的凝聚、循环与赓续,它深刻影响到主体对音乐存在方式的理解、音乐规则的重构和音乐形式的运用。在阴阳化生、积健弥新的哲学传统煦妪下,中国的艺术生命境界是无尽的,声音的形式也是无尽的,后者的每次变化只是过程里的一瞬,它必然在时空的转换中不断被跨越、革新,却又在时空中时时闪现身影与回响,形式只是外在表象,故中生新才是其内在的发展动力。笔者期待,在今人对于中国声音之道的追寻中,在个体心灵的涵泳处,自由而新鲜的音乐能够真正"带着诗意的感性光辉对人的全身心发出微笑"②。

(作者单位:中央音乐学院)

---

① 都穆:《啸旨》跋,《丛书集成初编》,商务印书馆,1939,第8页。
② 《马克思恩格斯全集》第2卷,人民出版社,1957,第163页。

论卦象形式的生命性

——兼论对中国书画艺术的范式意义*

孙喜艳

《周易》作为大道之源，六经之首，其所蕴含的哲理和思维方式对中国艺术的影响广泛而深远。《周易》认为，"生生之谓易""天下之大德曰生"，"生"是《周易》美学思想的一个重要特征，这种生命精神不仅体现在《易传》对生生之德的推崇，也体现在卦象的形式中，而卦象的构成方式向我们显示了如何从静止的空间形式中获得具有动感的生命形式。

对于形式的生命性，苏珊·朗格在《艺术问题》一书中进行了专门而深入的探讨，她认为要想使一种形式成为一种生命的形式，必须具备与有机体相同的生命性特征，即有机统一性、运动性、节奏性、生长性。卦象作为生命的形式，通过爻与爻、卦与卦在结构上的变化与组合，充分体现了有机体的这几种生命性特征。同时，卦象作为静态的二维的空间形式，其生命性的构成形式也为二维的空间艺术向动态的时间艺术的转变提供了方法和范式，尤其对书画艺术具有重要的意义。这是因为卦象与书画艺术都以线条为表现媒介，而且，卦象被认为是书画的源头，都是古人仰观俯察的结果，张彦远曾曰："颉有四目，仰观垂象，因俪鸟龟之迹，遂定书字之形，……是时也，书画同体而未分，象制肇始而犹略。"卦象又被认为是书画之原型，郑午昌认为："卦者，挂也，其意原在图形，但未能即成，仅

---

* 本文为岭南师范学院校级项目"周易美学的生命精神与演变研究"（YW1406）成果。

有此单简之线描,以为天地风雷水火山泽之标记。由此配合生发,以象天地间种种事物之形及意,较之轮囷螺旋似稍富绘画意义,是殆我国绘画之胚胎。"① 文字作为书法的载体,其来源也与卦象有着密切联系。许慎《说文解字叙》曰:"黄帝之史仓颉,见鸟兽蹄迒之迹,知分理之可相别异也,初造书契,百工以乂,万品以察,盖取诸'夬'。"

可以看出,卦象与书画具有天然的联系,尽管卦象只是占卜吉凶的图式,但二者的起源都与人们仰观垂象、俯察万物有关,体现了中国古人观物取象的思维方式;在表达手法上,二者都是"拟诸其形容,象其物宜"(《周易·系辞》),以抽象的线条作为最基本的载体来表现宇宙万物;卦象生命性的构成方式也为书画艺术提供了基本的创作理式和方法,徐官在《古今印史》中说:"八卦,便包涵许多道理,故曰六书与八卦相为表里。"南朝颜延之在写给王微的信中说:"以图画非止艺行,成当与《易》象同体。"(王微《序画》)因此,如何从静态的书画艺术中塑造动态的生命,将空间艺术转化为时间艺术,卦象形式的生命性构成方法无疑给了书画艺术很大启发和影响。本文即从苏珊·朗格所说的生命性特征,即运动性、节奏性、生长性、有机统一性等方面来探讨卦象形式的生命性及其对书画艺术形式的范式意义。

一 运动性

生命在于运动,运动性是生命的最直接标志,苏珊·朗格说:"一个生命的形式也是一种运动的形式。一个有机体也如同一个瀑布,只有在不断地运动中才能存在,它的固定性并不是由材料本身的永久性造成的,而是由其中的机能性造成的。"② 也就是说,生命的本质在于运动,运动性是生命本身的机能。

生命的运动性是由变化带来的,变化是打破单调和平衡的表现。在音乐、舞蹈、戏剧等时间性艺术中,无疑都从其绵延的形象里体现了运动性。而在雕塑、绘画等空间性艺术中,其形象是直接呈现的,并没有真正的运动。苏珊·朗格从心理效果的角度来论述运动的特征,她认为空间艺术中

---

① 郑午昌:《中国画学全史》,东方出版社,2008,第4页。
② 〔美〕苏珊·朗格:《艺术问题》,滕守尧译,中国社会科学出版社,1983,第45页。

的运动不是表现为"位移",而是表现为我们能够感觉的变化。"所谓运动,是从这一个姿态到另一个姿态的转变。"① 卦象是静止的,却给我们以运动感,就在于卦象是处在变化中的。

卦象的运动性体现在其结构形式上即阴与阳的相互转化。从一卦的纵向上看,阴阳爻交替反复,呈现一种动态性,比较典型的如既济与未济六爻,一阴一阳,参差穿插,具有动感。同时,卦象的运动性还体现在卦与卦之间的联系及转化上,即"错综其数"的卦象形式所形成的运动和节奏感。对于"错综其数",朱熹《周易本义》注曰:"错者,交而互之,一左一右之谓也。综者,总而挈之,一低一昂之谓也。"来知德《周易集注》序解释为:"错者,交错对待之名,阳左而阴右,阴左而阳右也。综者,高低织综之名,阳上而阴下,阴上而阳下也。""错"是左右对称,左阴右阳,或左阳右阴,如乾卦与坤卦、否卦与泰卦、既济卦与未济卦等;"综"是上下对称,"阳上而阴下,阴上而阳下",这种对称见于单个卦的结构中,也可见于不同卦的结构中,如泰卦与否卦(这两卦同时也是一种横向对称)。

这两种方式也是孔颖达《周易正义·序卦》疏中所说的"二二相偶,非覆即变",即六十四卦两两一组,后一卦是前一卦的覆卦(反复颠倒构成的卦)或变卦(阴爻变阳爻,阳爻变阴爻)。覆卦也就是综卦,变卦也就是错卦。在横向关系上,相邻的两卦"二二相偶,非覆即变",或彼此在方向上首尾相接,六十四卦中如屯与蒙、需与讼、师与比、小畜与履、泰与否、同人与大有、谦与豫,一直到无妄与大畜皆是如此。而颐与大过、坎与离又变成了左右阴阳互变的变卦,两卦在左右对立中孕育着动感。六十四卦卦象相邻的两卦或错或综,或覆或反,体现了一种整齐对称的形式美,同时在相反相成、参差变化中又呈现一种阴阳消长的起伏的运动感和节奏感,犹如一件严整有序又充满动感的艺术品。

同样,塑造生命的动感也是艺术的追求。阿恩海姆说:"这种不动之动是艺术品的一种极为重要的性质。按照达·芬奇的说法,如果在一幅画的形象中见不到这种性质,它的僵死性就会加倍,由于它是一个虚构的物体,本来就是死的,如果在其中连灵魂的运动和肉体的运动都看不到,它的僵

---

① 〔法〕罗丹(口述),〔法〕葛赛尔记《罗丹艺术论》,沈琪译,人民美术出版社,1978,第36页。

死性就会成倍地增加。"① 中国书画艺术更是如此,书画作为静止的艺术,谢赫六法中却首推"气韵生动",可见不动之动是其重要的性质。

在具体的艺术表现上,中国书画艺术也以繁简、干湿、浓淡、曲直等相反相成的参错变化之道来表现生命的动感。如清人钱杜说:"赵松雪《松下老子图》,一松一瓦,一藤榻,一人物而已。松极烦,石极简,藤榻极烦,人物极简;人物中衣褶极简,带与冠履极烦,即此可悟参错之道。"(《松壶画忆》)书法艺术也强调变化,并将其作为内在要求,王羲之题卫夫人《笔阵图》曰:"夫欲书者,先于研墨凝神静思,预想书形大小,偃仰平直,振动令筋脉相连,意在笔前,然后作书。若平直相似,状若算子,上下方整,前后齐平,此不是书,但得其点画尔!"

二 节奏性

宇宙万物都是运动的,但其不是混乱无序的运动,而是有节奏的运动。如呼吸和心跳、昼夜往复、四季更替等都体现了节奏性。苏珊·朗格认为节奏与时间无关,它是机体的机能:"节奏的本质是紧随着前事件完成的后事件的准备……节奏是前过程转化而来的新的紧张的建立。它们根本不需要均匀的时间,但是其产生新转折点的位置,必须是前过程的结尾中固有的。"② 也就是"当前一个事件的结尾构成了后一个事件的开端时,节奏便产生了"③。

这种首尾相接的节奏性在六十四卦中有鲜明的体现。在单个卦中阴爻和阳爻两种对立的形式的交替会产生一种节奏感,如既济、未济等。在六十四卦中,由于"二二相偶,非覆即变",在覆卦中,前一卦的下卦是后一卦的上卦,因此卦与卦之间多呈现首尾相接的形态,如屯与蒙、需与讼、师与比、小畜与履、泰与否、同人与大有、谦与豫、随与蛊、临与观、剥与复、无妄与大畜、咸与恒、遁与大壮、晋与明夷等;在变卦中,相邻的两卦左右阴阳互变,如颐与大过、坎与离、渐与归妹、中孚与小过等,两

---

① 〔美〕鲁道夫·阿恩海姆:《艺术与视知觉》,滕守尧、朱疆源译,中国社会科学出版社,1984,第569页。
② 〔美〕苏珊·朗格:《情感与形式》,《译者前言》,刘大基等译,中国社会科学出版社,1986,第146页。
③ 〔美〕苏珊·朗格:《艺术问题》,滕守尧译,中国社会科学出版社,1983,第47页。

卦在左右对立中孕育着动感。六十四卦卦象相邻的两卦或错或综，或覆或反，体现了一种整齐对称的形式美，同时在相反相成、参差变化中又呈现出一阴一阳、抑扬顿挫、回环往复的节奏感和韵律感。

可以看出，节奏是对立统一的结果，书画艺术作为生命的表现形式之一，也是通过这种辩证统一、相反相成的形式来表现其节奏感的，具体来说，是通过点画与线条的快慢迟速、起伏顿挫，组织的疏密浓淡等来表现物象的节奏和韵律。孙过庭在《书谱》中强调："一画之间，变起伏于峰杪；一点之内，殊衄挫于豪芒。"其中说的就是从点画的起伏变化中寻求节奏感。首尾相接也是书法表现节奏感的手段，姜夔在《续书谱》中说："字有藏锋出锋之异，粲然盈褚，欲其首尾相应，上下相接为佳。"通过变化、上下相接等结构形式使艺术形象成为一个有机的、充满节奏感的整体。正如宗白华先生所说："中国画所表现的境界特征，可以说根基于中国民族的基本哲学，即'易经'的宇宙观：阴阳二气化生万物，万物皆禀天地之气以生，一切物体可以说是一种'气积'（庄子：天，积气也）。这生生不已的阴阳二气织成一种有节奏的生命。中国画的主题'气韵生动'，就是'生命的节奏'或'有节奏的生命'。伏羲画八卦，即是以最简单的线条结构表示宇宙万相的变化节奏。"[①]

三　生长性

生长性反映了事物生长、发展、消亡的过程，表现为一种具有方向性的运动。在静态艺术中，生长性不是体现在时间上的运动和变化过程，它是一种心理效果，"在线条连接、支承图形并给它以方向性的地方，人们就感觉其充满了动势。换言之，这些实际的静止的永恒形式，却表现出一种永不停息的变化或持续不断的进程。静态艺术中的'动势'不是一种位移，而是凭借各种方式都可令人察觉或想象的变化．所以艺术中具有方向性的运动就表现出生命形式的生长性特征"[②]。

卦象的生长性的方向就在于它向其对立面的转化中呈现的具有方向性的"势"。它表现在相邻两卦的连接处，如六十四卦中的屯与蒙、需与讼、

---

① 宗白华：《宗白华全集》第 2 卷，安徽教育出版社，2008，第 109 页。
② 〔美〕苏珊·朗格：《情感与形式》，《译者前言》，刘大基等译，中国社会科学出版社，1986，第 34 页。

师与比、小畜与履、泰与否、同人与大有、谦与豫、随与蛊、临与观、剥与复，等等。六十四卦整体上都是这样一种态势，除非覆卦是其自身（如乾、坤、颐、大过、坎、离、中孚、小过等卦）。由于相邻两覆卦的前一卦的初爻与后一卦的上爻，及由此上推而推出的二爻与五爻、三爻与四爻、四爻与三爻、五爻与二爻、上爻与初爻皆相同，因此在视觉上就形成了连绵起伏的一条线，特别是上爻与初爻在爻位上的变化最为明显。从上爻到初爻在心理上给人以急转直下的感觉，也就是我们常说的否极泰来，从而到了上爻就形成了一种向下的态势，而对于初爻来说就存在一种向上的、将要升腾的态势。这种态势是一种力的趋势，使卦爻在静止处仍给人延伸生长的感觉。

可以看出，"势"是一种在阴阳两种力量的作用与反作用中形成的"张力"，是具有"包孕性的片刻"，它体现了事物的生长性，给人回味无穷之感。因此，在艺术创作和批评中多主张取"势"，特别是在书法艺术中，从执笔、运笔到谋篇布局都在造"势"。中国书法在运笔时讲究的"无垂不缩，无往不收""欲右先左，欲下先上"等动作规范和准则都是为了"势"的形成。蔡邕论书有"九势"，即转笔、藏锋、藏头、护尾、疾势、掠笔、涩势、横鳞等，其宗旨是在阴阳对立中形成"势"的感觉，如其所言："阴阳既生，形势出矣。藏头护尾，力在字中，下笔用力，肌肤之丽。故曰：势来不可止，势去不可遏。"董其昌《画禅室随笔》曰"远山一起一伏则有势"也是同样的道理。这种具有"势"的作品无疑是一个充满动感的，具有生长性的生命体。汉崔瑗《草书势》中就论述了这种书法之象："观其法象，俯仰有仪；……兽跂鸟跱，志在飞移；狡兔暴骇，将奔未驰。""志在飞移""将奔未驰"都生动传神地表明了艺术形象引而不发的动势和生长性。

四 有机统一性

有机统一性是生命体的一个重要特征。生命是作为一个整体存在的，每个部分都依赖着其他部分，各构成要素之间是一种有机的结合。有机统一性是通过运动性、节奏性和生长性表现出来的。

卦象的有机统一性体现为对立变化中的统一，它主要表现在六十四卦中。对于六十四卦而言，尽管各卦千变万化，但由于卦与卦之间"二二相偶、非覆即变"的联系，前后两卦的上下卦是颠倒的，在视觉上彼此承接、彼此呼应，就形成了一个统一的整体，六十四卦也由此形成了一个连绵起伏的有节奏的整体。也可以说，卦象的有机统一性是通过对立、变化及运动和节奏形成的，它是通过卦与卦的组合所形成的内在的、动态的统一。英劳伦斯·比尼恩说："尽管你可能感受不到色彩的那种激发美感的力量，但是那却是设色之中色调之间的组合关系，这给画面带来了整体感和生命力。"[1] 因此，尽管每个卦都是独立的、静止的单位，卦与卦之间彼此是孤立的，互不相连，但六十四卦在视觉上给人以相互联系的、动态的整体感，其就在于在卦象与卦象的结构组合上，这种前后呼应、上下交错的结构形式赋予了六十四卦生命力，并给人以整体感。

卦象为我们形象地呈现了一个连绵不断的、生生不息的生命模式，同时也揭示了空间艺术向时间艺术转化的奥秘——在书画艺术的章法结构中通过疏密、朝揖、应接、向背、穿插等方式来布置空间使之连为一个整体。如唐欧阳询《三十六法》中列有"相管领""朝揖""向背""回抱"等准则，与卦象的结构有异曲同工之妙。其"相管领"云："欲其彼此顾盼，不失位置，上欲覆下，下欲承上，左右亦然。"字与字、行与行之间，无论上、下，还是左、右，皆须"彼此顾盼，不失位置"，既有各自应有的位置，又要互相关照，顾盼呼应，俯仰向背，相互承接，血脉起伏，笔断而意不断。在绘画艺术中，也是通过显隐、虚实、疏密、浓淡的布置来体现画的生命性及营造整体感的。谢赫六法中所言的"经营位置"，即通过这种手法来生成一种韵律，使绘画富于变化和节奏。所以邹一桂说："以六法言，当以经营位置为第一。"这不仅是避免单闲乏味的要求，更是整体性的要求，如解缙《春雨杂述》曰："上字之于下字，左行之于右行，横斜疏密，各有攸当。上下连延，左右顾瞩，八面四方，有如布阵：纷纷坛坛，斗乱而不乱；浑浑沌沌，形圆而不可破。"不然，"若平直相似，状若算子，上下方整，前后齐平，此不是书，但得其点画尔"（王羲之题卫夫人《笔阵图》）。

古人有"一笔画""一笔书"等说法，都反映了这种结构形式所带来的有机统一性。张彦远《历代名画记》对此有论述。顾恺之的运笔，"紧劲联绵，……风趋电疾"，好像"一笔而成"。南朝宋陆探微"亦作一笔画，连

---

[1] 〔英〕劳伦斯·比尼恩：《亚洲艺术中人的精神》，孙乃修译，辽宁人民出版社，1988，第141页。

绵不断"。张绅评王羲之《兰亭序》说:"古之写字,正如作文。有字法,有章法,有篇法。终篇结构,首尾相应。故羲之能为一笔书,谓《禊序》自'永'字至'文'字,笔意顾盼,朝向偃仰,阴阳起伏,笔笔不断,人不能也。"此"一笔"并非具体的一笔而成,而是一种心理感觉,是指艺术形象各部分之间不可分割的整体感,如一笔而成。这也是刘熙载所说的"不齐之齐":"为书之体,须入其形,以若坐、若行、若非、若动、若往、若来、若卧、若起、若愁、若喜状之,取不齐也。然不齐之中,流通照应,必有大齐者存。"(《艺概》)作画也是如此,黄宾虹说:"作画应使不齐而齐,齐而不齐。……如作茅檐,便须三三两两写去,此是法,亦是理。"(《黄宾虹画语录》)

通过以上对卦象的分析可以看出,卦象的形式也是苏珊·朗格所说的"生命的形式",卦象通过爻与爻、卦与卦之间的变化和组合等表现手法充分体现了生命的运动性、节奏性、生长性、有机统一性。当然,苏珊·朗格的生命形式说与卦象的内涵并非完全相同。苏珊·朗格强调的只是生命个体本身的有机统一,而卦象包罗万象,是天地人的合一,它把宇宙万物看成一个联系的有机整体,与苏珊·朗格从自然性、生物性的有机个体出发的生命形式相比,具有更为深刻的内涵和本体论意义,不过,苏珊·朗格对于艺术的生命形式的分析无疑有助于我们从形式上认识卦象的生生之理。同时,卦象作为书画之源,其生命性的构成方式也为书画艺术塑造生命的形式提供了范式和方法。宗白华先生在《中国书法里的美学思想》一文中曾引歌德的话说:"题材人人看得见,内容意义经过努力可以把握,而形式对大多数人是一个秘密。"[1] 本文认为,这个秘密对于中国书画艺术来说,它隐藏在卦象的生成方式和表现方式中,其不仅体现了宇宙之道,生命之道,也体现了艺术之道。因此,研究卦象形式的特点对于中国书画艺术具有重要意义,值得我们深入探讨。

(作者单位:岭南师范学院音乐学院)

---

[1] 宗白华:《宗白华全集》第3卷,安徽教育出版社,2008,第424页。

道家休闲美学的话语体系[*]

陆庆祥

中国哲学是以"艺术的精神发展哲学智慧",[①] 这种哲学"践形"[②] 到日常生活中来,难免会生发一种生活的艺术。事实上,无论儒家、道家还是禅宗,其形上与形下的贯通之处,无不体现为以超越的哲学精神提升日常生活,并由此通达一种审美的自由之境。在人生安顿的意义上,道家哲学特别体现出"超脱解放"的精神,此种精神很容易转向休闲的审美智慧。因为,按照我们的理解,道家"无为而无不为"的思想就是通过对束缚的摆脱达到对自由的肯定,它的"超脱解放"的精神,来源于其对忙碌异化的现实具有的批判本能。这看似逍遥浪漫,其实需要凭借巨大的否定力量及拒绝的姿态才会调适而出。或许正是通过对自然之道的肯定以及对异化忙碌状态的否定,道家成为一种饱含休闲智慧且具有鲜明休闲审美特征的话语形态。

否定与拒绝作为一种处世策略及修道工夫,在道家思想体系中常常表述为"无"。"无"对于休闲审美而言,具有本体性的价值("无名天地之始");"有"在道家思想体系中体现为创生("有名万物之母"),也即生命

---

[*] 本文为国家社会科学基金项目(15BZX11)、中国博士后科学基金第56批面上二等资助项目(2014M562046)成果。大部分内容刊于《社会科学辑刊》2016年第4期,原题为"道家休闲美学的逻辑基础与话语结构",现增添第三节内容,并对全文做适当润色。
[①] 方东美:《原始儒家道家哲学》,台北黎明文化事业股份有限公司,1983,第14页。
[②] 方东美在《原始儒家道家哲学》一书中指出"践形"即"把价值理想在现实世界、现实人生中完全实现"。参见方东美《原始儒家道家哲学》,台北黎明文化事业股份有限公司,1983,第18页。

的超脱解放。那么,"有"与"无"的辩证逻辑是如何在道家的休闲审美话语体系中体现的?我们试图以这种辩证逻辑为经,以"本体—工夫—境界"为纬,勾勒道家哲学所蕴含的休闲美学话语体系。

一 道家休闲美学话语体系逻辑基础

对人类思想及文化领域的"有无"现象最早进行关注并将其提升为理论范畴的是道家哲学,它尤其发现了"无"的意义。[1]《道德经》开篇便以"有无"对举而阐发玄妙之道,庄子内篇也频频以"无待"标举一种至高境界。那么,道家对"有无"关系的重视,除了阐明其深奥玄妙的宇宙论与人生论之外,是否也与休闲美学之道有关?

休闲美学在何种意义上体现为"有无"之辩证逻辑?笔者认为:"对于休闲而言,'无'是休闲之本体性依据,'有'则是休闲之现实性依据。有是创造,是体验,是美……要从有无辩证关系上去深入挖掘休闲的内涵,了解休闲的本质。"[2]

作为本体层面的"无",至为抽象而不可言说,亦不可见,不可闻(希言、希声、无形、无为)。因此老子又特别给予"无"(道的规定性)一个可供觉知[3]的范畴,那就是"自然"。这里的"自然"绝对不是物质自然本身,而是天地万物所呈现的自然而然的性质,也就是顺其自然(庄子所谓"同乎大顺")。这种性质正是来自"无"的力量:"天地有大美而不言……圣人者,原天地之美而达万物之理,是故至人无为,大圣不作,观于天地之谓也。"(《庄子·知北游》)对于艺术审美精神而言,"无为"与"观"都很重要,这明显不同于儒家"参赞天地"那种道德功利的性质。休闲与审美活动正是在"无"中生发创造的价值,在"自然"中体现超越性的意义。在约瑟夫·皮珀看来,休闲是过一种顺其自然的生活;戈比对休闲的定义也是强调休闲要遵循"个体所喜爱的、本能地感到有价值的方

---

[1] 对中国哲学中的"有无"范畴的相关研究,参见陈来《有无之境——王阳明哲学的精神》,人民出版社,1991,第3~5页。
[2] 郑明、陆庆祥:《人的自然化:休闲哲学论纲》,《兰州学刊》2014年第5期。
[3] 笔者认为,本体层面的"无"是超验性的范畴,主体无法以感官感知到,唯有靠内在理智的直觉来体悟,故以"觉知"名之。

式"①。这都是强调"自然"对于休闲与审美的重要性。"本能"应该不是指原始的生理本能，而是指超越了物质环境与文化环境双重束缚之后的，充满了人文色彩的本能，即已成为一种价值的"自然"。当一种人生的价值取向认同了自然的价值，这种价值多半会认同休闲的价值。在价值论的层次上，自然、休闲与审美之间是有内在一致性的。"自然"或者"无"本身体现出既美且闲（"无为""不作"）的特征，这就是道家休闲审美话语体系的基础性范畴。

"自然"作为一种休闲美学范畴是如何体现在现实人生领域中的呢？"悠兮其贵言，功成事遂，百姓皆谓我自然"（《道德经·第十七章》），这里从政治治理的艺术角度，提出一种自然的价值。老子认为政治治理的理想境界就是"自然"，这里的"悠兮"，是悠闲、悠游自得貌。因此，我们可以说，体现"自然"价值的政治是一种政治治理的休闲境界。"解衣般礴裸"的画史以自然本真的面貌超越了世俗的礼仪规范、功名利害，故其艺术境界最高，这也是艺术修养的休闲境界，也即审美心胸。而庄子所言"自然"的状态，如其倡言之"游"范畴系列，既有游戏自得之谓，又有自由无碍之意，因其超越而诗意的气质，便皆与休闲审美相通起来。所以，道家持的"有无相生"自然之道，推至人生价值领域，生发的便是对休闲审美理念的肯定。

但在自然本体与境界之间，存在着一个巨大的现实鸿沟，那就是充满了背离自然本体的人为的世界，其是对自然本体的否定。老子言："大道废，有仁义；智慧出，有大伪；六亲不和，有孝慈；国家昏乱，有忠臣。"（《道德经·第十八章》）庄子指出："一受其成形，不亡以待尽。与物相刃相靡，其行尽如驰，而莫之能止，不亦悲乎！终身役役而不见其成功，苶然疲役而不知其所归，可不哀邪！"（《庄子·齐物论》）各种欲望的激荡及道德理性的羁绊，搅乱了自然的秩序，也成为人越来越远离休闲审美状态的原因。知识、道德、欲望等容易使人产生"有蓬之心"，又驰心不收以致"物于物"，从而劳形累心，成为"倒悬"之民。在现实状态中，人心向外竞逐不已，"劳、累、伤、疲、役"成为人的常态。因此老庄只有对这一现实的情态做减法，进行具有否定意义的归根复命的工夫。光复本体，需要

---

① 〔美〕托马斯·古德尔、〔美〕杰弗瑞·戈比：《人类思想史中的休闲》，成素梅等译，云南人民出版社，2000，第11页。

做减法，最终本体滢然朗现，"圣人休焉"（《庄子·刻意》），"圣人处无为之事，行不言之教"（《道德经·第二章》），人最终进入一种休闲的审美人格状态，成为真人、至人、神人，这是对人最崇高的肯定。

通过简单阐述，我们便发现老庄道家在"有无"辩证逻辑中，实际上隐含了一个较为清晰的休闲美学话语体系，即"本体（自然）—工夫（无为）—境界（游世）"。下面对这一体系中三个部分做进一步分析。

二 道家休闲审美话语结构

现代休闲学认为，休闲是成为人的过程。但休闲而成为人的根基在哪里？成为什么样的人？我们还不能很好地把握。中国哲学是生命哲学，关乎性命修养与道德审美人格塑造，它有一套下学上达、体用一贯的人生修养体系，对于旨在"成为人"的休闲而言，应该会有其独特的贡献。

徐复观认为老庄的道，是一种最高的艺术精神，但同样也承认"他们是对人生以言道，不是对艺术作品以言道"，"庄子所追求的道，与一个艺术家所呈现出的最高艺术精神，在本质上是完全相同的。所不同的是，艺术家由此而成就艺术的作品；而庄子则由此成就艺术的人生。庄子所要求、所待望的圣人、至人、神人、真人，如实地说，只是人生自身的艺术化罢了"。[①] 这种哲学所认定的最高人格"真人、至人、神人"，更像一个解脱了各种束缚之后的自由个体，也就是"明白太素，无为复朴，体性抱神，以游世俗之间者"（《庄子·天地》）。"明白太素"，就是自然之本体，"无为复朴，体性抱神"，即无为之工夫，"游世俗之间"，即游世（亦可解为"游戏"）之境界。道家由"本体—工夫—境界"所传递的俨然是一套较完整的休闲审美话语体系。

1. 道家休闲美学之本体论：自然

在中国哲学语境下，何谓"本体"？曰"始"，曰"初"，曰"根"。老子言"无名天地之始"（《道德经·第一章》），《说文》曰："始，女之初也。"清代朱骏声的《说文通训定声》注曰："裁衣之始为初，草木之始为才，人身之始为首为元，筑墙之始为基，开户之始为戽，子孙之始为祖，

---

① 徐复观：《中国艺术精神》，华东师范大学出版社，2001，第34页。

形生之始为胎。"① 与西方传统哲学的存在"本体"不同，我们所言的"本体"显然具有根基作用，有着生发的意义。在道家哲学话语体系中，作为本体的"无"②可名之为自然。因此，其休闲审美的本体便是"自然"。

据刘笑敢考证，"自然"作为一个单独的词语来用，最先见于道家老子。③"自然"在老子思想体系中具备根本性的价值，但到底何谓"自然"，道家并未给予直接的界定。原因正如老子所说，"希言自然"，"听之不闻名曰希"，"自然"本身是超越了现实经验之感知的（闻、见、搏）。"道法自然"，道本身已是"夷、希、微"，不可感知，作为道所效法的本体自然，人只能对其进行"觉知"（"莫逆于心"）。本体既是一种价值，又是潜在而不可感知的超越性力量。

自然之道虽然不可感知，道家却经常以一种休闲的状态描述之。

  悠兮，其贵言，功成事遂，百姓皆谓我自然。（《道德经·第十七章》）

"悠兮"，大概就是老子说的圣人"处无为之事"；贵言，则是"行无言之教"。"无为"与"无言"，省去了繁剧与操劳，休养生息，润物无声，上下皆呈闲暇之貌。

在庄子看来，"自然"还与人为相对，是一种自然天放、本性自由的状态。

  泽雉十步一啄，百步一饮，不蕲畜乎樊中。神虽王，不善也。（《庄子·养生主》）
  何谓天，何谓人？北海若曰：牛马四足是谓天，落马首，穿牛鼻是谓人。故曰无以人灭天，无以故灭命，无以得殉名，谨守而勿失，是谓反其真。（《庄子·秋水》）

"天"，即自然，"真"也是自然。自然的状态在庄子看来是一种自由自

---

① 朱骏声：《说文通训定声》，武汉市古籍书店，1983，第172页。
② 据陈来讲，中国哲学中的"无"，可分为"本体的无，工夫的无，境界的无"。陈来：《有无之境——王阳明哲学的精神》，人民出版社，1991，第4页。
③ 刘笑敢：《老子——年代新考与思想新诠》，台湾东大图书股份有限公司，1997，第67页。

在自适的状态，背离自然本体，则意味着失去自由，是被奴役的状态。而且这里的"自然"更意味着本来如此的本然状态。也就是说，在庄子看来，生命（包括人的生命）本应该处于闲暇自适的状态，即所谓"鱼相濡以沫，相呴以湿，不如相忘于江湖"。庄子是特别强调回到生命本来应有的状态的。正如本来快乐游戏于水中的鱼儿，一旦竭泽，即便相互施以仁义之援，也是局促、忧虑不堪。所以，道家指出："彼仁人何其多忧也！"（《庄子·骈拇》）人最可贵的是不要失去其本来状态（"不失其性命之情"），"莫得安其性命之情者，而犹自以为圣人，不可耻乎？其无耻也。"（《庄子·天运》）人之为人，即要恢复自然本性。按照自然本性生活，其最重要的一个情感标志便是"安"。庄子多次提到这种"安时处顺"的自然之道："吾生于陵而安于陵，故也；长于水而安于水，性也；不知吾所以然而然，命也。"（《庄子·达生》）安于自然本性，必然是自足自适，无所外求："马，蹄可以践霜雪，毛可以御风寒，龁草饮水，翘足而陆，此马之真性也。虽有义台路寝，无所用之。"（《庄子·马蹄》）"安于性命之情"就是"莫之为而常自然"，这种本体自然的状态庄子又名之曰"静"。

> 明于天，通于圣，六通四辟于帝王之德者，其自为也，昧然无不静者矣。圣人之静也，非曰静也善，故静也；万物无足以铙心者，故静也……夫虚静恬淡寂寞无为者，天地之本，而道德之至，故帝王圣人休焉……夫虚静恬淡寂寞无为者，万物之本也……静而圣，动而王，无为也而尊，朴素而天下莫能与之争美。（《庄子·天道》）

这段话算是庄子休闲审美自然本体论的一个宣言。"明于天"，即遵循自然之本，显现静的状态。这种循"虚静恬淡寂寞无为"而生发的状态，即老庄休闲美学体系中的本体的体现。"自然"作为道家哲学的本体，它肯定是自然如此、自然而然的性质，同时意味着对知识、欲望、道德等的否定指向，具有了审美超越的性质。它超越功利、是非、利害，超越在知识、欲望、道德等的牵引下形成的人的竞逐纷争、驰心不已的状态。因此，"自然"本身即休闲审美之源初与肇始。

2. 道家休闲美学之工夫论：无为

人生是需要自由的，休闲的人生是拥有更多自由的人生。然而现代休闲学认为，自由应该是要尽量少做一些事情，为了获得自由，需要我们去摆脱些什么。我们在很多关于休闲的定义中都会看到诸如减少干涉、解脱束缚、行为节制等类似"做减法"的规定，这些都是在说如何获得休闲，即通往休闲的途径，我们称之为休闲的"工夫"。在道家的话语体系中，做减法的工夫确实是一大理论特色。

做减法如何成为休闲的工夫？在道家看来，做减法就是"无为"，"无为"也即自然。"无为"是不干预、不活动，正如约瑟夫·皮珀所言："对照于工作那种全然卖力意象的，则是闲暇'不工作'的观物姿态。"[①] 在他看来，工作是一种活动，工作是一种卖力，工作是一种社会功能。而闲暇，则无疑是反其道而行。道家主张无为、顺其自然的观念，崇尚"老死不相往来"的自然社会，这些应该都是一种"不工作的观物姿态"，而道家的表述与实践比起约瑟夫·皮珀所论要更加极致与精深。约瑟夫·皮珀强调的"一种平静，一种沉默，一种顺其自然的无为状态"，用道家的话语来说即"凝神静虑、无为之业、不言之教"的修养工夫。可见，无为的修养工夫，就是休闲审美的工夫。因为在道家那里，"无为"的反面"有为"，恰是一种非常忙碌而且充满异化、混乱的状态。正如司马迁所说："天下熙熙，皆为利来；天下攘攘，皆为利往。"熙熙攘攘之际，窃珠窃国，争权夺利纷争不断，驰而不休。庄子亦自言："一受其成形，不亡以待尽。与物相刃相靡，其行尽如驰，而莫之能止，不亦悲乎！终身役役而不见其成功，苶然疲役而不知其所归，可不哀邪！"（《庄子·齐物论》）老庄对于人类因外物的牵引以及对欲望的追逐所导致的"形劳神悴"，有着深刻的认识与批判。

道家休闲美学以"自然"为价值本体，本体的"自然"不可道，不可名，也不可感知，如果要实现自己的话，它必须以否定的工夫（也就是冯友兰说的"负的方法"）在现实经验世界中开疆拓土，扎根生长，以达到"游世"逍遥的境界。"无为"作为一种"负的方法"所否定的人的行为方式有两个层次，一个层次是外在的习惯行为及常见的社会现象，另一个层次则是人的内在倾向。

首先，作为外在的行为习惯，"无为"在老子、庄子中经常被表述为"不言""不争""不有""不恃""不宰""无事""无待"等，与之相应的便是对名利事业的主动"摆脱"。在道家看来，现实生活中的人都因这外物的牵引而"胥易技系，劳形怵心"（《庄子·应帝王》），不得休闲。这些都

[①] 〔德〕约瑟夫·皮珀：《闲暇：文化的基础》，刘森尧译，新星出版社，2005，第43页。

是令人"形劳"的主凶,"形大劳则敝"(《汉书·司马迁传》)。主体反过来必须投以拒绝与否定的姿态,"圣人处无事之地,无为之业"(《道德经·第二章》),"宁曳尾于涂中"(《庄子·秋水》),"忘乎物,忘乎天,其名为忘己。忘己之人,是之谓入于天"(《庄子·天地》)。

其次,作为内在的心理倾向,"无为"常常被表述为"无欲""无心""无知无识""无思无虑""绝仁弃义""绝圣弃智""绝学""心斋""坐忘"等,与之相对的便是道德给人的压力,善恶真伪导致初心不复,"大道废有仁义";知识给人的压力导致是非非争论不休,"生有涯,知无涯,以有涯随无涯,殆已";欲望给人的压力导致心志纷乱,"五色令人目盲,五音令人耳聋,五味令人口爽,驰骋田猎令人心发狂,难得之货令人行妨"(《道德经·第十二章》),"神大用则竭"(《汉书·司马迁传》)。因此,只有对道德、知识、欲望进行某种意义上的否定或节制,让道德、知识、情欲回到自然无为的本体上来。

"无为"作为否定性的总体概念,在道家哲学的工夫论中,它要求人们进行一种心灵的转换。"无为"作为工夫,削减掉知识、道德的束缚因素,其所渐次澄明的毋宁说就是一种艺术的精神或者审美超越的世界。现实世界是个分裂的世界,物质与文化的压力、感性与理性的冲突,让人处于异化(役于物,物于物,他适)中。道家运用的这个方法,有点类似西方哲学家席勒的以休闲(游戏)消解冲突对立,凭借审美由必然王国通往自由王国。明代张萱在《西园闻见录·知止前言》中言:"闲有二:有心闲,有身闲。辞轩冕之荣,据林泉之安,此身闲也;脱略势力,超然物表,此心闲也。"[①] 此"身""心"二闲所代表的休闲审美工夫传统,应该就是受到道家哲学的深刻影响。

3. 道家休闲美学之境界论:游世

休闲审美最终目的是获得人与世界的和谐,就像荷尔德林在其《闲暇》一诗中所写的:"我站在宁静的草地上,好像一棵可爱的榆树,也好像挂在藤架上的葡萄,生命的甜蜜游戏围绕在我身旁。"[②] 庄子在闲暇休憩之时也曾达到了这一境界,如其观鱼之乐以及梦蝶之化。人在休闲的最高境界进入物我两忘、齐物逍遥与天地自然冥合之境,进入此境界的人便被称为

---

① 张萱:《西园闻见录》第21卷,哈佛燕京学社,1940,第2073页。
② 〔德〕约瑟夫·皮珀:《闲暇:文化的基础》,刘森尧译,新星出版社,2005,第43页。

"神人"。

> 上神乘光，与形灭亡，此谓照旷。致命尽情，天地乐而万事销亡，万物复情，此之谓混冥。(《庄子·天地》)

当人与世界取得和谐之际（"与形灭亡"，"致命尽情"），由此达到的物我皆闲是休闲的最高境界（"天地乐而万事销亡"），休闲的最高境界也便是对自然本体之实现（"万物复情"）。自然本体呈现为休闲的人生境界，用庄子的话讲便是"游世"。

首先，"游世"是"游于物之初"，这属于道家休闲审美境界的内在"觉解"①（冯友兰《新原人》）。"游"，即游戏无碍，逍遥适性，是一种自由状态。"物之初"，即"天地之始"，也即"无"，更是自然之本体。这种物之初的自然本体，需要人去觉解。一旦觉解，即能冥合物化世界之差别对立，淡漠人事纷争，撄宁浮躁驰乱之心。这是来自本体的召唤。道家的休闲境界表面上是消极无为，归复到起初的原始状态，实际上"游于物之初""修德就闲"，是经过审美的超越工夫之后，自我与世界达成的一种和谐（与物皆昌，道通为一，上下与天地同流），也就是"至人无己，神人无功，圣人无名"。当人完全融入宇宙大化洪流时，那些致人忙碌追逐的私己功名都是多余之物了。

其次，"游世"并非避世、避人。那种远遁山林江海、刻意而闲的人生境界，庄子是鞭挞过的。"游世"的境界体现的是道家对自然、生命、生活的肯定，也是安时处顺的一种至高人生修养。他甚至取消了人类社会与自然之间的壁垒界限，人与万物和谐相处，可以攀援鸟巢而窥，可以鸟兽不乱群，人与自然融为一体，万物并行并育无害，相安无事。因此，避世之避尚属刻意，若游世而行，则无世可避，"藏小大有宜，犹有所遁。若夫藏天下与天下而不得所遁，是恒物之大情也"（《庄子·大宗师》）。人在天地间，本无所遁所避，故可逍遥于天地之间。

最后，"游世"并非玩世不恭，无所事事，更非不顾原则，圆滑处世。"游世"是对自然本体的肯定，是对自由境界的肯定。"不刻意而高，无仁

---

① "觉解"是冯友兰在《新原人》中提出的一个重要概念，见冯友兰《新原人》，北京大学出版社，2014，第19页。

义而修；无功名而治，无江海而闲；不导引而寿，无不忘也，无不有也；其生也天行，其死也物化；静而与阴同德，动而与阳同波；不为福先，不为祸始；其生若浮，其死若休，淡然独与神明居"，"人能虚己而游世，其孰能害之"（《庄子·刻意》）。这就说明了游世境界所蕴含的否定与批判的内涵。优游于世本身是在昭示着对流俗的巨大批判，展现出拒绝的姿态，同时游世境界也是个体最终的自我实现，"非以其无私耶，故能成其私"（《道德经·第七章》），然而就游世境界本身来看，却又同时体现出动静合宜、与世界取得和谐之后的寂然与淡漠。

三 道家休闲哲学的审美原则

1. 自我支配原则（主体的自由）

自然的最基本的意思就是"自己如此"，它非役人役物，而物与人也不会役它，物各自生而无所出。自然状态的人，摆脱了物质与文化的束缚，获得了一种自我支配自己、自我决定自己的权利，由此体现出主体的自由。《老子》的"莫之命而常自然"，即指脱离了被支配的状态而自己如此。"我无为而民自化，我好静而民自立，我无事而民自富，我无欲而民自朴"，这也是说圣人（统治者）显现出自然无为、闲暇无事的状态，不对人民与社会进行控制，人民就会"自化""自立""自富""自朴"，人民行使充分的自我支配的权利，社会就会呈现富有与闲暇。

《庄子·齐物论》："子游曰：地籁则众窍是已，人籁则比竹是已，敢问天籁。子綦曰：夫吹万不同，而使其自已也。咸其自取，怒者其谁邪？"朱得之注云："以不悲悲之，而听天籁之自鸣自已，然后世间之忧累日远，故能形稿心灰若此也。"（《庄子通义》朱得之）

自我支配的主体自由还体现为一种"无待"，即无所依赖。支配，是来自外界的，源自外在的强权与压制；依赖，则缘于内在欲望对自我的支配及寻求满足的压力。一内一外，便是造成个体失去自由、远离自然本体的原因。因此，老庄强调自然的本体价值，其深层的意涵是要由内而外复现自己、支配自己，寻获主体的自由。

2. 贵己全性原则（生命）

道家对自然本体的追求，还贯穿着一条生命的原则。老子言"天长地久"，其要妙在于"天地所以独且久者，以其安静施不荣报，不如人居处汲汲求自饶之利，夺人以自与，故能长生。以其不求生，不能长生不终也"（河上公注）。因此，圣人也是"后其身而身先，外其身而身存"。自己如此，自然而然，则无求于外，静守自足之道，反而能够"深根柢固，长生久视"。如《韩非子·难势》："众人之用神也躁，躁则多费，多费之谓侈。圣人之用神也静，静则少费，少费之谓啬。"很显然，躁则忙迫伤生，静则闲适全性。庄子对"得尽天年"的歌颂，对以身殉名利的惋惜与痛斥，以及对养生之道的重视，都说明了道家之自然本体深含对生命的肯定。在道家看来，在遵循自然原则的社会里，人与万物都充满了盎然生机与和谐闲适。

> 故至德之世，其行填填，其视颠颠。当是时也，山无蹊隧，泽无舟梁；万物群生，连属其乡；禽兽成群，草木遂长。是故禽兽可系羁而游，鸟鹊之巢可攀援而窥。

3. 自然之乐原则（精神超越）

道家对自然本体的追求，包含了一种对积极情感的肯定："今俗之所为与其所乐，吾又未知乐之果乐邪，果不乐邪？吾观夫俗之所乐，举群趣者，誙誙然如将不得已，而皆曰乐者，吾未之乐也，亦未之不乐也。果有乐无有哉？吾以无为诚乐矣，又俗之所大苦也。故曰'至乐无乐，至誉无誉'。"（《庄子·至乐》）这里的"无为"就是"自然"，庄子认为自然无为是真乐，也就是至乐。然而自然无为之乐，却被俗众目之为大苦。自然无为之乐，就是"致虚极，守静笃"之乐，闲静雅正，故不为俗众所趣。俗众远离自然之道，而迷失本体，形尽如驰于逐物之中不可自拔，可哀可悲。

对于俗众如此，对于那些师心自用而囿于一隅的曲士，自然无为之乐也是与他们无缘。

> 知士无思虑之变则不乐，辩士无谈说之序则不乐，察士无凌谇之事则不乐，皆囿于物者也。（《庄子·徐无鬼》）

因此，唯有筑基于自然本体之上的快乐，才能无待于物，才是真正的快乐。

四 总结

　　道家休闲美学是根于自然、依于无为而行、旨在游世的一套话语体系，这是一种自然主义的休闲美学。道家哲学向下通向审美艺术实践，通向休闲人生实践，也最贴近休闲审美的本质。在道家看来，自然即无为，自然无为即逍遥游世，割裂"自然—无为—游世"去单独理解其中一方，都会导致误解。因为"自然"作为本体价值，必须以"无为"为理论之基，它决定了"自然"之本体并非原始本能的发泄；"无为"作为一种否定的方法，使人光复本体而进入"游世"的自由之境。以此而观，老庄所言自由，有着一以贯之之道，内藏着批判意义的人文因素。老庄的自然主义休闲美学并非趋向纯粹本能的懒散，也非机械刻意的退守，它激荡着肯定与否定、有与无，并在消解了二元对立之后，进入审美逍遥之境。

　　构建自然的本体，让道家的理论体系比其他哲学流派更能还原纯粹的大自然，也因此更能发现自然的美与趣（如《庄子·知北游》"天地有大美而不言"及《庄子·秋水》中"濠上观鱼"的故事），对自然界充满了欣赏与向往（《庄子·知北游》："山林与，皋壤与，使我欣欣然而乐与！"）。如果说儒家在大自然面前是参悟道德本体（比德），道家却是力求与人、与自然相互澄明，彼此游戏，人像回归母体一样寝卧于自然之中（"游于物之初"；"彷徨乎无为其侧，逍遥乎寝卧其下"；"与物为春"）。后世山水园林休闲、田园乡村休闲，以及由此形成的各种自然的艺术休闲，皆在精神深处受此道家休闲美学的自然本体论思想泽被。

　　不唯如此，道家自然本体论对人的生命的重视，使其最终导向一种休闲养生理论。它从养生的角度发现身体的价值，实现长生久视之道。那么，不期然而然地，凡是劳形怵心，形劳神敝，不利于身心自然放松的生活方式及相关活动，道家皆予以鞭笞与拒绝。这种思想流波后世，无论是道家、道教的养生，还是儒家的修身养性，都很重视"虚静"的重要性（后世新儒家倡言静体，常被认为是受老庄影响）。身体的静与内心的静，能使人从奔驰忙乱的状态中收视返听，感受身体的微妙变化，感悟心与物游之欢愉。

　　实施一种"无为"的工夫论，让道家的休闲审美哲学找到了连接现实、通往"众妙之门"的钥匙。我们有理由相信，"无为"即要"休"，"夫虚静恬淡寂寞无为者，天地之平而道德之至，故帝王圣人休焉，休则虚，虚则实，实则伦矣"（《庄子·天道》）；"无为"也即要"闲"，"天下无道，则修德就闲"（《庄子·天地》）。在道家看来，"无为"并非就是什么事也不做，而是去做自己喜欢的事，做符合自然之道的事，做那种肇始于自己内在力量而非假由外铄的事情。这样的"无为"，恰恰也就是休闲审美人生的要义。陶渊明不堪折腰之累而载奔载欣复返自然，诗酒余生，此即"无为"；白乐天隐在留司官，歌舞鼓吹，优游岁月，亦是"无为"；苏东坡宦海浮沉，大浪淘沙，闲观风月，更是"无为"。"无为"之修养工夫，造就了后世休闲文化之纯粹与旷达、精深与超迈、飘逸与不羁，这应该是道家休闲美学赋予中国古典休闲审美文化精神的独妙之处。

　　道家休闲美学通向游世，而非绝尘，这显示了道家休闲美学话语体系的辩证之处。一般理解，"无为"最方便的法门便是绝尘拒世，远遁山林，由此仿佛能得天然之屏障而一劳永逸，得享闲福。然而道家告诉我们，这样的休闲人生境界看似高妙，实则刻意不真。真人（可以理解为拥有至高休闲境界的人）是那种可以赴汤蹈火而不为所伤，在乱世俗尘之中浮游往来而肌肤若冰雪的人。所谓的岩穴之士、江海之人，反而会伤己害物。道家运用巨大的心灵转换力量，调适自我，物我为一，这大概也是道家休闲美学智慧的精妙所在。这种智慧，赋予中国古典休闲文化更多的是生活气息、审美格调、圆融之道，白居易、苏轼及至袁宏道、李渔等士人的休闲人生践履，都对道家游世的休闲审美境界进行了精彩的诠释与生动的演绎。

（作者单位：湖北理工学院华中休闲文化研究中心）

论中西方诗学至高趣味的差异与契合

——以狄金森为例

隋少杰

"德行"评价标准的缺位,是西学东渐和现代进程中最为突出的人文领域现象。尽管"新文化运动"塑造了文艺在大众空间的重要地位,推动了现代民主意识与知识的传播,但是,"德行"在文艺评价中的地位依然语焉不详,缺乏客观公论。本文在中西方诗学视野中,通过美国诗人狄金森的创作人生来探讨这一至关重要的趣味问题,阐明它的真实内涵,引起人们的重视,还原文艺创作与思想生产的"人性"维度,呼唤真正可以提升社会人文素质、净化思想空气、富于时代精神之健康文艺的生成!

一 美德:"诗"之尊贵的源泉

取亚里士多德《诗学》之义,"诗",泛指包括诗歌在内的文艺创作;"诗学",则是探讨跟文艺创作有关的学问。但是,我们发现,古往今来,并非所有的文艺创作都可被称为"诗"。真正的"诗"不仅关乎作品精湛的造诣,更关乎"诗人"的"趣味"。德国浪漫派思想家奥·威·施莱格尔就曾说,真正的艺术,植根于生活的"奥秘"——这才是"一切诗的魂"。它并非让现实中的"善"臣服于"恶"、"功利"和"感官的享受",而是有助于那些"被斥之为空想和荒谬"的,从古至今都在"照亮世界、启迪尘世"的"诗人"恢复业已丢失的尊严与地位。① "诗",才是最高级、最尊贵的艺术。② 近年来声誉日隆的美国诗人艾米莉·狄金森的创作之所以备受国人关注,很大程度上是因其暗合了素有"诗歌国度"之美誉的中国文化的至高趣味,在更为现代的意义上重申了这一真理,即,"美德",才是"诗"之尊贵的源泉;"诗",是基于善良本能与大爱情愫的"美德"自身的彰显与象征。中西方诗人以"不约而同"的趣味追求、迥异的文学生产与流传的方式,诠释了这一结论——"美德",是最高贵的人性品质。

长久以来,人们视"文学"为学科和专业领域,把它与哲学、社会学、自然科学等诸多门类并列,并假定它的价值和独特性取决于运用文字的"形式"及一种认知世界的能力、思维的倾向,从而使"文学"臣服于现代性知识建制的某一学科限制和社会的分工。或许,这才是存在于文学艺术领域的最为古老、普遍、深广的遗漏与舛错。这种缺陷导致那些不配享有文学家、艺术家称号及学者殊荣的人物仅仅凭借善用"形式"而被请进了尊贵的殿堂,败坏了文学、艺术、人文学术在公众心目中的形象与尊严,给后代造成了难以估量的误导和精神伤害!

事实上,人类思想史上的诸多大家都曾论及人文艺术自身的神秘素质,论及在人类的知识领域,有一种"精神"附着其上,论及人类当中有一群具备"特殊魅力"的优秀分子:他们的言行与人类社会的历史环境、广泛现象存在殊异,甚至备受误解与贬斥!

叔本华把这种莫可名状的"情形"称作"意欲":"她"如同植物的根系一样"深藏于黑暗与潮湿当中",是人与生俱来的、不可违逆的强大君王、生命主宰。但是,尽管他承认生命的意义与目的并非智力所能控制,而是取决于个体的道德,甚至在驳斥柏拉图伦理德行范畴的过程中断定:"美德是意欲的素质,而智慧则首先与智力相关"③,但依然羞于承认:"美德"才是意欲的真实显现。

孟德斯鸠创造性地指出地理、气候对于形成体格、塑造人性、养就文

---

① 〔德〕奥·威·施莱格尔:《启蒙运动批判》,选自孙凤城编选《德国浪漫主义作品选》,人民文学出版社,1997,第 376~378 页。
② 参见〔德〕施勒格尔《浪漫派风格——施勒格尔批评文集》,李伯杰译,华夏出版社,2005,第 73 页。
③ 〔德〕叔本华:《伦理道德散论》,选自《叔本华思想随笔》,上海人民出版社,2005,第 337 页。

化的重大意义。他反对任何宗教妄言，否认宗教世界观乃客观真理，并足以产生道德，甚至早已在其政治学说中认定：只有"自由"和"独立"，社会才能顺利发展，国家才能长治久安。① 但是，他依然否认，"精神"是存在于我们所认识的事物当中的。"美"，在他那里，竟然成了"精神的某种错乱的结果"（《波斯人信札》）。

卢梭受英国自然神论者启发，倡导了"自然""本真"的概念范畴。他对合理化原则和普遍性观念的质疑与反拨，使人误以为他是在为"天才"立法，误以为他要为像他一样具备高明"智力财产"② 的才子在支持名誉的商业资本市场上谋取独立的自我意志、积累与建立私人的社会财富与地位。因为"自然""本真"及其著作中所喷射出的火一般的激情与活力带有浓厚平民色彩的品质，它令人联想到的不是独特的精神价值，而是"感性"的经验、生命的活力在贵族中产阶级生活中的日益丧失。

黑格尔精明地发现了卢梭"下层平民"式的天真与尴尬境遇，他敏捷地把"绝对理性""活力""理念""自觉""特殊的资质"引入其野心勃勃的美学大厦构造中，慷慨大方地为系统论述"天才美学"的康德留下了一席之地。③

事实上，"自然""本真"的修辞只是描述了卢梭经由理性观察清晰把握到的一种"现象"，即由个体的精神生活所造育的"美德"。他创造性地提出"怜悯理论"，进一步说明了个体精神生活与美德形成的根源。④ 正是基于这样一种推理与探究，卢梭认定：美德，是一种超越人类理性智慧的"自然法"。身处自然法则当中的人，才是平等自由的，才是以"取得人品"为共同天职的。因此，发生于个体身上的德行是最高级的"理智"，它是由各种官能综合而成的，发展最艰难、最迟缓的终极品质。⑤

究竟是怎样的内在品质成就了那些在人类文明史上熠熠生辉的名字？他们何种精神品质孕育了那些一度被误解和埋没，但终被人类再度发掘并铭记的"不朽"？何种造化的貌似偶然实则命定的机缘熔铸了那些华彩丽

---

① 〔法〕孟德斯鸠：《罗马盛衰原因论》，婉玲译，商务印书馆，1962，第48～49页。
② 〔匈〕阿诺德·豪泽尔：《艺术社会学》，居延安编译，学林出版社，1987，第54页。
③ 参见〔德〕黑格尔《美学》，朱光潜译，商务印书馆，1979，第70～79、360～363页。
④ 参阅〔法〕卢梭《论人类不平等的起源和基础》第98页正文与注释，广西师范大学出版社，2002。
⑤ 参见〔法〕卢梭《爱弥儿》，李平沤译，人民教育出版社，1985，第83页。

章、经典名著和艺术瑰宝？笔者的观点是：诗人与艺术家最高级的人性品质——"美德"的存在。而"诗"——文学与艺术的杰出典范，则是作为个体美德的彰显与象征而存在的。

二 狄金森"私人写作"的启示性意义

19世纪，西方出现了人类文明史前所未有的历史景观——"女性写作"的现象。在乔治·桑、勃朗特三姐妹等开创的凌厉奔放的女性写作风潮中，艾米莉·狄金森则显得形单影只、落落寡合。她不仅与她的女性前辈迥然不同，而且与文学的传统大相径庭。很显然，她是一种"现象"，而这种现象最为独特之处则表现为"私人写作"①——一种拒绝作品在生前发表，以获取声誉和利益的写作。这种惊人的"节制"、高贵的"自尊"便是其美德、品质的独特展现。

"私人写作"的意义不在于生前没有发表作品，而在于文学生产动因的人文本质：作者的写作行为更多的是在与内心深处的那个"独特个体"进行"一对一"交流，而不是面对公众——一个广泛存在的群体。这种交流是全然个体化的，而且是高度理想化的！恰恰是这些剖白心迹的诗歌作品印证了诗人的"美德"，印证了在其平凡的人生经历背后鲜为人知的波澜浩瀚、独特而丰富的精神生活，印证了其执着而高尚的德行追求。

（一）"独立人格"／"恋爱道德"的倡导者与实践者

我们有一种传统的世俗偏见，即，"道德"不是自然造就的人的品质，而是经社会习俗认可并加以塑造的，具有适度选择性的行为品性。② 这种主流的偏见阻止了诸如"正义""仁慈""同情""友善""谨慎""勇敢""慷慨""诚实""羞耻""明智""节制"等德行的术语进入人类的情感"私人领域"。其原因恰如亚当·斯密所言："造物主使得两性结合起来的情欲……是我们和野兽共有的激情，由于它们和人类天性中独特的品质没有联系，因而有损于人类的尊严。"③ 即，关乎肉体、情欲、激情的情感内核里不含有伦理道德的因子，因为这一切与神圣高尚的诸种德行相比是羞于

---

① 参见周国平《思想的星空·语言的圣殿》，人民文学出版社，2012，第41~47页。
② 参见〔希腊〕亚里士多德《尼各马可伦理学》，廖申白译注，商务印书馆，2003，第35~57页。
③ 〔英〕亚当·斯密：《道德情操论》，蒋自强译，商务印书馆，1997，第29~30页。

启齿，甚至会被认为有伤体面的。

然而，表达对爱的渴望、以情欲为主题的文学创作几乎成为18世纪末19世纪初西方文学创作的主流，甚至也成为20世纪以来中国文学广泛涉及的重要主题。同样，它在狄金森的创作中也占据着重要的位置。可以说，她和她的创作本身就是在以一种全新的方式诠释"道德"在个体爱情生活当中的真切实现。

狄金森在其诗作中反复强调：爱，不仅表现为基于两情相悦的爱慕和给予，也不仅表现为伦理的本然面目，更多时候，它呈现为一种个体的生命姿态——牺牲、宽恕、容忍、等待、承受误解、"大爱"追求……这体现出爱的特殊处境和复杂面孔，也体现了狄金森本人鲜明的"个性"色彩。

因此，她的诗作首先表明，爱情的神秘与神圣性尽管与感官的欢愉、欲望的满足深切相关，但是，它的价值与尊严不仅仅来源于双方灵肉的交融、精神的契合。在终极视界上，它呈现一种"绝对个人隐私"的本性——不仅拒绝向公众开放，而且拒绝向爱的对象坦白——正是在"绝对隐私"的意义上，爱情才获得了它更为神奇的纯粹性与超越性。

对一个有着高度自尊的知识女性而言，狄金森无法在生前将这些诗歌全然授人以观。让世人了解她毫发毕现的情感生活和精神世界，无异于把她置于街头优伶一般尴尬的境地，甚至也会对其生活的社会环境造成烦扰，影响个体对德行的内在追求。面对"世间至痛"——个体感情的跌宕起伏，诗人生活中的一切都显得黯然失色、缺乏意义。正是出于对生命本身的敬畏，对生活的责任，对大爱的担当，诗人才有勇气奋然挣扎于粗粝的人世，迎击独身女人未知生活中的种种不测！因此，即使在有生之年获得了世俗成功，对于以爱情为生命的她而言，也似乎缺少了真正令人热望的生机和魅力。因为她已发现：人类最高级、最精致的情感其实是无法被人真正读解和尊重的。人与人之间的情感交集中不可言传的丰富感受，只会招致世俗之人的轻侮、诋毁和冒犯！而遮蔽这些生之感受，以诗的方式记载不为人知的心路历程，既是对个人生涯的尊重，亦恰恰暗藏了对有良知、有灵性之后来者的抚慰，是一种精神性的贡献与牺牲。所以说，"私人写作"，其本身就是一种高贵的美德。

（二）私人写作彰显"诗意人生"

概言之，传统意义上的女诗人写作"情诗"，而且是主观上拒绝发表的情诗,乃是一种人生的"绝境"。她们不仅拒斥读者,而且拒斥"知音",她们并不相信除了感情生活中唯一的爱人,还能有真正理解她们的存在——作为其生命个体的知音。这是一种彻底的绝望,这种绝望和生之苦痛恰恰揭示了女诗人写作的潜在、真实的动机:全然不考虑被爱者善恶品质的仁爱慈悲,在感情生活中不计利害与得失的倾情奉献。诗人这种浑然天成、与生俱来的美德透过诗歌,淋漓尽致地展现了出来。

苏格兰思想家弗兰西斯·哈奇森指出,人不是为了得到快乐才去追求道德的;在许多场合下,善行常常与痛苦和不安相伴随。[①] 写作的过程、高尚的精神境界固然会带给诗人精神的快乐,但是,写作仅仅呈现了诗人生活的"冰山之一角"!

关注诗人德行精神的丰富性,并非超越了文学文本,置"文学"主体地位于不顾,而恰恰是文学所向往的终极目标——人性的精神维度及其全部人性在某个个体身上的有机实现。在人们对"自然科学"与"社会科学"盲目崇拜的当下现实中,一个视"情感""精神"为人生至高意义的诗人,一个拒绝作为自然与社会科学所关注的"他者"、"工具"和"物"存在的主体,就是一个拒绝成为被社会关系所蒙蔽的,有着"不寻常活力和清澈的精神本能"的人,就是一个苦中作乐的生命斗士!

狄金森以柔弱女性的精神之笔书写了强大的道德文章,也真正实现了西方浪漫主义文学运动的终极理想:文学与个体生命的有机合一。这是"一种自由的、贴近生活的、靠生存的丰富经验营养的思维,简言之,生活和存在的哲学——一种不可能跟思考哲理者个人的特质分开的哲学"。[②]

事实上,诗人与诗融为一体的"原诗",这种浪漫主义所追逐的理想并不是盲目的,而恰恰是符合"自然""本真"之人性和宇宙意志——"爱"的。正是那些处于"爱"之中的个体才是有灵性的人,完美生活的自然之源、真实可靠的生命栖息之境。正因为"诗化的人生"和处于"爱"中的个体——人,才令"诗"——尊贵的精神产品有了生成、摹仿的实在基础,才有了人类"自我"与宇宙"本我"进行戏剧性对话、在同一节奏中运行的根基。"万物皆由伟大的世界心灵拨动而出。"在这个意义上,文学与艺

---

① 〔英〕弗兰西斯·哈奇森:《论美与德性观念的根源》,高乐田等译,浙江大学出版社,2009,第7~8页。
② 〔德〕弗·施莱格尔:《哲学新文献》,转引自〔俄〕加比托娃《德国浪漫哲学》,王念宁译,中央编译出版社,2007,第18页。

术就不单单是"自然的摹写和再现",不单单是外在于人的"作品",同时也成为宇宙的象征、寓言化了的宇宙能量——"爱"。"原诗",包括用语言文字罗列而成的诗,都是宇宙的"爱"之终极目的的外化,同时,又与主体人重新统一为和谐的整体。①

三 "辞让"之德与"审美"之德

狄金森的创作事实上证明:文学艺术的至高趣味不是盲目而神秘存在的,不是简单粗暴的生命原始冲动,也不是用理智头脑抽象出来的,缺少血肉气息的文字僵尸,而是"美德"造育人格的产物。

德行的思想,中西方思想家都曾有所论述,但是哈奇森的见解更为独特。他发现,人的数目、广延、比例、美德、邪恶、羞耻、同情等许多观念或情感与"视、听、味、嗅、触"等五种"外感觉"无关,而是与"审美""公众""道德""荣辱"四种"内感觉"有关,并因此提出"道德感官"的范畴。观照《孟子》有关"仁、义、礼、智"的经典论述,假如我们把"恻隐之心"类同于"公众感","羞恶之心"类同于"荣辱感","是非之心"类同于"道德感",就会发现,中西方诗学旨趣的差异恰恰体现在"辞让之心"与"审美感"内涵的重大差别上。

中国文学悠久的抒情传统折射出丰富的民族性格:缠绵细腻、感伤哀婉、含蓄蕴藉、质朴淳厚、勇猛精进。"才下眉头,却上心头","问君能有几多愁,恰似一江春水向东流","去年今日此门中,人面桃花相映红","精卫衔微木,将以填沧海","但愿人长久,千里共婵娟"……哪怕"五言之冠冕",以"直而不野"来定义至高诗学趣味的《古诗十九首》,我们也会发现,它没有超越人世间的离愁别绪、悲欢离合,没有脱离凄恻悲凉的精神气质。在描写"悲痛的绝对性"(日本学者吉川幸次郎语)方面,中国古典诗歌达到了一个无可企及的高度:"行行重行行,与君生别离。""人生天地间,忽如远行客。""生年不满百,常怀千岁忧。"

可以说,中国古典诗歌美学的至高标准是"极致之怨"。这个"极致"指的是"生之苦痛"的极致,正是通过对个体生之苦痛的精准描摹,中国

---

① 〔美〕维塞尔:《马克思与浪漫派的反讽——论马克思主义神话诗学的本源》,陈开华译,华东师范大学出版社,2008,第40~43页。

诗歌表达出了轻逸似"挽歌"的，饱蘸浓厚的悲剧浆汁却又似乎参透生死，貌似超越恐惧与痛苦的自由精神。陶渊明"金刚怒目式"的诗句："同物既无虑，化去不复悔。"仿佛以掷地有声的语言发出了蔑视死亡的生命最强音，但细细品咂，我们依然不难发现诗人对生存本身的强烈忧虑。

这样看来，似乎中国古典诗歌在其个性传统刚刚萌芽之时就渗透着浓烈的忧患意识和悲剧精神，而这种意识在西方汉学家顾彬先生那里被误解为"贯穿中国思想史"的"一根红线"。他在阐述"汉赋"之于中国封建专制君主神圣地位的价值功用时说："在一个认为世界是可以解释、可以掌控的时代，在一个看到在所有现存事物后面存在一个宇宙统一体的时代，我们遇见那样一种类型的官吏，这类官吏不惜付出依赖别人的代价，心甘情愿地从属于皇帝。这种在'美人'与追求者相互影响中建立起来的'性爱关系'引起骄傲自大和哭哭啼啼，正是这种骄傲自大和哭哭啼啼可以作为普遍概念，像一根红线贯穿整个中国思想史。我以为，谁要想弄懂20世纪末的知识界，谁就得到汉代去寻找其精神根源。"① 不难看出，他认为中国古典诗歌幽怨阴柔的主体特质根源于臣下对至高无上之君主的"依附"思想——这也正是他把中国知识分子共同推崇的《楚辞》的作者屈原称作"爱国者""正直的国家公仆""一个纯洁的人"，从而有意无意地流露出些许疑惑和轻蔑的原因。不唯顾彬，连中国学者叶舒宪先生也曾"耸人听闻"地大胆断言：中国文化是否就是一种"阉割文化"？

"自《诗经》以来明确记载的'寺人作诗'现象同汉字'诗'从言从寺的结构是否偶然巧合？寺人即阉人作诗的现象同儒家推崇的'温柔敦厚'诗教以及温文尔雅的君子理想有没有关联？中人的典型人格的非阳刚化、非男性化特征同中国式处世哲学的'中庸'观念以及中国男子的阴性化、柔性化的人格倾向有没有关联？为什么在阉割现象最为普遍的中国文化传统中又最迷信种种壮阳还阳的神话？"②

这就不难理解，汉儒为何把《楚辞》贬斥为"五经"的旁系，着实是因为屈原所独创的"香草美人"的意象③，哀艳夸诞的风格，对人生易逝、理想难以实现的深刻的悲怆感情，已然内化为中国文化气质的重要组成，即"抑郁与幽怨"，而非"自强与创造"。这种态度显然过于简单粗糙，它

---

① 〔德〕顾彬：《中国诗歌史》，刁承俊译，华东师范大学出版社，2013，第57～58页。
② 叶舒宪：《阉割与狂狷》，上海文艺出版社，1999，第68页。
③ 参见康正果《风骚与艳情》，上海文艺出版社，2001，第69～76页。

无视先贤对"辞让之心"与"是非之心"的看取,因此也就轻掷了对个体生命本身的敬畏。

事实上,这种诗学传统所折射的"集体无意识",恰恰体现了中国文化的"原诗"品性——人与自然的统一、"生命一体化"① 的冲动及以此形成的对现实的批判立场。这种悲剧精神与主体人浑朴天成、不可分割的性质,令我们深切地感受到中国人文知识分子在过去漫长的时代里所承受的苦难——卑怯的社会地位、长久被低估和贬斥的珍贵情操。同时,又带给我们以发自内心的崇敬与心酸,因为,这恰恰证明了,每一位诗人都是一首荡气回肠、与肉体生命和谐共存的"原诗"。将这种精神的气质发挥到极致的《古诗十九首》被锺嵘在《诗品》中评价为"文温而丽,意悲而远,惊心动魄,一字千金"——这是真正的形式美与人格美的统一,外在美与内在美的统一,品德高尚与质朴简约的统一。这种文学的内在品质恰恰就是德国思想家席勒向往却苦于无从实现的"素朴之诗"的艺术境界。

中国诗人似乎早在两汉时代就已经充分发展了洞悉人生实境却又极尽慈悲温柔的"美德"。他们深切地意识到:"痛苦",才是肉眼难以探测却又广泛存在的世间真相。他们没有虑及诗作能否被旁人读到,没有虑及个人之于大时代,乃至后代的影响和地位,有意识地隐忍与遮蔽了那种文人被边缘化、被迫逃亡、流离失所、地位低下的社会现状所带来的巨大精神性痛苦,真正延续了《诗三百》"思无邪"的中国文学至高趣味,深刻表现了中国传统文人浓厚的人文情怀、可贵的历史责任感和勇敢无畏的文化担当。

但是,这种"素朴"境界的达成是以中国诗人创作主体的缺失为代价的——这是否可以被视作中国文人"辞让之心"、功成身退、淡泊名利之高贵美德的侧面写照呢?时至今日,《古诗十九首》的创作年代和创作者的问

---

① 法国学者列维-布留尔发现:"我们的日常活动都是暗含着对自然法则不变性的沉着而毋庸置疑的信任。原始人的态度是完全不同的。对他来说,他置身于其中的自然是以完全不同的面貌呈现其自身的。在那里的所有事物和所有生物都被包含在一个神秘的互渗和排斥之网中。"他因此指出了原始思维的"原逻辑"特点和原始智力的"互渗"规律。"自然"已然是一种神秘而足以产生敬畏的存在;它既非单纯知识的对象,也非直接实践的领域,而是某种"交感的"存在。置身于其中的原始人相信任何事物、个体的生命形式都是可以"沟通的",是可以相互联系并影响的。参见〔德〕恩斯特·卡西尔《人论》,甘阳译,上海译文出版社,1985,第102页。

题还是学术界争论,甚至是影响到中国文学史研究之多种可能的重大问题。①

相较于中国诗学至高趣味"辞让之心"的展示,狄金森的诗则显现出迥异不同的品质。她的诗作很少正面描写离愁别绪,直接坦陈刻骨铭心的伤感。她对于现实强烈爱憎的"情绪化"表达总是貌似"淡泊"的,甚至可以说是冷漠的。在爱情生活当中的"寂寞""被冷落的痛苦""被欺侮的伤害""迫切的期冀""意醉神迷"等情绪体验并没有呈现为"感染力",而是呈现为一种间接的情绪力量。

> 每一块疤我都要为他留着
> 我反而要说说宝石
> 在他长期不在的时候
> 戴的更加贵重的一粒
>
> 但我含的每一滴泪
> 他要是能数清楚
> 他自己将会流得更多
> 我却算不清它们的数目②

诗人表达在感情生活中"深重的牢骚",但是,这种感情不是旨在唤起观者的怜惜和同情,而是要间接引发观者的联想,从而启迪其理性冷静的权衡与思考。字里行间,人们看不到中国古典诗歌深刻的哀愁与抱怨,更多的是一种独立人格的形象,一种有尊严的现代女性的强颜欢笑和自我牺牲。与其说这是一种主观情绪的表现,不如说这是一种"启蒙"和"自我启蒙"、"教育"和"自我教育"。

这种内在而深沉的体恤与情感认知,事实上与中国古典诗歌精神如出一辙,它们所折射的都是"大爱"的本性及其代价。这恰如哈奇森所言:

> 许多感情的确不会追求主体的私人善,不仅如此,在各种不同的

---

① 参见刘跃进《文学史研究的多种可能性——从木斋〈古诗十九首与建安诗歌研究〉说起》,《社会科学研究》2010年第2期。
② 〔美〕艾米莉·狄金森:《狄金森诗选》,蒲隆译,上海译文出版社,2010,第230页。

情形中，许多感情，通过使主体强烈地关心他人的命运、逆境和顺境，似乎会趋于对主体的损害。但它们都指向私人或公共善，它们造就了每个特殊主体，并在很大程度上，使这些主体臣服于整体之善。①

在狄金森诗中显示的"沉潜的理性"呈现的不是中国式的"辞让之心"，而是含蓄地高昂着主体意志的"审美信念"。这种内在的"道德感官"肯定了主体生命存在的价值和意义，珍惜生命的付出，甚至成为女诗人引以为傲的"人格"资本。

> ……
> 寥落——至善大德者是否亦"高处不胜寒"——
> 当他们乘风归去之时？
> 若那些"未知的脸庞"——也是——如此——
> 我们在天堂——就毫无意义！
> 为了——重温那一刻——我愿贡献——
> 我尊贵生涯中的华采丽章——
> 但他必须亲自拾取那些遗漏的珠玉——
> 并且——
> 重新归还它们的莹白与美丽！
> ——《又一次门口传来他的声音》

同样置身于欲望当先的世俗社会，女诗人敏锐地意识到存在于两性关系中征服与被征服、掠夺与被掠夺的"丛林"逻辑。但是，与生俱来的自信，使得她在面对挑战与凌辱之时表现出异乎寻常的道德勇气，甚至还带有些小女孩式的任性与骄纵。因为她已参透：追求冒险与刺激、欲望之满足的"两性狩猎关系"在"我"的人格和精神力量面前是微不足道的。她那诙谐的口吻、少女般的憧憬恰恰暗示了僵化的父权制社会"工具理性""世俗理性"的破产。人的良知、灵魂、美、爱所代表的真实生命，只是在欲望的促动下沉睡着而已；感情的世界本就是不朽、永恒的"神"的世界，

---

① 〔英〕弗兰西斯·哈奇森：《论激情和感情的本性与表现，以及对道德感官的阐明》，戴茂堂译，浙江大学出版社，2009，第127页。

它并非全然听凭人的主观意志支配的、收放自如的奴仆!

在一个缺少西方文化濡染的中国学者看来,这些作品虽然既没有哀婉的牢骚,也没有抑郁的抱怨,却在字里行间渗透着一种"冰冷"的气质,一种已与自然之母体彻底分离的"绝望感"。这种"悲怆式骨感"并非浮现于浅表层次,而是沉潜于生命的底部,作为一种"惯性"和文化的"传统"而存在着。

哈奇森指出,"美德"既源于友善的本能感情,又伴随着人们理性自由规定的行为。但是,如果美德有了促使旁观者赞许的性质,也就是说,是为了公共有用性而非纯粹自由的选择,不是基于"友善的感情或欲望",那么,这种行为就是令人怀疑的美德。

伴随着 18 世纪"天才"观念的产生,文学艺术的个体性名誉机制日益形成,在狄金森所身处的 19 世纪,文学与艺术的市场化、体制化程度已然愈发显明。这种"自律"的意识形态,一方面成就了特定形式的文学艺术的传播机制,另一方面也成为现代文化批判性和反思性的根源。在此过程中,艺术家逐渐走向了社会生活的对立面,甚至形成了"审美救世主义"的传统。诚如德国学者彼得·比格尔所言:"'自律'的范畴不允许将其所指理解为历史地发展着的。艺术作品与资产阶级社会的生活实际相对脱离的事实,因此形成了艺术作品完全独立于社会的(错误的)思想。"[1] 尽管"私人写作"的性质保证了其创作的"非个人性",但狄金森的作品依然表现出文学自律的外在形式和批判性、反思性的"体制性"特征。这也不得不令我们揣测:诗人究竟是为宣泄个人生活的不满而在创作中吐露微词,还是单纯出于炫耀文学才能而作秀?

四 诗人之"我"即"美德"

法国杰出思想家波德莱尔曾对诗与道德之间存在的内在张力毫不讳言:"道德并不作为目的进入这种艺术,它介入其中,并与之混合,如同融进生活本身之中。诗人因其丰富饱满的天性而成为不自愿的道德家。"他进而指出:"恶习有损于正义和真实,激起智力和道德心的愤慨;但是作为对和谐的凌辱,作为一种不协调,它更伤害了某些诗的精神。把一切对道德和道

---

[1] 〔德〕彼得·比格尔:《先锋派理论》,高建平译,商务印书馆,第 117 页。

德美的违反看作是针对普遍节奏和韵律的一种错误，我认为这并不是危言耸听。"① 这一重要思想无疑揭示了中国式的"辞让之德"与西方式的"审美之德"彼此通约，甚至达成一致的可能性。这恰恰也正是"原诗"之精神要旨的真实实现：合乎美的必然是合乎道德的，"真、善、美"本就是不可分割的现实整体。在中国近代思想史上，学者王国维创造性地提出了中国古典美学的两种境界——"有我之境"和"无我之境"，似可帮助阐明中西文学实践在至高趣味上的契合。

中国古典诗歌自《诗经》以来发展形成"抒情"的传统，强调主体的主观感受，这无疑体现了对"主我"之优越性的赞颂，或者说显示了"主我"在"情"的感召之下的优雅退位。它并不涉及对"我"的批判性反思及对所谓的客观世界进行形而上的思考，诸如《蒹葭》《采薇》《风雨》《子衿》《鸡鸣》等诗篇。这种"主观抒情"的传统对后世文学有深刻的影响。王国维在《人间词话》中指出，"有我之境"和"无我之境"的区别，就在于人的直觉认定——中国人"造"诗更倾向于"文以载道"，缺乏"文学之自觉"的个人主义传统。所以，作为古老的诗歌国度，近年来屈原、陶渊明、李白、李商隐、王维、纳兰性德等诗人和词人被尊崇，并非在于他们仕途失意、看破红尘的个人经历——"有我之境"，而在于他们于诗中表现的掷弃"自我"、被"情"所融、物我两忘的"生命状态"，即王国维予以高度评价的"无我之境"。

这种潜在于中国古典文学内部的"原始旨趣"在魏晋时代的人文艺术领域实现全面自觉②，它无不受到以"空"为基本教义的佛教传播的影响。因此，中国古典诗歌中的"自我"是一种绝对的存在、本质的真实，它是已然成"佛"的个体人顿悟到的，掩藏在世界万物背后的"佛性"。③ 这样一个以"佛"自居，认定"三界所有，皆心所作"（《大智度记》）的个体人，必然逐渐走上一条否定主体生命、略去"俗事"、感性抒情的道路，强调"绝对精神"。中国古代知识分子多自我担当此神圣使命。如《文心雕龙》的"言之文也，天地之心哉""心生而言立，言立而文明"，《诗品》的"寓目写心，因事而作"。美学名著表明：为文之要旨须有主观"抒情"，

---

① 〔法〕波德莱尔：《1846年的沙龙——波德莱尔美学论文选》，郭宏安译，广西师范大学出版社，2002，第66页。
② 参考李泽厚《美的历程》，文物出版社，1981，第100页。
③ 参见冉祥华《佛教与魏晋南北朝美学精神之流变》，《郑州大学学报》2014年第5期。

须彰显精神自我的超越性和神圣性——这是以"辞让之心"成就的美德。

但是，即使被尊为"诗仙""诗圣"的李白、杜甫也不可能脱离其赖以生存的时代与人文环境；精神自我的绝对神圣性不仅不可能独立存在，而且不可能在诗人的当下生命中持续显现。因此，缺乏"反讽"精神要素的文学，事实上也缺乏了内在于文学的人性维度，这使得"人学"传统的再发现成为 20 世纪中国"新文学"直接面对的挑战、阵痛与成长。著名学者钱谷融先生就曾语重心长地论及这一关键问题。

> 真正的艺术家绝不把他的人物当作工具，当作傀儡，而是把他当成一个人，当成一个和他自己一样的有着一定的思想感情、有着独立的个性的人来看待的。他一定是充分尊重这个人的个性的，他可以通过他自己的是非爱憎之感来描写这个人物；他可以在他的描写中表示他对这个人物的赞扬或是贬责，肯定或是否定，正像在生活中，他可以通过自己对一个人的评价来介绍这个人一样。但他绝不能把自己的意志强加到他的人物身上去，强使他的人物来屈从自己的意志。①

尊重个性，回归生活，整体而全面地看取社会，真诚而直率地面对作家的本心，正是 20 世纪西学东渐在人文艺术领域取得的积极思想成果。因此，"有我之境""无我之境"并不是不可相互转化的，恰恰是两者的丰富交错、斑斓参差，才造就了充满魅力的诗人个体在场及其作品本身。

反观狄金森的诗，我们发现主体"自我"在诗中既是颂扬、褒奖、炫耀的对象，又是嘲讽、对照和批判的客体。它时常会终结"无我之境"的美德意义，即主体主观抒情的客观合法性，露出自我平凡人性化的侧面，观之可亲却不失大爱情怀。

> 它低低地坠下——我关注着——
> 我听见它砸着了地面——并在我心底的石头上
> 摔成了碎片——

---

① 钱谷融：《当代文艺问题十讲·论文学是人学》，复旦大学出版社，2004，第 98 页。

然而与其嗔怪甩掉它的——命运
还不如我把自己责难，
因为我把镏金的瓷器
供在我的银架上面。①

如果说"心底的石头"暗示了诗人内心的冷酷与坚硬，那么"镏金的瓷器"供在"银架上面"则揭示了诗人自身理想脱离现实的主观虚妄和愚蠢。因此，"无我之境"并非无"我"，而是"我"成为被审判、被挑剔、被冷嘲的客体，"我"成为局外人、旁观者——这与中国古典美学"物我两忘"的素朴精神是大相径庭的。这恰恰揭示了"写作"在诗人生活中的特殊地位——它定义了独有的"存在"，超越了自我的实存，是对"文学自觉"的自觉。因此，诗人笔下的世界是介乎真实与虚幻之间的，它既是现实，又是理想。当真实与虚幻、现实与理想发生碰撞之时，女诗人就会从"有我之境"抽身而退，把此刻还原为"现在进行时"或者"将来进行时"，从而进入"无我之境"。这种自由出入"有我"与"无我"的审美精神品质、"梦"的品质强行终结了"无我之境"的高尚意义，即主体主观抒情的合法性。更为可贵的是，它开启了现实的行动之门，使诗人真正成为自我命运的主宰——这同样是"美德"的高贵在场。

"文艺虚无主义"伴随着现代性演进的全过程，且呈现愈演愈烈的趋势，致使私德的败坏公然成为文艺活动的潜台词。在这一过程中，受此影响的作家和学者一方面通过"文学的体制"无意识地宣泄，表达了对现实的不满，批判了社会，塑造、成就了个体的价值；另一方面也愈加深刻地陷入自怨自艾、主观片面、凌空蹈虚、感官退化的消极怪圈。这不仅极大地误解并歪曲了"文学""诗""美"的现实形象，失去了文艺本身的实践维度和人文维度，脱离了现实的根基，而且影响并限制了文学艺术自然灵性的发挥及参与现实、塑造自我形象的可能性。事实上，真正优秀的"诗人"既是拥有正直淳朴健全人格的典范，又是感念现实、积极入世的生活艺术家；"美德"才是其真正可供后来者追慕并反思的价值源泉。无视这一点，盲目地陷入专业领域分工的理性牢笼，就会极大地抹杀"诗人"高贵而不可复制的独特人格，背离文学与生活相统一的"有机"本性，把文学

---

① 〔美〕艾米莉·狄金森：《狄金森诗选》，蒲隆译，上海译文出版社，2010，第53页。

创作与诗学研究活动异化成机械的、缺少生活气息和人文情怀的简单劳动，粗暴地剥夺作家、艺术家和学者的灵性与生命特性，与"以人为本"的诗学理想渐行渐远。

（作者单位：同济大学人文学院中文系）

再思"气韵"与六朝画论中的形似问题

周奕希

近日重读徐复观先生《中国艺术精神》中对"气韵"的专章研究，尤其是第十二节"气韵与形似问题"，发现二者的关系值得深入反思。徐先生纵观"气韵"范畴发展的历史，认为其与"形似"是"由形似的超越，又复归于能表现出作为对象本质的形似的关系"①，并由此归纳出"超形得神""神以涵形"这一核心规律。这种观点基于对古代绘画艺术最高范畴的梳整，是对整个中国画论发展史有关形神问题的涵射。然进一步思考，这是否涵盖了六朝——这个画论发展的草创期——画论中"气韵"与"形似"关系的全部内容，换句话说，六朝作为"气韵"范畴的萌生期，是否与唐五代之后，特别是宋元以来对"气韵"和形神问题的认知与探讨保持一致？罗樾先生在《中国绘画的一些基本问题》中曾提议，梳理中国绘画史的源流，应将汉代到南宋末年的绘画史看成"中国绘画的再现性阶段，展示了从孤立的物体向纯粹空间的视觉形象的进步"，而从元代开始，"山水画内容或内在涵义突变……图绘性艺术从此成为一种心智的、超越再现的艺术"。② 绘画艺术在不同时期对形似问题的理解和关注是不同的，研究的思路和重点可以适当调整，即从"气韵"出发，解读六朝时期形似问题的特殊性。

高居翰先生《图说中国绘画史》中的译者序，讲到中国人自己研究画论的惯性，往往是"从绘画中寻找人生价值、人伦关系"③，这是中国画论研究

---

① 徐复观：《中国艺术精神》，春风文艺出版社，1987，第170页。
② 转引自刘墨《中国画论与中国美学》，人民美术出版社，2003，第179页。
③ 高居翰：《图说中国绘画史》，李渝译，生活·读书·新知三联书店，2014，第11页。

最重要的视角，却也容易忽略艺术本身的视觉特征。其实，解释绘画需要一套语汇，一套能剖析现象、抓捕真形的视觉语汇，这也是视觉艺术的独特表现方式。在中国绘画艺术发展的初期，这种描绘"如何造型"的视觉语言体系应该是受到了重视的。《韩非子·外储说左上》"画犬马难于鬼魅"一说①，强调的就是绘画作为视觉活动的写实性特征。六朝是中国绘画发展的起步阶段，也是敏感阶段，有很多问题尚处于探索阶段，既有对当时哲学、人伦、历史领域先进思想的吸纳和呼应，也有遵循视觉艺术造型的考虑和执守。

"气""韵"组合成词，并渐渐演变成中国古代画论成熟而至高的审美范畴，自谢赫《古画品录》始。他提出绘画六法，对后世影响巨大。从"气韵"出发，探讨当时提出这一范畴的诸种原由，通过宇宙元气论与"气韵"的关系再辩、"传神"与"气韵"的比较探寻、"气韵"的小学考辨与形神观念的再认识三个方面整理六朝画论中重视形似问题的主要依据。

一 宇宙元气论与"气韵"的关系再辩

"气韵"的产生与中国哲学思想有着必然联系，同时也与艺术发展的特征和规律紧密相关。学人在探讨该范畴时，会联系到六朝哲学思想，尤其是玄学本末有无观。"气韵"是自然之道的体现，是表现主体气度、精神、性情的方式。玄学显然影响着六朝画论的精神诉求，绘画艺术在吸取玄学思想时，确实强调了道、神、心对器、形、物的形上意义。然而，除了玄学的影响，徐复观先生的《中国艺术精神》②，李泽厚、刘纲纪先生的《中国美学史》③，以及叶朗先生的《中国美学史大纲》④，又都提到从元气入手，把握气韵的

---

① 原文记载："客有为齐王画者，齐王问曰：'画孰最难者？'曰：'犬马最难。''孰最易？'曰：'鬼魅最易。夫犬马，人所知也。旦暮罄于前，不可类之，故难。鬼魅无形者，不罄于前，故易之也。'"节选自《韩非子·外储说左上》，山西古籍出版社，2001，第109页。

② 如"因为两汉盛行的阴阳五行说，及宋儒的理气论的影响，许多人一提到气，便联想到从宇宙到人生的形而上的一套观念"。引自徐复观《中国艺术精神》，春风文艺出版社，1987，第139页。

③ 如"东晋而后，玄学影响渐弱，汉人元气论又被注意，在美学上气的问题随之占有重要地位"。引自李泽厚、刘纲纪《中国美学史》（魏晋南北朝编卷下），安徽文艺出版社，1999，第785页。

④ 如"'气韵'的'气'，按照上面说的元气论的美学，应该理解为画面的元气。这种画面的元气来自宇宙的元气和艺术家本身的元气，是宇宙元气和艺术家元气化合的产物"。引自叶朗《中国美学史大纲》，上海人民出版社，1985，第220页。

内涵。这应该可以作为思考六朝画论中形似问题的另一哲学依据。

魏晋玄学不讲阴阳二气的组织及宇宙生成演化过程,而是讨论本末有无问题。透过万千现象,追问存在的本体根源,这种思维方式对六朝画论"以形写神""传神写照""含道应物"等观念影响很深。相对而言,宇宙元气论并不那么受重视,它对"气韵"说的影响未充分展开。张锡坤先生曾明确指出宇宙元气论是"气韵"说的哲学基础,同时否认玄学的影响,认为强调玄学的影响是"寻求理论依据上判断的失误"①。他认为齐梁时期玄学式微、儒学复兴,汉代元气论出现回暖,玄学的影响力只是"思想余波的惯性延伸"②。以元气论解释"气韵"的哲学背景,是富有意义的思路,但这并不与玄学思想相冲突,也没有绝对意义上的主次轻重关系,二者是理解六朝形神关系时的不同视角。

中国绘画的起源记载不详,一般认为肇始于"虞舜时期有巢氏创木器、图轮圆,伏羲氏观星象鸟兽之迹而画八卦"③。肇始期哲学思想的面貌,应与艺术起源的基本特征有一定的关联。宇宙元气论对天地万物生成演化的解释,包含着对"宇宙—人—文"生成演化内容,有着由阴阳二气组成宇宙间架,到生成人的生命形质,再到赋形文艺的衍生过程。

天地万物的往复构成正是宇宙元气论的核心内涵,而它又以"气"充塞天地间与赋形万物人事为基本特征。《淮南子·天文训》:"元气有涯垠,清阳者薄靡而为天,重浊者凝滞而为地。"④元气在空间中有边际,能筹画出阴阳天地间流动的空间结构。《淮南子·精神训》里讲到宇宙与万物的关系:"古未有天地之时,惟像无形……乃别为阴阳,离为八级。刚柔相成,万物乃形。"⑤天地间阴阳演运,由无形转为有形,经伏羲氏取诸物象,作以八卦,模拟宇宙间事物,确定宇宙间事物变化流动的规则,构建"以八卦配入四时四方等之宇宙间架"⑥,这就是宇宙万物生成的结构图式。万物与人事在这天地间的结构图式里,如"蚤虱之在衣裳之内,蝼蚁之在穴隙之中"⑦,只能随着衣裳穴隙之间的气而变动,在其中运化往复,流动成形。

---

① 张锡坤:《"气韵"范畴考辨》,《中国社会科学》2000年第2期,第158页。
② 张锡坤:《"气韵"范畴考辨》,《中国社会科学》2000年第2期,第162页。
③ 沈子丞:《历代论画名著汇编》,文物出版社,1982,第1页。
④ 刘安撰,高诱注《淮南鸿烈解》卷三。
⑤ 刘安撰,高诱注《淮南鸿烈解》卷七。
⑥ 冯友兰:《中国哲学史》(下册),华东师范大学出版社,2000,第44页。
⑦ 王充:《论衡》卷十五。

王充《论衡·论死篇》曰："人之所以生者，精气也……竭而精气灭，灭而形体朽，朽而成灰土，何用为鬼？"① 此篇虽是辩驳鬼神有无的文章，但客观上诠释了生死间气聚形生、气灭形朽的生命演化过程。《周易·系辞上》也提到"精气为物，游魂为变"②，元气是万物与人事生成演变之起源与根本，运筹着无形至有形的赋形规则，表现着"宇宙禀气而生人，人乘气而生文（艺）"的运行规律。因而，艺术世界里由宇宙之气转化为艺术之气的审美范畴相继涌出，也就是自然而然的事情。

魏刘邵《人物志》借助汉代元气说提出一系列品评人物的理论。他认为，自然元气与阴阳五行是人之形质的根本因素，五行与人体的骨、筋、气、肌、血相对应，并由此生发出人的仪容、气色、个性、才智、品德及各种精神内涵。这种政治上的人物品藻经《世说新语》逐渐转变为才情风度的审美品评，像"阮浑长成，风气韵度似父"（《世说新语·任诞》）之类的人伦鉴识中对自身形相之美的品藻，就开始延伸到文学、绘画艺术领域，传达着艺术之气的生命能量。魏曹丕的"文气"有清浊之分，文学家不同的气质与个性，与音乐的律度、节奏同应，成为文学创作的内在生命力。梁刘勰《文心雕龙·原道》称"人文之元，肇自太极"③，"太极"接近于汉代元气论中"太一"的观念，蕴含着天文形生人文的基本思想。梁锺嵘用"气"说明诗的产生，"气之动物，物之感人"④，气的运动变化与人心摇荡相感应，诗的形式应运而生。东晋末年的宗炳与王微致力于山水画，认为人物画及画论孕育的"气韵"说，在山水画论中已有端倪。宗炳《画山水序》⑤ 提到山水画家"澄怀味像"，"澄怀"除了澄澈超神的审美心怀，还有"凝气怡身""闲居理气"的心灵空间，这与人物品藻中血气与修性的观念一致。王微《叙画》⑥ 进一步提出气与韵的生动之意，"以一管之笔，拟太虚之体"，山水画模拟宇宙生成的法则，表现山水之融灵，也以"横变纵化，故动生焉"表明山水画禀气赋形的运动感，其造型构图类似于

---

① 王充：《论衡》卷二十。
② 黄寿祺、张善文：《周易译注》（修订本），上海古籍出版社，2001，第535页。
③ 周振甫：《文心雕龙今译》，中华书局，1986，第11页。
④ 锺嵘：《诗品》，陈延杰注，人民文学出版社，1961，第1页。
⑤ 潘运告主编，米田水译注《中国书画论丛书·汉魏六朝书画论》，湖南美术出版社，2000，第288页。
⑥ 潘运告主编，米田水译注《中国书画论丛书·汉魏六朝书画论》，湖南美术出版社，2000，第294页。

韵生律动的节奏感。① 梁谢赫《古画品录》② 首次将"气""韵"二字合为一义,"气"的生命能量与"韵"的音律结构相契合,其被置于绘画六法的首位,与"骨法用笔""应物象形""随类赋彩""经营位置""传模移写"合为六朝绘画的创作法度与品第标准。

宇宙元气论不仅体现了气运生成万物的经路,而且展示着人文艺术在宇宙空间里被赋形的特征、与宇宙之间架同构的特征,及其随气的流动而不断回环往复的特征。由哲学转入艺术,"气韵"成为六朝时期最能表达"宇宙—人—文"一气融贯的审美范畴。

二 "传神"与"气韵"的比较探寻

要说清宇宙元气论与"气韵"中的形似因素的关系,还需要将"传神"与"气韵"这两个核心范畴进行一番比较。不少学者探讨过二者密切的关系。③ 应该注意的是,不同时期,学者对元气论的理解有差异,对元气论与"气韵"这两个范畴关系的认知也会有微妙的变化。

先秦到魏晋的文献中,"神"的内涵主要指万物运动变化的规律和内在生命力的根源。《淮南子·原道训》云:"故以神为主者,形从而利;以形为制者,神从而害。"④《易》曰:"阴阳不测之谓神。"⑤ 神作为天地变化的规律,保持着最高的本体地位。而汉代宇宙元气论将"气"视为万物生存

---

① 阮璞:《中国画史论辨》,陕西人民美术出版社,1993,第33页。
② 潘运告主编,米田水译注《中国书画论丛书·汉魏六朝书画论》,湖南美术出版社,2000,第301页。
③ 元代杨维桢在《图绘宝鉴序》中说:"传神者,气韵生动是也。"叶朗先生认为,理解这句话,不是一味地将两个概念等同起来,而是在承认二者联系的基础上,强调"气"的含义对"传神"的超越,"气"是对宇宙万物与艺术的本体概括。徐复观先生在《中国艺术精神》第三章第四节、第五节中讲到谢赫的"气韵生动"是顾恺之"传神"说的更明确的叙述,是"神"的观念的具体化、精密化,而六朝时期人伦鉴识中的所谓精神、风神、神气等都是"传神"与"气韵"观念的源泉和根据。李泽厚、刘纲纪在《中国美学史》(魏晋南北朝编)中比较了二者的异同,二者都要求表现人物的内在精神,但在形神关系上的认识不同;都源于魏晋的人物品藻,但"气韵"又与梁代宫廷绘画的要求结合。其他相关论文有如窦薇的《中国古代绘画中的"形神"观与"气韵"论比较研究》(《学术探索》2015年第1期)、李修建的《从"传神写照"到"气韵生动"——六朝审美意识变迁》(《中国社会科学报》2014年6月4日第B3版)、宋义霞的《论六朝艺术形神论与气韵论之文艺观——兼评庄子思想与中国古代艺术之革新》(《求索》2012年第10期)等。
④ 刘安撰,高诱注《淮南鸿烈解》卷一。
⑤ 黄寿祺、张善文:《周易译注》(修订本),上海古籍出版社,2001,第538页。

演化的根源，具有本体地位，同时又赋形万物，与"神"这个概念一样具有与生命有关的意义。顾恺之在人物画领域提出"以形写神""传神写照"的观念，与宗炳、王微在山水画领域提出的"万趣融其神思""以神明降之"，都是"传神"一词的主要内容。谢赫提出"气韵，生动是也"，与"传神"一说关系很紧密。在汉代元气论的哲学背景之下，这两个词确实都具有形上品质，但也因为元气论中宇宙结构图式及其对万物人事的赋形性质等哲学依据，而具有重视形似的显著倾向。徐复观先生提到的"'气韵生动'四字，正是'神'的观念的具体化、精密化"①，不仅强调的是"气韵"在形神观念中的特殊地位，更说明其在形似问题上的强化。顾恺之的"以形写神"和宗、王的"以形媚道""本乎形者融灵"，都不否定写形，谢赫的"气韵"是在这些基础之上的提炼，指导绘画领域如何做到更精密的写形与更生动的传神，这时候并没有谁有意重神轻形。相反地，在谢赫绘画六法中更多的要法是属于应物赋形的方法与原则，六法兼善是绘画创作与品评的最高标准。

顾恺之的《魏晋胜流画赞》中提及："以形写神而空其实对，荃生之用乖，传神之趋失矣。空其实对则大失，对而不正则小失……一像之明昧，不若悟对之通神也。"②只有"悟对"，始终不放弃"对"之物象，才能传神。"空其实对"是摒弃客观物象以抒发胸中逸气，最终导致失神。宗炳《画山水序》主张"以形媚道"，意思是山水传神需要借助"以形写形""以色貌色"，应物象形的写实与应心畅神的观道相互生成，而"昆、阆之形，可围于方寸之间"的制图之法又集中体现着宗炳对山水画的写实要求。六朝山水画论中的"传神"一词有观道体道的形上追求，亦有状物制图的造型特征——独立的形似要求。谢赫《古画品录》将二十七人分成六品，"六法尽该"为第一品的原则，"各善一节"是第二、第三、第四、第五品的标准，"六法迄无适善"则列为第六品。谢赫认为陆探微和卫协"备该六法"，居于最高位。"气韵"作为六法之首，与其他六法合而为一，才是品第的最高标准。也就是说，只能实现某一要法，并非最高水平的画家，即使做到"气韵生动"，也不能被评为第一品。如毛惠远"力遒韵雅，超迈绝伦"，其画风力劲健，韵律雅致，但是被列为第三品，原因是"定质块然，

---

① 徐复观：《中国艺术精神》，春风文艺出版社，1987，第138页。
② 潘运告主编，米田水译注《中国书画论丛书·汉魏六朝书画论》，湖南美术出版社，2000，第267页。

未尽其善""神鬼及马，泥滞于体，颇有拙也"，画迹定型时不甚熟练，面对特别题材拘泥技拙，在绘画造型上的缺憾成为其品第不高的重要理由。即使是处于第一品的卫协，也被谢赫指出造型上有"不该备形妙"的缺憾。

由此可知，六法成为六朝时期绘画品第的最高法度与标准。然而到了北宋以后，"气韵"一词因文人画领域的出现，被赋予更多的主体生命体验与精神内涵，远离了谢赫"气韵"与六法兼备的关系，逐渐成为唯一的最高绘画准则。北宋郭若虚对谢赫的绘画六法有一解释，"骨法用笔以下，五法可学，而能如其气韵，必在生知"①。其他五法皆可学而得之，"气韵"则与天赋秉性有关，独拔于六法之上，实与谢赫的本意相去甚远。这与宋明理学的理气说有着千丝万缕的联系。理气说刷新了汉以来元气说的根本问题，将"气"与"欲"相连，既使"气"拥有了更复杂的品质，又导致了形似与传神的对峙②，慢慢酝酿出宋以后"不求形似"③抑或"不似之似"④的形神观念。

宋程颐提出的"理"有别于"气"的概念，是抽象的、远离具体的事物而有独立性质的概念，冯友兰先生解释"气为志而理为式"，"质在时空之内，为具体的事物之原质"，"式则不在时空之内，无变化而永存"⑤。"理"与"气"有形上与形下之分，与汉代的"元气"大为不同。朱熹云，"有此理后，方有此气。既有此气，然后此理有安顿处"⑥，"理"与"气"

---

① 潘运告主编，米田水译注《中国书画论丛书·汉魏六朝书画论》，湖南美术出版社，2000，第31页。
② 代娜：《从"气韵生动"到"气韵非师"——论画学"气韵"概念心学本质的获取》，《湖北美术学院学报》2015年第1期。
③ 北宋苏轼与晁以道有关诗画关系的不同说法引发后人对绘画中形似问题的长期争议，东坡《书鄢陵王主簿所画折枝》曰："论画以形似，见与儿童邻。作诗必此诗，定知非诗人。诗画本一律，天工与清新。"晁以道（《和书鄢陵王主簿所画折枝》）云："画写物外形，要物形不改。诗传画外意，贵有画中态。"南宋葛立方、金王若虚、元汤垕、明胡应麟等人为东坡作注，强调妙在形似之外的气韵、神采；明杨慎、李贽、董其昌，清方薰等人认为晁以道的说法补充东坡语，突出了绘画自身的特点。然而五代以来文人画兴起，在摹写外物与抒发心灵这两个选项里，选择开始倾向后者，更有形似问题走向极致的情况。如元倪瓒在《论画》中说："仆之所谓画者，不过逸笔草草，不求形似，聊以自娱耳。"（引自沈子丞《历代论画名著类编》，文物出版社，1982，第205页）
④ 托名明代王绂《书画传习录》云："东坡此诗，盖言学者不当刻舟求剑，胶柱鼓瑟也。然必神游象外，方能意到圜中。今人或寥寥数笔，自矜高简，或重床叠层，一味颠顸，动曰不求形似，岂知古人所云不求形似者，不似之似也。彼烦简失宜者可与同年语哉！"这里指艺术作品不刻意摹写，而是超越外在的形似，追求更深程度的相似。（引自成复旺《中国美学范畴辞典》，中国人民大学出版社，1995，第124页）
⑤ 冯友兰：《中国哲学史》（下册），华东师范大学出版社，2000，第242页。
⑥ 冯友兰：《中国哲学史》（下册），华东师范大学出版社，2000，第257页。

在逻辑上有先后次序，分居不同的世界，但在事实上"理"不能离开"气"，其就在具体的事物之中。从宇宙观而言，"理"是根本，但涉及人物之性、道德及修养的养成，"理"又落实到具体的人事，禀"理"得性，禀"气"得形，"气"在赋形的同时引发私"欲"，与"欲"位置相应。前面提到的郭若虚有云，"人品既已高矣，气韵不得不高，气韵既已高矣，生动不得不至"[①]，"气韵"与人品相关，可以说这里与六朝时期"气韵"的人伦鉴识内涵遥相呼应，但因从哲学层面上强化其与人的格物修养之关系，将其定格在与"欲"相应的具体世界，"气韵"一词便有了更复杂的意思：既是形上世界的对立面，又是形上世界的安放之所；既是形下具体世界的构成，又是具体世界的始源。它有其高格，与"传神"合一，与一般的写形世界不同；又有禀气赋形的形下品格，不能否认写形。因此宋元以来，在形神关系上，既不能一味追求形似，又不能完全否认形似，在"离形得似"与"不求形似"之中，包含的是"不似之似"的涵形乃至超形。在形神问题上，北宋以后对形似的理解，有了涵容、超越，甚至排斥的多重意思，让"气韵"一词更具精神性内涵，又在应物象形的造型性方面渐渐远离六朝的形似观念。

"气韵"肇始于六朝时期，除了定位该时代的玄学风尚，还需注意元气创生与其的共存关系。六朝与北宋对"气"的不同理解，导致气韵与传神微妙关系的存在，前者指向道器合一、形神并重、心物同构，"气韵"与"传神"包孕着对写实造型的重视；后者强调神对形的涵容与超越，"气韵"较之"传神"在精神性内涵上更胜一筹。

三 "气韵"的小学考辨与形神观念的再认识

探讨六朝画论中的"气韵"范畴，除了挖掘其哲学依据以外，更重要的是分别对"气"和"韵"进行必要的小学考辨。分开考据是考据六朝时期"气韵"新词的最好方式，当然最终成词，是考据的终点，也是下一阶段的开始，它会提供六朝艺术观念在形式诉求上的词源依据。

"气"字写作𣱛，元代杨桓《字书·六书统卷二十》（文渊阁四库本）解释为"去未切。侌昜气也。借人声为气匃字"，"侌昜"，后写为"阴

[①] 潘运告主编，米田水译注《中国书画论丛书·汉魏六朝书画论》，湖南美术出版社，2000，第31页。

阳"，阴阳二"气"化育天地万物。《康熙字典》记载，在《说文》中释为"云气也。象形"，又可解释为"息也。或作氣、炁。又与人物也。今作乞"。①"气"字的初义应该是"云气"，但后来出现了些复杂的情况。一是经汉代文字的隶定，"氣"被假借作"气"之后，"气"字就不常用了；二是"气"字与人有关，指人的喘息、气息。循着这两点思路，可以追溯该字丰富的本源意义，并挖掘该字作为哲学范畴的证据。

"气"字被"氣"替代，那"氣"字的本义应该纳入考虑范围。《汉语大字典》（第 1 版）归纳了"氣"字的意义及其与"气"字的关系："《说文》：氣，馈客刍米也。从米，乞声……王鸣盛《蛾术编》：案：'气'字隶变，以'氣'代'气'。"② 上古时期这个字与祭祀行为相关，针对不同的粮食作物，人们采用餴法烹饪，升腾的热气香味可以告慰天灵，贯通天地神人，这是商周时代独特的宗教观念。郭店战国楚简中"氣"字的用法出现变化，如《太一生水》中"上，氣也，而谓之天"（第十简），《唐虞之道》中"肤肌血氣之情"（第十一简），《语丛》中"察天道以化民氣"（第六十八简）等③，"氣"已由原先祭祀中的香气，抽象化为天地本质与人的性情，从自然的山川云气化为自然生成的本源因素，从祭祀品的原料材质变为人的身体特征和性情特征。它已经成为一种天人相感的媒介，提供着万物人事生成的质料和演化发展的空间结构。

"气"字还有一义，不怎么受到关注，即"息也"。《康熙字典》里记录了"息"字的多种含义，但与"气"字最接近的还是其本义："喘也"，"一呼一吸为一息"。从字的生成角度而言，该字不仅指充溢于自然天地间的物质，更指充盈于人的身体内部的物质。《康熙字典》里的一个词条，解释"息"字为"从心从自，自亦声。[徐锴曰]自，鼻也。气息从鼻出。会意"④，即从人的身体器官呼出的气息，将这个字的内涵与人的身体特征有机联系。可见，"气"会成为审美范畴，呈现出精神化、人格化的特征，有非常重要的字源依据。

"韵"实为韻，该字出现较晚，宋徐铉校定的《说文》新附此字，"和

---

① 《康熙字典》（增订版），辰集下·气部，第 761 页。
② 《汉语大字典》（第 1 版）气部·氣。
③ 转引自黄鸿春《先秦文献中的"氣"字考》，《史学史研究》2011 年第 4 期。
④ 《康熙字典》（同文书局本），卯集上·心部，第 400 页。

也。从音员声。裴光远云：古与'均'同。未知其审。王问切"①。基于此，大多学人解读"韵"字，会将其与"均"的意思联系起来。"韵"字含有和谐之音的意思，它与乐律、节奏有关，"均"字本义就是"规伦切，音钧。平也"，又专指"乐器"。《后汉书·律历志》里记载："冬夏至，陈八音，听五均。""均"字注为："长七尺，系以丝，以节乐音。"② 这都体现出"韵"字的核心意指。

西晋成公绥的《啸赋》云，"音均不恒，曲无定制"，是对音韵与曲制流动性的概括。不仅如此，文中还讲到音乐的形成方式，如"声不假器，用不借物。近取诸身，役心御气。动唇有曲，发口成音"③，音乐的节奏、画面需要通过对外在世界的触发，再借助身体器官制造，即所谓"因形创声，随事造曲"，外在世界形成声音和曲调的基本内容和组织结构，且充满流动性。他的另一篇《天地赋》赞颂元气生成天地人文之美，"三才殊性，五行异位……授之以形，禀之以气，色表文采，声有音律"④，天地人之三才与金木水土火之五行，运化流行间禀气授形，终得文采音律之美。再看战国时期《鹖冠子》中一段："有一而有气，有气而有意，有意而有图，有图而有名，有名而有形，有形而有事，有事而有约……阴阳不同气，然其为和同也；酸咸甘苦之味相反，然其为善均也；五色不同采，然其为好，齐也；五声不同均，然其可喜，一也。"⑤ 五声组合的节奏和韵律源于元气，有完整的生成过程，而且不同物质构成的形式虽诉诸不同感官却趋于同一。

由上可知，韵的形成不单有形上的本体依据，更有不同艺术媒介相似构成的现实依据，它因艺术媒介的沟通性而不拘泥于音律形式，所以从本义逐渐引申，用于人物品藻，诗歌、绘画品评。如气流脱略于形骸，姿貌绰约遒迈；如气流冲过唇舌，声律飘扬起伏；如气流溢于笔端，线条旋转飞动。其节奏变化无不合于阴阳变化之道，又有类似音乐性的结构性状和韵律动态。金元省吾说得恰到好处："谢赫之韵，皆是音响的意味……画面的感觉……恰似从自己胸中响出的一样，是由内感所感到音响似的。"⑥ 这种内感的音响

---

① 《康熙字典》（同文书局本），戌集中·音部，第1397页。
② 《康熙字典》（同文书局本），丑集中·土部，第224页。
③ 萧统编，李善注《文选》，岳麓书社，1995，第680~686页。
④ 房玄龄：《晋书》第92卷，中华书局，2003，第2371页。
⑤ 陆佃注《鹖冠子》卷上，环流第五。
⑥ 徐复观：《中国艺术精神》，春风文艺出版社，1987，第145页。

"是由诗而来的影响。当时正是诗重视音韵的时代",音乐、绘画、诗歌在"韵"的音响结构中同构呼应,开启了早期中国艺术的整体风貌,"气韵"由哲学进入文艺审美,成为不同艺术媒介的共同范畴。

　　在本文中,我们将"气韵"分解而考,发现两个独立字形成的并列结构关系,更能解释六朝时期形成这个范畴的初衷。这里不是指建立阳刚与阴柔、笔与墨这样的对应性关系[①],而是在时代哲学与艺术发展的背景下,将哲学本体之义与艺术形式之义并置,将道器、神形、心物并重的并列结构关系。"气韵"不偏倚"气",不为确立范畴的精神性本体而牺牲艺术形式的写实特征,艺术的"韵"是为刻画艺术的形象、组织艺术的结构、表现艺术的语词而存在的,和谐、平稳和流动是艺术写实呈现的基本特征;"气韵"不偏倚"韵",不为保持艺术的形式特质而放弃对形上世界结构与规律的探索,艺术的"气"是艺术形式之所以存在的根本性依据,充塞于广袤宇宙天地间的物质,以它的材质和结构赋予万物形式,其中当然有艺术和人这些对象,因为"气",他们的性情、品格、气质、修养等精神性内涵正好与其外在形式深深吻合。

　　魏晋六朝是中国哲学发展的重要时期,也是绘画艺术发展的起步时期,哲学领域里的汉代元气论,促使了宇宙之气向艺术之气的转化,在人物品藻、文艺形式里的审美范畴中绘制出"宇宙—人—文"流动而同一的本体结构与赋形特征。正因如此,产生于同一时代的"传神"说可以从另一个侧面证明"气韵"并非是强调精神本体地位、追求忘形遗形境地的审美范畴,而是呈现着这个时期状物造型与观道体道的平衡关系,以及趋于彼此独立、并重共存的观念。这种说法在进一步考究"气""韵"二字时得到佐证,不仅证明该范畴内部结构的并列关系,而且还引申出二者与不同艺术媒介在观念上的沟通性。其实,仔细翻阅六朝时期的诗与画理论,如齐梁诗、宗炳的山水画论,顾恺之的人物画论,还有谢赫的宫体画风,都可看出学者对赋彩制形的热衷,巧似细密的追求。在形似问题上的复杂性,值得我们再思考。

(作者单位:湖南省第一师范学院文学与新闻传播学院)

[①] 徐复观先生《中国艺术精神》中"气""韵"二字分别指作品中的阳刚之美和阴柔之美。自用墨的技巧出现后,开始偏向"韵",同时"气"与线条的笔力对应。之后不少学人赞同这一观点。参见《中国艺术精神》,春风文艺出版社,1987,第154~156页。

王履"吾师心，心师目，目师华山"探讨

——兼与姚最、张璪观点比较

李普文

元末明初医学家、画家王履在《重为华山图序》（以下简称《图序》）中，特别重视和强调"形"。在他看来，作为绘画，"应物象形"才是第一和最高的"法"。所以，《图序》虽然一开始说"画虽状形，主乎意"[1]，乍一看，他把"意"放在了"形"的前面，而且之后对历代以来主乎"意"的主流观点也明确地表明了自己的赞同，"意不足，谓之非形可也"，但是，在这段文字的后面，王履所要表达的意思发生了转折。

> 虽然，意在形，舍形何所求意？故得其形者，意溢乎形，失其形者形乎哉！画物欲似物，岂可不识其面？古之人之名世，果得于暗中摸索耶？彼务于转摹者，多以纸素之识是足，而不之外，故愈远愈讹。形尚失之，况意？

虽然"意不足，谓之非形可也"，但是，"意在形，舍形何所求意"？如果说，这后一句一般还能够为部分人所接受，那么，紧跟着的"故得其形者，意溢乎形"，可能有些人就难以认同了。

就前者（"舍形何所求意"）而言，赞成九方皋式相马的人（《列子》：

---

[1] 王履：《重为华山图序》，见俞剑华《中国画论类编》，人民美术出版社，1986，第703～704页。本文引文据《中国古代绘画名作辑珍：明·王履画集〈华山图〉》影印王履墨迹校订，天津人民美术出版社，2000。

秦穆公欲求马，伯乐荐九方皋。穆公见之，使行求马。三月而反报曰："已得之矣，在沙丘。"穆公曰："何马也?"对曰："牝而黄。"使人往取之，牡而骊。穆公不说，召伯乐而谓之曰："败矣！子所使求马者，色物、牝牡尚弗能知，又何马之能知也?"伯乐喟然太息曰："一至于此乎！是乃其所以千万臣而无数者也。若皋之所观，天机也。得其精而忘其粗，在其内而忘其外。见其所见，不见其所不见；视其所视，而遗其所不视。若皋之相者，乃有贵乎马者也。"马至，果天下之马也)①，对于马之牝牡骊黄都可以疏忽遗漏乃至于"颠倒黑白"，就显然不能认可王履了。所谓"意足不求颜色（骊黄）似"②，当然也"意足不求雌雄（牝牡）别"，不顾牝牡骊黄，也即在形的方面有相当的忽略了。按照王履的看法，这无疑对"形"至少是有部分的"舍弃"了，如此，则"意"又且从何而寻呢？王履对此是颇不以为然的。如果王履的理论仅仅止于此，即不赞成"舍形得意"说，那么，应该有相当一部分人会认同王履的。毕竟，那些支持写实，特别是支持高度写实的人，就会是王履的忠实拥趸。

　　但是，王履并未停留于此，他紧接着提出"得其形者，意溢乎形"。王履在这里要表达的意思，当然不是"得意忘形"，恰恰相反——"形得意溢"。王履之前，一直有人强调"形"（或者"象"）的重要性，但是，一般的观点，是把"形"与"意"视为对立的二元，并以"意"为统摄，所以，才有"得意忘形"一说。而"舍形得意"说也是在"得意忘形"说基础上自然延伸发展出来的。这些学说的关键是，"意"始终处于统帅的地位，是灵魂，也是核心。向来的看法是，得"形"者，未必能得"意"；然而，有一些人的看法是，得"意"者，未必需要完全得"形"。所以，才有上面的"得意忘形"与"舍形得意"二说。在《图序》一开头，对于二者的关系，王履似乎也承认"意"的统摄作用，所以，他才说"主乎意"。但是，他在绕了几圈，转了几层意思之后，却悄悄地把命题置换了，其结果，"意"的统摄，明显已经换位成"形"的统摄了！这就是他所谓的"形得意溢"："得其形者，意溢乎形"——"形"得了，"意"也就充溢其中了。相反就是，"形"如未得，就谈不上得"意"。显然，这与过去处于主流地位的大多数人的看法有区别。王履的意思是，"意"充溢于"形"，所以，

---

① 《陈与义集》上册，卷第四，中华书局，1982，第57页。
② 《列子》，景中译注，中华书局，2007，第260页。

"形"既得矣,"意"就是自然而然的事,不假外求了。至于"失其形者,形乎哉",还谈得上"形"吗?!连"形"也谈不上,当然更不用提什么"意"了。"形尚失之,况意"? 行文至此,不难看出,在王履看来,起统帅作用的,并非那不着边际不露痕迹的有点玄虚的"意",而是实实在在的可以捉摸的眼见为实的"形",即"形"统摄着"意"。

那么,接下来的这段话又该怎么理解呢?

既图矣,意犹未满。由是存乎静室,存乎行路,存乎床枕,存乎饮食,存乎玩物,存乎听音,存乎应接之隙,存乎文章之中。一日燕居,闻鼓吹过门,怵然而作曰:"得之矣夫!"遂麾旧而重图之。

"意"未满于图,表明王履此时感觉自己对于华山之意尚未参悟真切透彻,当然对于华山之形一样未能把握得真切精确。也就是说,"意犹未满",说明了两个方面,形未足以达意,意亦未足以溢形,既是华山之意未能尽得,也是华山之形未能尽得。既得华山之意,"遂麾旧而重图之",为什么?因为旧稿"意犹未满",当然形也未能达意,故而需要重新创作,把自己彻悟的华山之"意"融会其间。

王履不是认为"形得意溢"吗,那为什么他又说"既图矣,意犹未满"? 还要经过上述一系列的各种过程,最后才说"得之矣夫",然后重新创作才算大功告成。如果不是"意"未足,不是"意"为统摄,那还有必要"麾旧而重图之"吗?

是的,这一段话的意思似乎是在表明"意"对于"形"的统摄作用。作者转了几圈,好像又转回到开头的意思了。

其实不然,在这段话的后面,紧接着就是:"斯时也,但知法在华山,竟不悟平日之所谓家数者何在。"好一个"斯时也,但知法在华山"!而"法",似乎总是与所谓的"家数""宗"联系在一起。

夫家数因人而立名,即因于人,吾独非人乎?

王履所强调的其实不是所谓的"家数"。"吾独非人乎",似乎王履有心要与那些立名的"家数"一争高低,至少是要显示自己的特立独行、与众不同。从字面意思上看,还颇有点石涛的"我自用我法"的感觉。

但王履不是石涛,从他接下来所说的话中,不难看出他要表达的真正意图。

　　夫宪章乎既往之迹者谓之宗。宗也者,从也。其一于从而止乎?可从,从,从也;可违,违,亦从也。违果为从乎?时当违,理可违,吾斯违矣。吾虽违,理其违哉!时当从,理可从,吾斯从矣。从其在我乎?亦理是从而已焉耳。谓吾有宗欤?不拘拘于专门之固守。谓吾无宗欤?又不远于前人之轨辙。然则余也,其盖处夫宗与不宗之间乎?

"家数","从","违","宗",所有这些不在"我",也不在人,在什么呢?"且夫山之为山也,不一其状",有"常之常焉者也",有"常之变焉者也",还有"变之变焉者",画家不可拘执一端,要在师法自然。以自然之意为意,以自然之形达自然之意;自然之形各异,画家之画法当随自然之形而变;"家数","宗",是有限的,而自然之形无限,"从""违"之际,要在其画能传自然之形达自然之意,又岂能拘于某家,固守某宗。

可见,王履所说之"主乎意","意"者,华山也。"形"是华山之形,"意"在华山,"法在华山"。之所以"既图矣,意犹未乎满",是因为他还没有把握领悟华山之"意",也没有把握参透华山之"形"——这二者,对于王履来说,是一而二,二而一的。"每虚堂神定,嘿以对之,意之来也,自不可以言喻。"注意这个"每"字,在这里,当然是"每每"的意思,也就是说,王履对于华山"形""意"的领悟参透,经由了一系列的多次的参悟,也即渐次尔悟,最后由量变到质变,从一次次的渐悟终于突破而顿悟:"一日燕居,闻鼓吹过门,怵然而作曰:'得之矣夫!'"

"得之矣",是得什么呢?当然是所谓的"意",那么,王履的"意",又是什么呢?其于行路、床枕、饮食、玩物、听音、应接、文章,等等之际,忽忽不忘,念兹在兹的"意",究竟是什么?究竟何在?一言以蔽之,其所谓"意"者,华山之意也;其所谓"形"者,华山之形也;其所谓"法"者,华山之法也。所以,法在华山,形在华山,意在华山。王履在画图中,所要表达的,是华山之形,是华山之法,是华山之意。"得其形者,意溢乎形",既得华山之形,则华山之法,华山之意,俱得之矣。形、法、意,皆源自华山,当然也统一于华山。

王履的意思至此方才真正显明。起统摄作用的,如果不是"形"而是

"意",那么这个"意"是什么?在他看来,这个"意"就是"法在华山"。

> 若夫神秀之极,固非文房之具所能致也。然自是而后,步趋奔逸,渐觉已制,不屑屑瞠若乎后尘。每虚堂神定,默以对之,意之来也,自不可以言喻。

既然"法在华山",那么,"意"之所在,已经可以呼之欲出了,那就是,"意"在华山,所以才有"吾师心,心师目,目师华山"这样的结论。

当代论者多认为,王履的"师造化"论(即"吾师心,心师目,目师华山",以下"师造化"与"目师华山"并用相通),是对张璪"外师造化,中得心源"①思想的发展。果真如此吗?

仔细分析张璪的这个八字真言,不难看出,其表达方式是对举的,一外一内;既然是对举,这一外一内,二者的关系,就是并列的、对等的。也就是说,"造化"与"心源",二者的关系是平等的。为了更明晰地辨别二者,我们不妨在相关的句子前加上主语,这样有助于我们更好地理解二者间的关系。

> 吾外师造化,
> 吾中得心源。

进一步分析句子结构:

> (吾)—外—师—造化,
> (吾)—中—得—心源。

很显然,在张璪的思想中,"造化"与"心源",只有内外之别,二者不存在孰轻孰重的问题,也没有主从、高低之分,二者是同等重要的,不过一个在身外,一个在身内。身外,是自己效法的造化;身内,则是自己灵感的心源。

如果仿拟公式来示意,就更清楚了:

---

① 张彦远:《历代名画记》,俞剑华注释,上海人民美术出版社,1964,第201页。

$$化造（师外）\leftarrow 吾 \rightarrow （内得）心源 \qquad 式1$$

而王履的观点，如果仿拟公式来示意，则是：

$$吾\rightarrow（师）心\rightarrow（师）目\rightarrow（师）华山 \qquad 式2$$

由上面两个仿拟公式示意可见：在张璪那里，造化与心源是并列关系，二者是对等的；在王履这里，造化与心源是承接关系，二者有主从之别。

王履的意思，用今天的话来表述，就是：我听从自己的内心；我的内心，顺从我的眼睛；我的眼睛，遵从华山（可以引申为大自然、造化）。

王履与张璪的观点相去甚远。至少，在对最根本的"心"与"造化"的关系的认知上，张璪认为是对等，而王履认为是主从。在这样一个最基本的观点上，二人如此大相径庭，连继承都谈不上，又怎么能够说，王履的观点是对张璪观点的发展呢？显然，如果说，王履的观点是对张璪观点的发展，也许不如说，王履的观点，是对姚最观点的发展。

至此，可以把姚最的"心师造化"与张璪、王履的观点进行比较。姚最的话可以用仿拟公式示意如下：

$$心\rightarrow（师）造化 \qquad 式3$$

与张璪的观点比较，姚最的"心"与"造化"不是并列的，而是主从关系："心"师从于"造化"。造化为主，心为从。

将王履的观点与姚最的比较可以看出，如果去掉中间的阶段，二者的观点若合符契：

$$\begin{array}{c}吾\rightarrow（师）心\rightarrow（师）目\rightarrow（师）华山\\ [吾\rightarrow（师）]心\rightarrow[（师）目\rightarrow]（师）华山\\ 心\rightarrow（师）华山\end{array} \qquad 式4$$

乍一看，王履的观点，似乎就是姚最观点的具体化；姚最的观点，就好像是王履观点的简化。但果真如此吗？

姚最提出了"心师造化"，但严格意义上，其"心师造化"并非只是针对于艺术而言的。试观其原文，湘东殿下（即梁元帝萧绎）"天挺命世，幼禀生知，学穷性表，心师造化，非复景行所能希涉"。[①] 这完整的一段话，是姚最对于萧绎的一个总的评价，作为一个臣子评价自己的君主（或许是

---

① 姚最：《续画品录》，王伯敏注译《古画品录 续画品录》，人民美术出版社，1959，第9页。

昔日的),当然含有推崇恭维的意思,和"吾皇圣明"差不多。前两句,无非是说萧绎是个天才("天挺命世"),生而知之("幼禀生知");后两句,则是夸赞萧绎的学问渊博("学穷性表"),心智入神(天神,宇宙万物的创造者与主宰)("心师造化");最后一句,则是说,以上这些,是学不来的("非复景行所能希涉")。在这一总的评价之后,姚最才转而谈到萧绎的绘画:"画有六法,真仙为难。王于像人,特尽神妙。心敏手运,不加点治。斯乃听讼部领之隙,文谈众艺之余,时复遇物援毫,造次惊绝。足使荀、卫阁笔,袁、陆韬翰。图制虽寡,声闻于外,非复讨论木讷可得而称焉。"这里,有两点值得注意。第一,如上所说,姚最说萧绎心师造化,并非只是针对他的绘画而言(萧绎的学问、心智当中,自然也包含了其绘事,但绘事只是其学、心之一隅);第二,就姚最的这一段完整的文字而言,与其说这里的"造化"是大自然,毋宁说,它是宇宙人生的法则规律。也就是说,姚最恭维的是,萧绎的心灵智慧已经体认到宇宙人生的法则规律(即心智入神),而不是简简单单地恭维萧绎以大自然为师。毫无疑问,体认到宇宙人生的法则规律,已经包括了以自然为师的意思,但是,前者比后者无疑高了不止一层。打个比方就是,前者已经成佛,而后者还在学佛的路上。单纯说师法大自然,许多人都可以身体力行,怎么能说是"非复景行所能希涉"呢?而体认到宇宙人生的法则规律,没几个人敢夸口说自己做到了,甚至不敢说能做到,所以,这才是"非复景行所能希涉"的。

前面提出,在姚最的"心师造化"中,"造化"与"心",是主从关系。但那仅仅是从文字上看,从表面上看,根据上段的分析,可知姚最的"心师造化"之实质。就姚最这段话而言,"造化"与"心",绝不是一个主从关系所能概括的,甚至在姚最那里,二者的关系能否归结为主从关系,都是一个大大的疑问。因为,姚最所说之"心",已经体认参透了宇宙人生的法则规律,这个"心",显然已经不是一般意义上的"心"。所谓心智入神,这个"心",其实已近乎"神"——宇宙万物的创造者与主宰。姚最的所谓"造化",也更近于"创造化育",而非"大自然"。既然如此,那么,姚最所谓的"心""造化",自非一般所谓的心、自然了。

退一步说,即便姚最"心师造化"中的"造化"是指大自然,那么,他所谓的心师大自然,是通过什么途径,经由哪些过程,运用什么方法?这些问题依然是模糊的、未解的。而途径、过程、方法的不同,不仅可能导致结果的差别,更可见出思想与思维的差异。就此而言,把王履的观点视为姚最观点的具体化或者补充或者发展,把姚最的观点视为王履观点的简明化或者浓缩或者前导,这两种思路即便不是错误的,也显然都是有问题的,至少是缺乏辨别和分析,只看到了字面的"同",却未能见出隐藏的"异",因而流于肤浅和表面。所以,从式2到式3,是不能简单地通过式4的简化去推导出来的。

搞清楚了姚最的"心师造化"的意思,再来看张璪的"外师造化,中得心源"。不难看出,张璪的观点,也不能说是从姚最的观点发展而来的。张璪的"造化",更多的是大自然的意思,而不是宇宙人生的法则规律之意(作为一个画家,张璪没有也不可能狂妄到去体认所谓宇宙人生的法则规律),所以他才说"外师":大自然在我之外,以大自然为师,就只有向外求之。但是,外面的世界林林总总,千变万化,何从把握呢?这就需要以自心去体验、感悟、印证,所谓"中得心源"就是这个意思。内外交感,心物相契,就是"外师造化,中得心源"的核心与关键。实际上,在张璪之前,中国的哲学、美学和艺术领域中,已有一些人表达过和他类似的意思,但就作为造型艺术的绘画而言,张璪的这八个字无疑最为直接精警,故而才成为千载不易之至理名言,并掩盖以至于取代了此前的那些类似表述。

现在回过头来看王履的观点。就"师华山"或"师造化"而言,王履的"华山",与张璪的"造化",可以说是一个意思。只不过,张璪是笼而统之地说"造化"(即大自然),而王履则是把"造化"具体化为"华山",也就是说,王履以"华山"指代"造化"。显然,"华山"可以代替大自然,但是不能代替宇宙人生的法则规律,这是第一个需要注意的。这一点说明,对于"造化"的意义理解,王履与张璪接近,而与姚最有较大差别。

"吾师心,心师目,目师华山",王履的话,看似简单明确,但逐句看下来,其最终的指向却颇有点出人意料。

第一句,"吾师心"。单看这三个字,很容易让人以为他是一个自我中心主义者,或者是表现主义者——我师从自己的内心,听从自己内心的召唤。这不正是一个师心自是、师心自用、师心自任的人吗?

第二句,"心师目"。前文说过,王履的这一段话,是一个承接性的语句。不过,如果参照现代哲学的语义和修辞,"吾师心"和"心师目"之间,则应该是转折关系,而不是承接关系:我听从自己的内心,但是,我的内心顺从我的眼睛。这,不正是转折关系吗?当然,这个转折的关系,是要放在现代哲学和现代艺术的语境中才能确定的，在王履那里，则仍然可以理解为承接关系（因为王履并不清楚现代哲学对于这些问题的看法）。不过，即便是在现代语境中，作为过渡的这一句，也要在前后句的逻辑和语义链中，才能明确其相对于第一句，关系究竟是承接，还是转折。那么，且看第三句。

第三句，"目师华山"。从第一句到第三句，王履所要表达的真实意思，至此豁然醒目。确实，只看前面两句，是看不出多少意味的，这临末的一句，是由三个单句组成的一个复句的收尾，也是这个复句的根本意思之所在，同时，也是《图序》全篇的题旨。王履在此明确宣布：吾之心目，所师者，华山也，大自然也。如果说，在今日看来，从第一句"吾师心"到第二句"心师目"，是转折关系；那么从第二句"心师目"到第三句"目师华山"，则毫无疑问，是承接关系了。这样的结果表明，在王履看来，大自然不仅是"我""心""目"中的直接师法对象，而且是唯一的师法对象，最高的和最终的师法对象，除此之外，别无所师法者。

最后但并非最次要的补充是，王履"目师华山"，"华山"当然可以置换成一般的"造化"或今日通称的"大自然"，但如果就绘画表现的所有客体而言，那么，或许置换为"客观对象"（包括人物在内）更全面些。毕竟，唐代画家韩幹在谢绝拜陈闳为师时说过："臣自有师，陛下内厩之马，皆臣师也。"[1] 韩幹之师马，与王履之师华山，理一也。

（作者单位：浙江理工大学艺术与设计学院）

---

[1] 朱景玄：《唐朝名画录》，温肇桐注，四川美术出版社，1985，第10页。

《诗经·文王》殷士助祭叙述与裸祭*

张 强

"殷士肤敏，裸将于京。厥作裸将，常服黼冔"是《大雅·文王》中的殷士助祭叙述。由于早期释诗者已经指出其中的"裸"与"黼冔"，分别指祭祖时"灌鬯"及殷人助祭之祭服，并且，据文意，他们又推断殷士助祭的缘由，在于"明文王以德不以强"。① 因此，后人解读时，大多直接援引上述论断，并不深究。

确实，就字面看，早期释诗者的解释，已令文意清晰易解。不过，仔细分析起来，他们的解释却又显得十分笼统，留下不少缺憾。比如，对"裸"的具体形态、功能，以及"黼冔"形制的论析含糊不清。解释殷士助祭缘由，也仅仅依据文意推测，并没有纳入当时的社会现实语境考察。而问题尤为突出之处，在于殷士助祭叙述本身既然是对仪式场景的描绘，那么，解释时就应该将其仪式形态整体还原出来，而非闭口不谈。

有鉴于此，亟须在先秦语境中，对殷士助祭叙述重新展开考察。具体思路是：首先，对"裸"与"黼冔"这两个基本主题进行考察，把握各自的仪式意涵；其次，将殷士助祭视为一种特殊现象，重新寻绎其得以存在

---

* 本文原载《扬州大学学报》（人文社科版）2015年第3期，原题为"《大雅·文王》殷士助祭叙述考论——以仪式形态与礼法还原为中心"，此次已做较大改动。

① "裸"，毛亨云："裸，灌鬯也。"郑玄谓："殷之臣壮美而敏，来周助祭。"王肃亦云："殷士自殷以其美德来归周助祭，行灌之礼也。""黼冔"，毛亨云："黼，白与黑也。冔，殷冠也。"孔颖达云："（殷士）服其故服。"关于助祭缘由，郑玄云："其助祭自服殷之服，明文王以德不以强。"孔颖达云："今服其故服，是慕德而来故也。"

的社会历史根源；最后，依据相关礼法记录，从整体上还原出殷士助祭叙述的真实仪式形态。

一 "祼""黼冔"的主题分析

就"祼"而言，周代文献对其解释有两种。

一为天子和诸侯祭祖之"祼"。

《周礼·春官·大宗伯》云："以肆献祼享先王。"① "享"，本字作"亯"。《说文》段注云："荐神作亯，亦作享。"《尔雅·释诂下》曰："享，献也。"② 郝懿行疏曰："古多以亯为享。"可见，"享先王"，就是祭祀先王；"祼"，乃是享先王的一种手段。

《论语·八佾》又载："子曰：'禘自既灌而往者，吾不欲观之矣。'"③ "禘"，《礼记·王制》说："天子诸侯宗庙之祭，春礿、夏禘、秋尝、冬烝。"④《礼记·丧服小记》又云："不王不禘。王者禘其祖之所自出，以其祖配之。"⑤ "禘"，也是一种祭祖仪式类型。《说文·示部》说："祼，灌祭也。""灌"，即是"祼"。这里孔子认为禘礼在祼之后无须再看，同样说明"祼"是天子和诸侯祭祖仪式的一个环节。

二为宴飨宾客之"祼"。

《周礼·春官·典瑞》云："祼圭有瓉，以肆先王，以祼宾客。"贾公彦疏云："此《周礼》祼，皆据祭而言，而于生人饮酒，亦曰祼。故《投壶礼》云：'奉觞赐灌'，是生人饮酒爵行，亦曰灌也。"⑥ 这是说，祼于祭祀祖先之外，亦可用于宾客宴飨。

宴飨用祼的例子，文献记载还有很多。

《周礼·秋官·大行人》云："上公之礼……王礼再祼而酢。……诸侯之礼……王礼壹祼而酢。诸伯……王礼壹祼不酢。"郑玄注引郑众

---

① 孙诒让：《周礼正义》，中华书局，1987，第1330页。
② 《尔雅注疏》，北京大学出版社，1999，第51页。
③ 杨伯峻：《论语译注》，中华书局，1980，第26页。
④ 郑玄注，孔颖达疏《礼记正义》，北京大学出版社，1999，第385页。
⑤ 郑玄注，孔颖达疏《礼记正义》，北京大学出版社，1999，第962页。
⑥ 孙诒让：《周礼正义》，中华书局，1987，第1590~1591页。

云:"祼读为灌。再灌,再饮公也。而酢,报饮王也。"①

《礼记·郊特牲》谓:"诸侯为宾,灌用郁鬯,灌用臭也。"②
《国语·周语上》记虢文公之语:"王乃淳濯飨醴。及期,郁人荐鬯,牺人荐醴,王祼鬯,飨醴乃行。"③

上述祼之种种,皆为王会宾客时举行。而宴飨目的,在于"以饮食之礼,亲宗族兄弟","以飨燕之礼,亲四方之宾客"之类,这与祭祖性质根本不同。因此,宴飨时用祼,自然不会同于祭祖之祼。

不过,若将考察视野再扩大至甲骨文和金文材料,竟然发现,"祼"乃是从商代便早已存在的一种独立祭祖仪式形态。

先来看商代的祼祭。甲骨文中"祼"字作为祭名的用例很多,这说明祼祭乃是商代的一种重要的仪式类型。而就"祼"的使用情况看,它常与其他祭名联用,构成祭祀仪式组合。如:

于祖丁祼㡿柬弜若,即于宗。(《甲骨文合集》27313/3)
丁未卜,其又㞢与父丁祼,一牢。(《合集》32673/4)
庚寅卜,何贞:叀蓺戒祼于妣辛。(《殷契遗珠》3633)
丙辰卜,于宗弘祼杏,兹用。(《合集》30981/3)

以上所引四条卜辞中,"祼"均与其他仪式类型相组合,其中,第一条卜辞中的"㡿",《小屯南地甲骨》指出㡿"在卜辞中为祭名,可能为祝祷或献歌。若㡿相连,可能为献歌舞之祭。"④ 第二条卜辞中的"㞢",王辉指出:"㞢为祭名,是柴的异体字……卜辞又有䚯䚮字,前人多不释。疑䚯为㞢之繁文,䚮则䚯之异构,这两个字也用为祭名,当是柴祭一类。"⑤ "戒",亦是祭名,至于具体指何种祭祀,目前尚不清楚。第四条卜辞中的"弘",于省吾指出"加一斜划于弓背的隆起处,以标志高大"。而就以上卜辞内容看,

---

① 孙诒让:《周礼正义》,中华书局,1987,第2952~2953页。
② 郑玄注,孔颖达疏《礼记正义》,北京大学出版社,1999,第766页。
③ 徐元诰:《国语集解》,中华书局,2002,第18页。
④ 中国社会科学院考古研究所:《小屯南地甲骨》,中华书局,1980,第887页。
⑤ 王辉:《殷人火祭说》,载《古文字研究论文集》,《四川大学学报丛刊》第十辑,1982,第258页。

虽然没有明确指出"祼"作为祭祀仪式的具体性质,但是从可与"祼"相伴的祭祀仪式的祭祀地点有宗庙、祭祀对象为祖先这类信息推测,"祼"与祭祖有关,应该没有问题。

值得注意的是,除了与其他仪式类型构成仪式组合,祼祭还可以独立存在。且看以下甲骨卜辞和商代金文记载。

  乙丑卜,即贞:王宾祼,亡囚。(《英国所藏甲骨集》2130/2)
  自父乙祼若?自祖乙祼若?(《合集》32571/4)
  癸亥卜,贞:王旬亡田犬,在六月,王曰:祼。(《合集》38454/5)

《毓祖丁卣》:"辛亥王才(在)麇,降令曰:归祼于我多高,咎山易(赐)敖,用乍(作)毓且(祖)丁尊。"(《殷周金文集成》10.5396)

以上卜辞和金文中,有三点需要注意。首先,卜辞中的"宾",徐中舒和姚孝遂认为是祭名。对此,李立新详细考察后指出:"宾在祭祀卜辞中用作:(一)配享,如:'贞:咸不宾于帝。贞:咸宾于帝。……'(《合集》1402正/1)(二)降临,如:'贞:岳宾我燎。'(《合集》14422/1)(三)商王亲自进入祭场参加祭祀,如:'戊子卜,贞:翌己丑王宾祼,亡害。'(《合集》15167/1)。(一)(二)的行为主体均为神灵,(三)的行为主体虽为商王,但并不直接作用于祖先神灵,因此,宾在祭祀卜辞中的三种含义均与祭名无涉。可以肯定,宾非祭名。"① 其次,关于"囚",李立新亦指出:"甲骨文'囧'可隶定作'囚',在卜辞中多用为祸咎之义,也用作用牲之法或祭名。"② 而仔细分析上引卜辞中的"亡囚",可以确认,它乃是表祭祀目的的用语,即是说"无祸咎"。最后,毓祖丁卣铭文中的"敖",严志斌指出:"当是釐,是祭祀用过的肉。《史记·屈原贾生列传》:'孝文帝方受釐不相称,坐宣室。'裴骃集解引徐广曰:'祭祀福胙也。'司马贞索隐引应曰:'釐,祭余肉也。'"③ 既然铭文中记载商王于祼之后已明言要将祭祀用过的肉赐予臣下,那么此处之"祼",自然指的是祼祭。

进而,观诸以上商代卜辞和金文,可以确认,上述材料中的"祼"并

---

① 李立新:《甲骨祭名研究》,博士学位论文,中国社会科学院,2003,第43页。
② 李立新:《甲骨祭名研究》,博士学位论文,中国社会科学院,2003,第120页。
③ 严志斌:《彭尊研究》,《中国社会科学院古代文明研究中心通讯》2009年第17期。

没有与其他祭名联用,均是单独作祭名解,这就说明祼乃是一种独立的仪式形态。与此同时,卜辞中祼的对象均是祖先(祖乙、多高),无疑,祼祭本身就是商代祭祀祖先的一种基本仪式类型。

再来看周代金文中的"祼"。周代金文中"祼"凡16见。可罗列如下。

《不栺方鼎》:"隹(唯)八月既朢(望)戊辰,王才(在)上侯应,祾(被)鄦(祼),不栺昜(赐)貝十朋。不栺拜頴首,敢揚王休,用乍(作)寶䵼彝。"(《集成》5.2735/5.2736)

《庚嬴鼎》:"丁巳,王蔑庚嬴厤(曆),易(錫)覃(祼),鞄(賞)貝十朋,對王休,用乍(作)寶貞(鼎)。"(《集成》5.2748)

《我方鼎》:"隹(唯)十月又一月丁亥,我乍(作)禦祟且(祖)乙、匕(妣)乙、且(祖)己、匕(妣)癸,征(延)祠祡二女(母),咸,斝遣禊祼二脊,貝五朋,用乍(作)父己寶尊彝。"(《集成》5.2763)

《史兽鼎》:"尹賞史獸䵼(祼),易(赐)豕鼎一、爵一,對揚皇尹不(丕)顯休,用乍(作)父庚永寶尊彝。"(《集成》5.2778)

《鄂侯馭方鼎》:"噩(鄂)侯馭(馭)方內(納)壺于王,乃鄦(祼)之。"(《集成》5.2810)

《小盂鼎》:"王各廟,祝征(延)□邦賓,不(丕)奠(祼),□□用牲酋(禘)周王、武王、成王、□□卜有臧,王奠(祼),奠(祼)述,剆(瓚)王邦賓。"(《集成》5.2839)

《毛公鼎》:"易(賜)女(汝)秬鬯一卣、鄦(祼)圭剆(瓚)寶。"(《集成》5.2841)

《荣簋》:"王休易(賜)氒(厥)臣父荣剆(瓚)王奠(祼)、貝百朋。"(《集成》7.4121)

《何尊》:"隹王初鄦宅于成周,復禀珷(武)王豐祼自天。"(《集成》11.6014)

《万解》:"侃多友,其則此毓㪔(祼),用寧室人。"(《集成》12.6515)

《鲜簋》:"鲜禘(蔑)曆,鄦(祼),王鞄(賞)鄦(祼)玉三品、貝廿朋。"(《集成》15.10166)

《守宫盘》:"王才(在)周,周師光守宫事,鄦(祼)周師不(丕)舓(丕),易(賜)守宫絲束……"(《集成》15.10168)

《荣仲方鼎》:"子加(贺)荣中(仲)虱(祼)章(璋)一、牲大牢。"

《德方鼎》:"祉(延)珷(武)禩(祼)自蒡。"(《集成》5.2661)

《内史亳丰同》:"成王易(赐)内史亳丰禩(祼),弗敢鍨(饔),乍(作)禩(祼)同。"

仔细分析以上所引铭文,可以发现,《庚嬴鼎》、《史獸鼎》、《鄂侯驭方鼎》、《小盂鼎》、《万觯》、《鲜簋》、《守宫盘》和《内史亳丰同》中的"祼"乃是解作宾飨之祼,这实际上验证了周代文献中"祼"可为宴飨所用的论断。而《不栺方鼎》、《何尊》和《德方鼎》中的"祼",皆当作祼祭解。不过,祼祭的对象具体何指,仅从字面尚不能明确。对此,特别需要注意的是《何尊》中"復禀珷(武)王豐,祼自天"的叙述模式,涂白奎参考商代卜辞中同类词语用法之后,详细分辨其语法结构时说:"这个句子的主要成分是'復……自天',译成现代汉语,即'从天室回来'。在这个句式中,'自'作为介词,介入行为动作发生的地点——天(天室)。'復……自天'句中的'禀武王豐祼',则是作为'復……自天'的补语成分,说明王往天室的目的是对武王进行祼祭。整句的意思是,王'从天室对武王进行祼祭后回来'。"① 可见,祼祭的对象乃是作为先王的武王。事实上,《德方鼎》中"祉(延)珷(武)(祼)自郊"的叙述模式与《何尊》"復禀珷(武)王豐祼自天"正如出一辙,细读之后,可以发现,《德方鼎》文意乃是在讲"要将对武王的祼祭由蒡转移至成周。"显然,此处祼祭的对象,也是作为先王的武王。如此看来,周代金文中祼祭用例,不仅与甲骨卜辞一样,可单独使用,而且其祭祀对象,同样也是祖先。

值得注意的是,与金文中单独以祼祭祭祀祖先的情况相类,周代文献中亦存在相似记载。《尚书·洛诰》载:"烝祭岁,文王骍牛一,武王骍牛一……咸格,王入太室祼。王命周公后,作册,逸诰。"从周王在祼祭之后,随即开始册命,其间再无穿插其他祭祖仪式节目来看,这里的祼祭,也是单独用以祭祖的典型范例。由于《尚书·洛诰》所载祼祭的主祭者乃是周成王,这就说明,直到周成王时代,周人依然还保存着以祼祭单独祭祀祖先之习俗。

至此,经过对商代甲骨卜辞以至周代金文中祼祭用法的系统梳理,可

---

① 涂白奎:《说何尊的"復……自天"及相关问题》,《考古与文物》2010年第1期。

以发现，祼祭作为独立的祭祖仪式类型，起源其实很早，殷商时期就已经广泛使用，即便到了周代，尤其是周成王时期，依然还在沿用，并未因王权更替而完全废止。这就从史实角度，证明了孔子"周礼因于殷礼"所言之不虚。与此同时，这种祼祭在周代依然可以独立举行的实情，同样也弥补了通常只是视周代文献中祼为祭祖仪式一个环节这一理解在认识上的缺憾。

既然已经弄清周代之祼事实上存在两种形态，一是作为独立仪式的祭祖之祼祭，二是宴飨之祼，那么，本诗中的"祼"，到底是指哪种仪式形态呢？

就文本叙述看，"殷士肤敏，祼将于京"两句，从周代上承商政而言，可理解为"侯服于周"内容之扩展。"侯服于周"，说的是商人臣服于周，于此可知"殷士"身份，乃是降臣，殷士既为降臣，同时又非周王宗族兄弟，若此，他们在周京"祼"，显然不是参加宴飨的宾客。进而，"祼"之义，当指祭祖之祼祭。与此同时，由于祼祭是在周京举行，又可确定"祼"的规格必然相当高，当为周天子专属。

至于祭祖祼祭的形式，就文献中的记载来看，《礼记·郊特牲》描述三代祭法时云："周人尚臭，灌用鬯臭，郁合鬯，臭阴达于渊泉。灌以圭璋，用玉气也。"[①] 这里所记，指明祼时所用两种物品：一是祼之酒醴，二是祼之器具。其中，郁鬯，是祼之酒醴。《周礼·春官·郁人》云："郁人掌祼器，凡祭祀、宾客之祼事，和郁鬯，以实彝而陈之。"郑玄注云："筑郁金，煮之以和鬯酒。郑司农云：'郁，草名，十叶为贯，百二十贯为筑以煮之镬中，停于祭前。郁为草若兰。'"[②]"郁"，是名为郁金草的香草，"鬯"是鬯酒，亦称"秬鬯"，是由黑黍酿成的一种酒。郁鬯，就是将郁金草捣煮而成的汁水，与秬鬯调和而成的混合酒。圭璋，则是祼之器具。《周礼·春官·典瑞》郑众注曰："于圭头为器，可以挹鬯祼祭，谓之瓒。"[12]《白虎通·考黜》云："瓒者，器名也，所以灌鬯之器也。以圭饰其柄。"原来，所谓圭璋，指的其实是带有圭璋装饰的瓒。其形制，《左传·昭公十七年》杜预注曰："瓒，勺也。"《汉礼》云："瓒盘大五升，口径八寸，下有盘，口径一尺。"

事实上，于文献叙述之外，亦可从甲骨金文及出土器物方面对祼祭的

---

① 郑玄注，孔颖达疏《礼记正义》，北京大学出版社，1999，第817页。
② 孙诒让：《周礼正义》，中华书局，1987，第1490页。

形式进行考察。

"祼"之字形，甲骨文作"䙴""䙴""䙴"数种，对此，贾连敏考释说："祼字所从偏旁为'瓒'之象形，上部为勺头，下部为其柄。"[①] 可见，在字形上，瓒已经是"祼"的偏旁，而从《殷墟花园庄东地甲骨》493 号甲骨卜辞所载"壬辰卜：向癸巳梦丁祼子用瓒，亡至艰"来看，更可直接确认，祼祭的器具正是瓒。

关于瓒的具体形制，1976 年陕西扶风云塘铜器窖藏出土的伯公父勺上有铭文云："伯公父作金瓒。"而收藏于台湾震旦艺术博物馆的两件战国玉瓒，柄部则又恰如璋形。这就证实瓒正是一种柄部形似圭璋的勺状器物。

进而，既然瓒是勺状器物，那么它自然应与挹酒有所关联，事实也是如此。且来看以下几条金文记录。

《毛公鼎》："赐（女）汝秬鬯一卣、祼圭瓒宝。"（《集成》6.2841）

《师询簋》："赐（女）汝秬鬯一卣、圭瓒。"（《集成》8.4342）

《宜侯矢鼎》："赐鬯一卣、商瓒一。"（《集成》8.4320）

从以上金文铭辞中，瓒作为赏赐物常与鬯酒并赐的情形看，这说明二者当是固定的组合，而所赐之瓒中，又正有圭璋之瓒，这正可视为能够验证瓒乃是一种柄部形似圭璋的勺状器物的有力旁证。如果说上引金文中瓒与鬯酒并赐的情形表征了瓒与酒的紧密关系，那么，伯公父勺铭文"伯公父作金瓒，用献用酌，用享用孝于朕皇考"则明确指明，瓒的用途正是挹酒。

与此同时，祼之酒醴是鬱鬯，亦见于金文记载。

《小子生尊》："小子生易（赐）金、鬱鬯，用乍（作）殷寶隮彝。"（《集成》11.6001）

《叔簋》："王姜史（使）叔事于大保（保），赏叔鬱鬯、白金。"（《集成》8.4133）

以上两条铭文，明确记录了王赐臣下物品中有鬱鬯，由此可知鬱鬯作为一种酒醴品类，确实是在周代就已经存在。

由此，不难看出，无论是从文献记载，还是甲骨金文及出土器物方面对祼祭的形式进行考察，均可证实祼祭所用之酒是鬱鬯，所用之器具是瓒，而瓒的用途，当是与挹取郁鬯有关。

---

① 贾连敏：《古文字中的"祼"与"瓒"及相关问题》，《华夏考古》1998 年第 3 期。

至于祼祭的具体方法，郑玄说是"祼之言灌，灌以鬱鬯"。孔颖达也说"用鬱鬯灌地"。而《通典》中的描述，颇为周详："王以珪瓒酌鸡彝之郁鬯以献尸，尸以祼地降神，尸祭之，啐之，奠之。此为祼神之一献也。"

征之金文，亦可确证这是实情。前引记载"祼"之金文中，其字形作"䢍""䢍""䢍""䢍"数种，对此，吴镇烽指出："'䢍、䢍、䢍、䢍'当是'祼'的初文，像单手或双手执酒器浇酒于地以祭祀之形，'䢍、䢍、䢍、䢍、䢍、䢍、䢍、䢍'则是加了祭祀之人的跪拜形旁或示字意符的异体字。"①

如此，祼祭的具体方法，要而言之，就是王或诸侯先将郁鬯挹注于瓒中，然后将之交予尸，再由尸灌注于地。

就"黼冔"而言，主要由两部分组成，一是冔，二是黼。

《礼记·王制》云："夏后氏收而祭，……殷人冔而祭，……周人冕而祭。"

《礼记·郊特牲》合言："周弁，殷冔，夏收。"②

对此，孔子论曰："周弁，殷冔，夏收，一也。"《说文》亦云："党，冕也。周曰党，殷曰吁，夏曰收。"《白虎通·绋冕》谓："《礼》曰：'周冕而祭'，又曰：'殷冔、夏收而祭。'此三代宗庙之冠也。"③孙希旦也说："三代士助祭之冠也。"可见，冔与收、弁一样，皆属于助祭之冠饰。

关于冔之形制，《白虎通疏证》引蔡邕《独断》说："冕冠：周曰爵弁，殷曰冔，夏曰收，皆以三十升漆布为壳，广八寸长尺二寸，加爵冕其上。……殷黑而微白，前大后小。……皆有收以持笄。"④蔡邕所言冔微黑而白、前大后小的特征，与殷墟妇好墓出土，被断定是冔的商代玉人冠饰，正相类似。⑤

"黼"，意义有二。

一指纹饰。《左传·桓公二年》载："火、龙、黼、黻，昭其文也。"⑥《尔雅·释言》云："黼、黻，彰也。"其形式，《说文》云："黼，白与黑

---

① 吴镇烽：《内史亳丰同的初步研究》，《考古与文物》2010年第2期。
② 郑玄注，孔颖达疏《礼记正义》，北京大学出版社，1999，第811页。
③ 陈立：《白虎通疏证》，中华书局，1994，第498页。
④ 陈立：《白虎通疏证》，中华书局，1994，第503页。
⑤ 殷墟妇好墓标号357号浮雕玉人，头戴前低后高的冠，与"冔"颇相似。
⑥ 杜预注，孔颖达等正义《春秋左传正义》，北京大学出版社，2000，第147页。

相次文。"《尔雅·释器》谓："青谓之葱，黑谓之黝，斧谓之黼。"邢昺疏曰："以白黑二色画之为斧形，名黼。"可见，黼，乃是白黑间色的斧形纹饰。

二是衣服上的蔽膝。

《子犯编钟》："王克奠王立（位）；王易（赐）子（犯）輅車、四馬瓚土（牡）、衣常（裳）、黼市（黻），冠。"（《新收》1011）

金文"市"，通"芾"；"芾"，亦通"黻"。《说文》云："市，韠也。上古衣蔽前而已，市以象之……从巾，象连带之形。"《采菽》郑玄笺："芾，大古蔽膝之象也。"①《左传·桓公二年》杜预注："黻，韦韠，以蔽膝也。"可见，"市""芾""黻"三者，均指在腹部前悬垂的蔽膝。

而"黻"与"黼"，字形同属"黹"部。《说文》云："箴缕所紩衣。从㡀，丵省。凡黹之属皆从黹。""黹"，义为缝制衣服。如此，二者皆与衣服相关。声韵上，"黻""黼"属帮纽双声，鱼月韵通转，语音又极近似。《采菽》"玄衮及黼"郑玄笺云："黼，黼黻。"②赵超指出："黻，就是黼黻，又叫作蔽膝。"③子犯编钟铭文黼黻合言，亦复如此。而商代服饰，已使用"蔽膝"。安阳殷商遗址出土商代人物雕像，腹前均垂蔽膝。其中，蔽膝又多为斧形，正说明"黼"与蔽膝存在直接联系。④看来，"黼"，又可指代蔽膝。

就先秦文献看，"黼"作为纹饰或蔽膝，又与祭服相关。

《礼记·祭义》云："古之献茧者，其率用此与？及良日，夫人缫，三盆手，遂布于三宫夫人、世妇之吉者，使缫。遂朱绿之，玄黄之，以为黼黻文章。服既成，君服以祀先王先公。"⑤这是说祭服上绣有黼纹。

《礼记·明堂位》云："有虞氏服韨。"郑玄注："舜始作之，以尊祭服。"⑥这里说直接以蔽膝为祭服。

值得注意的是，以蔽膝和冠饰组成的合成词"黻冕"，指称祭服，已为

---

① 毛亨传，郑玄笺，孔颖达疏《毛诗正义》，北京大学出版社，1999，第899页。
② 毛亨传，郑玄笺，孔颖达疏《毛诗正义》，北京大学出版社，1999，第900页。
③ 赵超：《云想衣裳：中国服饰的考古文物研究》，四川人民出版社，2004，第61页。
④ 如殷墟妇好墓出土编号371的圆雕玉人和编号376的圆雕石人，腹前垂蔽膝。详见《殷墟妇好墓》，文物出版社，1980，第152~153页，图版七九-1，图版八〇-1。现藏哈佛大学福格美术馆的安阳殷墓出土玉人立像，腹悬斧式"蔽膝"。
⑤ 郑玄注，孔颖达疏《礼记正义》，北京大学出版社，1999，第1330页。
⑥ 郑玄注，孔颖达疏《礼记正义》，北京大学出版社，1999，第951页。

周代惯例。而据《论语·泰伯》记载，这种祭服称法，最早可追溯到夏禹时代。事实上，《商书·太甲》已指明商代有冕服存在，《礼记·礼器》郑玄注也提及周人冕服制度类似夏殷之制。① 因此，商代也应当存在冕服制度。而"黼弁"，构词方式及词义内涵，与"黻冕"，正如出一辙。

可见，"黼弁"乃是指殷人助祭时所穿殷代冕服，它由作为冠饰的"弁"和作为蔽膝及纹饰的"黼"组成。

二 殷士助祭之现实依据

翻检史料，可进一步发现殷人助祭行为之出现，与周代礼法及周人政治策略关联极大，主要表现在如下三方面。

首先，殷士助祭乃周礼规定的臣子义务。

《史记·殷本纪》载："周武王遂斩纣头，县之大白旗……封纣子武庚禄父以续殷祀，令修行盘庚之政。殷民大说。于是周武王为天子。其后世贬帝号，号为王。而封殷后为诸侯，属周。周武王崩，武庚与管叔、蔡叔作乱，成王命周公诛之，而立微子于宋，以续殷后焉。"②

这段文字，记录武王克殷后，殷王室后裔降周，被封为诸侯的史实。事实上，殷王室后裔被封为周之诸侯，与殷人参与周人祭祀关联甚深。

《礼记·大传》云："牧之野，武王之大事也。既事而退，柴于上帝，祈于社，设奠于牧室。遂率天下诸侯，执豆笾，逡奔走。追王大王亶父、王季历、文王昌。"③

《国语·鲁语》曰："天子祀上帝，诸侯会之受命焉。"④

西周保卣记："若乙卯，王令（命）保及殷东或（國）五侯……征于四方，迨（會）王大祀，祓（祐）于周。"（《集成》10.5415）

《周礼·天官·司裘》云："王大射，则共虎侯、熊侯、豹侯，设其

---

① 关于"黻冕"，《左传·宣公十六年》："晋侯请于王，戊申，以黻冕命士会将中军，且为大傅。"《论语·泰伯》："禹，吾无间然矣。菲饮食而致孝乎鬼神，恶衣服而致美乎黻冕。"孔安国注云："损其常服，以盛祭服。"至于商代有冕服及其与周代冕服关系，《尚书·商书·太甲》云："伊尹以冕服奉嗣王归于亳。"《礼记·礼器》云："冕，诸侯九旒。"郑注云："似夏、殷制。"
② 《史记》，中华书局，1959，第108～109页。
③ 郑玄注，孔颖达疏《礼记正义》，北京大学出版社，1999，第998页。
④ 徐元诰：《国语集解》，中华书局，2002，第146页。

鹄。"郑玄注云："大射者，为祭祀射。王将有郊庙之事，以射择诸侯及群臣与邦国所贡之士可以与祭者。"①

细读以上材料，不难发现，每逢周天子举行郊天和祭祖活动，四方诸侯都会前来助祭，《礼记》《周礼》对此均有记载，说明这又是当时礼法规定。于是，拥有诸侯身份的殷王室后裔，前来助祭，自在情理之中。

与此同时，殷遗民又大多在周廷为臣。②

《小臣传簋》："隹（唯）五月既望甲子，王在荐京，令师田父殷成周年，师田父令小臣傅非（緋）余（璵），……用乍（作）朕考日甲寶。"（《集成》8.4206）

《员方鼎》："唯征（正）月既望癸酉，王兽于眡（视）斁廪，王令员执犬、休善，用乍（作）父甲鱻彝。鼕。"（《集成》5.2695）

《史墙盘》："青幽高祖，在微霝（灵）處，雩武王既戋殷，斁史剌（烈）且（祖）迺來見武王，武王則令周公舍（捨）國（宇）于周，卑（俾）處甬（容）。"（《集成》16.10175）

此西周三器铭文中，《小臣传簋》记录周王命令大师田父，在成周进行册命一事，册命的对象，是在周廷当小臣的殷人传；《员方鼎》文末署有"鼕"字，此乃殷商宗族名号，其族人员为周王臣，他在一次狩猎活动中负责为周王执犬；《史墙盘》则追述殷商微氏一族自周武王克殷以来，就一直在周廷担任史官。

小臣、史等官员，在祭祀时，又皆属从祀人员。

《周礼·夏官·小臣》："大祭祀、朝觐，沃王盥。"③

《周礼·春官·大史》："大祭祀，与执事卜日，戒及宿之日，与群执事读礼书而协事。祭之日，执书以次位常。"④

《周礼·春官·小史》："大祭祀，读礼法，史以书叙昭穆之俎簋。"[31]⑤

进而，殷人以周臣身份，参与祭祀，亦被许可。

---

① 孙诒让：《周礼正义》，中华书局，1987，第497页。
② 除下引金文外，《左传·定公四年》所记"分鲁公以大路，大旂，夏后氏之璜，封父之繁弱，殷民六族，条氏、徐氏、萧氏、索氏、长勺氏、尾勺氏，使帅其宗氏，辑其分族，将其类丑，以法则周公。用即命于周，是使之职事于鲁，以昭周公之明德。分之土田倍敦、祝宗卜史、备物典策、官司彝器，因商奄之民"亦为明证。
③ 孙诒让：《周礼正义》，中华书局，1987，第2512页。
④ 孙诒让：《周礼正义》，中华书局，1987，第2090~2091页。
⑤ 孙诒让：《周礼正义》，中华书局，1987，第2100页。

事实上，就祼本身而言，前文已经指出，它本来也是殷人祭祖方式之一。而就孔子所论"周因于殷礼"看，周人之祼与殷人之祼，在形式上存在相通性，如此，让殷人参与周人之祼，也未尝不可。

其次，殷士助祭时服着黼冔，实为周礼"不变其俗"原则之彰显。

《礼记·曲礼下》云："君子行礼，不求变俗。祭祀之礼，居丧之服。哭泣之位，皆如其国之故，谨修其法而审行之。"郑玄注云："求犹务也。不务变其故俗，重本也。谓去先祖之国，居他国。""其法，谓其先祖之制度。若夏、殷。"①

《礼记·王制》亦云："凡居民材，必因天地寒暖燥湿。广谷大川异制，民生其间者异俗，刚柔、轻重、迟速异齐。五味异和，器械异制，衣服异宜。修其教，不易其俗。齐其政，不易其宜。"②

"不求变俗"，是周人治民的一个基本策略。其核心，在于尊重各方民众习性，保留其风俗传统，以便于统治者管理。该策略的适用对象，同样也兼容那些因祖国灭亡，只能居于他国的人员，这其中自然包括殷遗民。

观诸现存史料，周人在实际治理殷人时，确实也是"不易其俗"。

《左传·定公四年》载："（成王）分鲁公以大路大旂，夏后氏之璜，封父之繁弱，殷民六族……命以伯禽，而封于少皞之虚……分康叔以大路，少帛，綪茷，旃旌，大吕，殷民七族……命以康诰，而封于殷虚，皆启以商政。"③

《礼记·中庸》记孔子言："吾学殷礼，有宋存焉。"④

于洛阳成周故地被发现，并断定为属于商遗民𢦏族的青铜器中，存在"𢦏父宜"、"𢦏父癸"和"𢦏父辛"一类铭文，这说明，在周地居住的商遗民，被准许延续"旧有的习惯"。因为"称父辛、父癸、父辛和祭祀的方法有关，是殷人的礼俗，周人从来没有仿行过"。⑤

在周人治下，殷遗民袭用殷礼，已为当时礼法和史料证实。他们穿着殷代冕服参加周人祭祖，正是出于对周人礼法的遵守。

最后，殷士助祭，又是周人政治策略上震慑殷人的高效手段。

---

① 郑玄注，孔颖达疏《礼记正义》，北京大学出版社，1999，第108～109页。
② 郑玄注，孔颖达疏《礼记正义》，北京大学出版社，1999，第398页。
③ 杜预注，孔颖达等义《春秋左传正义》，北京大学出版社，2000，第1545～1549页。
④ 郑玄注，孔颖达疏《礼记正义》，北京大学出版社，1999，第1457页。
⑤ 张政烺：《古代中国的十进制氏族组织》，《张政烺文史论集》，中华书局，2004，第299页。

文献资料显示，周人克殷后，曾大力宣扬他们与殷人共祖的观念。

《尚书·召诰》载："皇天上帝，改厥元子，兹大国殷之命，惟王受命，无疆惟休，亦无疆惟恤。呜呼！曷其弗敬？"①

其中"改厥元子"的表述，非常值得注意。"改厥元子"行为，源自"上帝"。照文意，上帝改厥元子，无非是于至上神信仰方面，提供了周能够代商立政的根本缘由。但事实上，这同时也传达出周人与殷人一样，皆为上帝之子的重要信息。也就是说，在同为上帝之子的身份下，周人与殷人，具备神族的共同血缘关系。

无独有偶，周人还通过选定先祖进行祭祀，同时确立他们与殷人的人间共祖关系。

《礼记·祭法》云："有虞氏禘黄帝而郊喾，……夏后氏亦禘黄帝而郊鲧，……殷人禘喾而郊冥，……周人禘喾而郊稷。"②

这里，喾，皆为殷周禘祭的先祖，可见，周人与殷人之间，在同为喾之子孙这一身份下，又获得了人族的共同血缘关系。

然而，历史的真相却是，殷商时期，周不过是异姓方国之一，无论是从政治地位，还是从"民不祀非族"的祭祀原则而言，周人皆不可能享有与殷商王族同等的特权地位，更不用谈共同的血缘关系了。

那么，周人克殷后，不惜更改自身族性特征，虚构与殷人的血缘关系，最终目的，到底何在呢？

史料记载显示，周人克殷后，殷人虽降服，但叛乱事件，仍时有发生。其中规模最大者，是发生于成王时的三监之乱。

《史记·周本纪》载："成王少，周初定天下，周公恐诸侯畔周，公乃摄行政当国。管叔、蔡叔群弟疑周公，与武庚作乱，畔周。周公奉成王命，伐诛武庚、管叔，放蔡叔，以微子开代殷后，国于宋。"

相较于《史记》认为是三监发动了叛乱，清华简《系年》则谓："周武王既克殷，乃设三监于殷。武王陟，商邑兴反，杀三监而立录子耿。"即说是殷民发动叛乱，他们因此杀了三监。到底叛乱是不是由三监发起，虽然难以鉴别，但是这场叛乱的主导者是殷人，乃是不争之事实。

这次叛乱耗时三年才得以平定，可以说严重影响了周人的统治权威。

---

① 孔安国传，孔颖达疏《尚书正义》，北京大学出版社，1999，第465页。
② 郑玄注，孔颖达疏《礼记正义》，北京大学出版社，1999，第1292页。

而综观《尚书》，周人以上帝改定继承人名义，宣扬殷周同族身份之篇目，其记录时间点，又多在平定三监之乱以后，不难推测，周人虚构与殷人共同血缘关系的真正意图，乃是为了获取与殷商王族同等身份的特权地位，从而迫使殷人自愿认同其政治权威，最终实现对殷人的彻底掌控。如此，周人虚构与殷人的共同血缘关系，在本质上，乃是一种极为高明的政治策略。

虚构共同的血缘关系，乃是作为获取政治认同的依据，从中又不难得出如下两个推论。

第一，既然具备共同血缘关系，那么，殷人也就在法理上，须无条件承担参与周人祭祀的义务。由此，祭祀对象，也就不再必须局限于喾，而是可以扩展到周人的其他祖先。就《尚书·洛诰》记载周公祭文武二王时祝辞中出现为殷人求福话语"万年厌乃德，殷乃引考。王伻殷乃承叙"来看，这正从一个侧面说明殷人可以参加对文、武二王的祭祀。

第二，殷人须参与周人祭祀的规定，一旦落实，也就意味着，在现实中，殷人乃是主动完成由周人宗主向周人臣民的身份转换。进而，他们不再能够以受迫害为理由，获得任何不臣之借口。由此，殷人对周人政治主导地位的认同，又随祭祀活动而无条件彰显。

依照这样的逻辑推论，审视《文王》所言殷人参加周人祭祖之祼，其真正含义，恰恰就在于，祼作为仪式环节，本身乃是一个可以实现殷人主动改换其身份及政治立场的极佳自我展示平台。

其中，允许殷人于形式上保持传统装束（黼冔），乃是在表明其过去，即有待改换的殷人身份，而一旦周人祭祖之祼，开始进行，他们在本质上，便立刻脱胎为新的周人身份，进而，他们的政治立场，也随身份同时转变，由先前与周人的对立关系，转变为当下的认同关系。

如此，祼于祭祀特征之外，又是作为周人让殷人在身份及政治立场改造的自我展示中，完成对其心理震慑的政治策略而存在的。

三　殷士助祭仪式形态还原

弄清殷士助祭的仪式场合乃是周天子的祼祭，并且，殷士的助祭行为亦为周礼所规定，进而，可参考各类史料，最终将这一叙述指涉的整个仪式场景彻底还原出来。

现存周天子祼祭的仪式描述，散见于"三礼"、《通典》、《文献通考》等书，钩稽相关记述，可整理出周代祼祭祭祖仪节大致情形如下。

献祼，是在宗庙之室举行，不设馔。其时，尸服衮冕坐在室西，神主之北，面朝东，周王、王后分别服着衮冕、袆衣在室东，面朝西。祝在尸和周王、王后之间诏侑，其余助祭人员则分布庭中及庙门外。献祼过程，分别有两次。第一次是周王献祼（一献），即在大宰、小宰辅助下，周王以珪瓒酌郁鬯于爵以献尸，尸以祼地降神，尸祭之，啐之，奠之。第二次是王后献祼（二献），即在内宰的辅助下，王后以璋瓒酌郁鬯于瑶爵以献尸，尸祭之，啐之，奠之。其法同王。①

而参之卜辞和金文，亦可将其中的祼祭形态大致还原出来。

就甲骨卜辞而言，祼祭包含如下两项内容。

首先，祼祭的地点，是在宗庙。

于祖丁祼卣束弜若，即于宗。

贞其禋（祼）告于大室。（《合集》41184.1）

以上两条卜辞所载祼祭，虽与其他仪式（卣、告）相伴联用，但是，作为前后相继的仪式，它们的举行地点应该是在一处。其中，第一条卜辞指出祼祭的地点是宗。宗，《说文》云："宗，尊祖庙也，从宀，从示。"晁福

---

① 献祼在室，《周礼·春官·大宗伯》贾疏："凡宗庙之祭，迎尸入户……先祼。"献祼不设馔，《礼记·郊特牲》孙希旦集解云："灌献时无馔。"献祼时位次，《礼记·郊特牲》云："古者尸无事则立，有事而后坐也。"孙希旦集解："言此者，以明殷、周以来，尸即无事亦坐。"《礼记·郊特牲》郑注云："尸来升席，自北方，坐于主北。"凌廷堪《礼经释例》："凡尸在室中皆东面。""凡室中房中拜以西面为敬。"《礼记·礼运》孔疏："王在宗庙，以子礼事尸。"以及《仪礼·士虞礼》："西面向尸，尸东面。"可知献祼时，尸坐于室西，东面；王、后在室东，西面。另据沈文倬于《宗周岁时祭考实》中推测，祝之位，当在尸与王、后中间北墉下。至于服饰，《周礼·春官·司服》："王之吉服……享先王则衮冕。"《礼记·礼运》孔疏："祭日之旦王服衮冕而入，尸亦衮冕。"《周礼·天官·内司服》："内司服掌王后之六服，袆衣，揄狄，阙狄，鞠衣，展衣，缘衣，素沙。"郑玄注："从王祭先王则服袆衣。"助祭人员位次，《礼记·祭义》："祭之日，君牵牲，穆答君，卿大夫序从。既入庙门，丽于碑。"《礼记·祭统》："及迎牲，君执纼，卿大夫从，士执刍。"由上述有关献祼后迎牲时礼法记录可知，助祭人员分布在庭中及庙门外。献祼过程，《周礼·春官·大宗伯》贾疏云："王以圭瓒酌郁鬯以献尸，尸得之，沥地祭讫，啐之，奠之，不饮。"《周礼·春官·典瑞》郑注云："爵行曰祼。"《周礼·天官·小宰》："凡祭祀，赞王币爵之事，祼将之事。"郑注："从大宰助王也。"可知大宰、小宰助祼。《周礼·春官·司尊彝》郑注："后于是以璋瓒酌亚祼。"《礼记·礼运》孔疏："内宰助后以璋瓒祼尸。"可知内宰助后祼。而《周礼·春官·司尊彝》孙诒让正义云："凡后献皆当用瑶爵。"可知后祼用瑶爵。

林总结殷墟卜辞"宗"之用法时指出:"殷墟卜辞里的'宗'绝大多数与殷先王有密切关系。其中,除了少数可以直接理解为殷先王集合称谓以外,多数的'宗'指祭祀先王的场所,犹如后世之宗庙。"① 可见,宗乃是祖先宗庙。第二条卜辞,指出祼祭地点是大室,"大室",文献中又多称为"世室"。《谷梁传·文公十三年》云:"大室犹世室也。"《考工记·匠人》云:"夏后氏世室",郑玄注:"世室者,宗庙也。"而陈梦家于《殷墟卜辞综述》考察十三种室名之后总结说:"以上诸室,除小室外都是祭祀所在的宗室,大室则亦兼为治事之所。"② 可知,大室除指治事之所外,也可指宗庙。如此,宗和大室实际上均是指宗庙而言,进而祼祭的地点是宗庙,不会有问题。

其次,祼祭的主祭者或主导者,是商王。

乙丑卜,即贞:王宾祼,亡囚。

庚申卜,㱿贞:王祼于妣庚惟卌礿。(《合集》2472)

王呼子祼。(《合集》3171 正)

就第一条卜辞而言,前文已经指出,"宾"乃是指商王亲自进入祭场参加祭祀,那么"王宾祼",即是说商王亲自进入宗庙祼祭。第二条卜辞,记述了商王直接祼祭于妣庚的事实。第三条卜辞,虽然讲子代替商王祼,但很明显,祼祭的发令者仍是商王,是他指定子为其代理。这样,即便商王不直接亲自祼祭,但他依然是祼祭的主导者。

金文铭辞中的祼祭,基本上也包含两项主要内容。

首先,铭文中记录的祼祭地点,基本是在周京。从前引德方鼎铭文"征(延)珷(武)禩(祼)自蒿"看,其文意乃是说要将对武王的祼祭由蒿转移至成周。其中,成周,自然是指成王迁都之后的周京。而蒿,则有两种解释,一是认为指"镐京",郭沫若、马承源认为"蒿"乃是"镐京"之"镐"的通假,二是认为此字即"蒿"字,假借为"郊"。如唐兰就称其指郊祭。事实上,正如涂白奎所指出的,"'自'作为介词,介入行为动作发生的地点",这里的蒿,也当指地点,而不是祭祀。如此,蒿,确实是指镐京;镐京,同样也是周京。

---

① 晁福林:《关于殷墟卜辞中的"示"和"宗"的探讨——兼论宗法制的若干问题》,《社会科学战线》1989 年第 3 期。
② 陈梦家:《殷虚卜辞综述》,科学出版社,1956,第 475~477 页。

其次，祼祭的主祭者，均是周王。对此，不指方鼎、何尊和德方鼎铭文文意，已表达得十分清楚。

至此，将以上由甲骨卜辞与金文中还原出来的祼祭仪节地点、主祭者与文献所载祼祭的基本形态进行比对，发现彼此基本类似。与此同时，由于甲骨与金文"祼"字在字形上沿承关系明显，并且前文又已经指出金文"祼"字像单手或双手执酒器浇酒于地以祭祀之形，这与典籍中所记载的祼祭方法恰好一致。进而，面对甲骨卜辞和金文中极为简略的祼祭细节记录，沿用典籍所记献祼去还原殷士助祭的祼祭仪式形态，应该是可行的。

如此，将本诗殷士助祭叙述与文献中的祼祭比对，继而可进一步确定以下五点重要信息。

首先，周天子祭祖在宗庙举行，宗庙由堂、室等建筑组成。①

其次，祼祭行于宗庙之室，周王、王后服着衮冕、祎衣先后祼尸。

再次，祭祀人员构成上，叙述中虽只提及殷士这一类角色，事实上，祼祭乃是以尸、祝、周王、王后为主导，同时还有大宰、小宰和内宰为辅佑。故而在殷士之外，至少还应存在尸、祝、周王、王后、大宰、小宰和内宰七类角色。由于祭祀文王，属于大祭祀，祝的身份，必是大祝。

复次，祭祀人员的具体方位是：尸坐在室西，面朝东；周王、王后在室东，面朝西。大祝在尸和周王及王后之间，大宰、小宰在周王身后，内宰在王后身后，其余助祭人员则立庭中及庙门外。

最后，服饰及器具方面，周王服衮冕，王后服祎衣，文王尸则服衮冕，大宰、小宰、内宰和大祝皆玄冕②。殷士服着殷代传统祭服黼冔助祭。王及后祼尸时，使用的酒是鬯鬯，器具则是玉瓒、璋瓒、玉爵和瑶爵。

据以上信息，可形成《文王》殷士助祭叙述仪式还原表。

---

① 1976年陕西岐山凤雏村曾发现西周大型建筑基址，其中甲组宫室建筑，由堂、室、庭院组成，被定性为宗庙建筑。见《陕西岐山凤雏村西周建筑基址发掘简报》，《文物》1979年第10期。

② 《礼记·杂记》："大夫冕而祭于公，弁而祭于己，士弁而祭于公，冠而祭于己。"据《周礼·司服》"王之吉服……享先王则衮冕……公之服，自衮冕而下如王之服；侯伯之服，自鷩冕而下如公之服；子男之服，自毳冕而下如侯伯之服；孤之服，自希冕而下如子男之服；卿大夫之服，自玄冕而下如孤之服"推之，大夫之冕当玄冕，大宰为卿，小宰、内宰和大祝皆大夫，因此，他们皆服玄冕。

仪式	地点	角色	服饰	方位	器具
裸祭	宗庙之室	尸 周王 王后 大祝 大宰 小宰 内宰	衮冕 衮冕 祎衣 玄冕 玄冕 玄冕 玄冕	尸坐室西，东面； 周王和王后在室东，西面； 大祝在尸和周王、王后之间诏侑； 大宰、小宰和内宰则在周王、王后身后襄助	玉爵 瑶爵 鬱鬯 玉瓒 璋瓒
	庭中及庙门外	殷士	黼冔		

参照此表重读诗篇，竟然发现殷士助祭叙述，已不再是枯燥的文字铺叙，而是幻化为生动的仪式展演。

由此，可最终还原殷士助祭场景整体仪式结构如下。

殷士助祭场景，指涉的乃是祼祭，其时，尸身着衮冕，已由服着玄冕的大祝，延入室内，坐于室内西边，东面。身着衮冕的周王，则在服着玄冕大宗伯和小宰的辅助下，开始用圭瓒酌取郁鬯于爵中，从东边，进献给尸。尸接过爵，先将其中的部分郁鬯浇注于地，用以求神，继而将剩余的郁鬯稍微用嘴啐一下，并不饮完，然后将爵放下。至此，第一次献祼（一献）结束。接着，便轮到身着祎衣的王后，在着玄冕的内宰辅助下，用璋瓒酌取郁鬯于爵，进行第二次献祼（二献），仪节皆同于一献。就在室内献祼的同时，室外的其他助祭人员，包括身着黼冔的殷士，则在庭中和庙门之外，各有职分。

（作者单位：扬州大学文学院）

佛学、文艺与群治[*]

——梁启超美学思想的佛学色彩管窥

郭焕苓　杨　光

"晚清思想有一伏流曰佛学……晚清所谓新学家者,殆无一不与佛学有关。"[①] 审视发轫期(清末民初)的现代中国美学,佛学与美学的关系是颇为值得注意的。这一关系在现代中国美学的起步阶段非常密切,而在在此之后的中国美学学术进程中,佛学的身影在中国大陆美学理论的主导话语体系中逐渐消退,乃至近乎消失,直到20世纪末21世纪初才略微出现了复苏的迹象。佛学思想在现代中国美学史进程中的沉浮背后隐藏着诸多值得发掘和思考的问题。

在佛学与美学的关系方面,梁启超的美学思想具有典型性。梁启超一生治学兴趣广泛,涉及众多学术领域,其思想构成之复杂多变在近代中国也属罕见,其中对佛学的研修和对文艺与美学问题的思考贯穿着他的一生。纵观梁启超的佛学心路和其美学思想,不难发现,在梁启超的学术生涯中,佛学和美学其实始终是共舞的两翼,其美学思想中鲜明的佛学色彩使得梁氏美学思想成为现代中国美学史上的一道独特风景线。对梁氏美学思想中佛学色彩的发掘能使我们更为深入地理解其美学思想的丰富意蕴,也能使我们得以管窥佛学在现代中国美学建构初期发挥的独特作用,更能促使我

---

[*] 本文系教育部人文社会科学研究重点基地重大项目"中华美学精神与20世纪中国美学理论建构"阶段性成果。

[①] 梁启超:《清代学术概论》,张品兴主编《梁启超全集》第10卷,北京出版社,1999,第3105页。

们思考为什么佛学在现代中国美学发轫期占据了特殊的位置、佛学之于中国美学的现代历程究竟意味着什么等问题。

一

梁启超的佛学修为大约始于万木草堂时期。据他回忆,康有为本人对佛学十分重视,"潜心佛典,深有所悟",并"以孔学、佛学、宋明学为体,以史学、西学为用"① 传授其弟子。同时,谭嗣同对佛学的关注在相当程度上也影响到梁启超。据梁启超回忆,谭嗣同跟随当时的佛学名家杨文会游学一年,"本其所得以著《仁学》,尤常鞭策其友梁启超。启超不能深造,顾亦好焉,其所著论,往往推挹佛教"②。可见,在戊戌变法之前,梁启超在其师友的影响下已经开始接触并关注佛教与佛学问题,尽管他没有像谭嗣同那样深入研习,但已然产生了兴趣,并尝试着开始在著述中运用佛学思想。谭嗣同就义之后,梁启超在为其《仁学》撰写的序言中,就从佛学上的"无我"说起,鼓励民众像谭嗣同那样,超越"小我",不惧死亡,为救世救国的理想而奋斗。

《仁学·序》可以视为梁启超的第一篇佛学文章,体现了他对佛学的一种基本态度,即"经世佛学",这一点正是其求学于万木草堂时打下的深刻烙印。梁启超认为"佛教本非厌也,本非消极",反对将佛教视为消极无为的宗教,主张将其视为可以经世致用的学问。他指出晚清对佛教的关注分为"哲学的研究"与"宗教的信仰"两派,梁启超主要立足于哲学的研究对待佛教问题,认为真学佛的人是像谭嗣同那样的"真能赴以积极精神者"③。他对佛学的这一基本态度明显受到了康有为的影响。梁启超认为,其师的一生学力,实在于佛学,"本好言宗教,往往以己意进退佛说"④。张灏则指出:"康有为在公开声称的儒家目标背后,存在着一种强烈的佛教救

---

① 梁启超:《南海康先生传》,张品兴主编《梁启超全集》第2卷,北京出版社,1999,第483页。
② 梁启超:《清代学术概论》,张品兴主编《梁启超全集》第10卷,北京出版社,1999,第3105页。
③ 参见梁启超《清代学术概论》,张品兴主编《梁启超全集》第10卷,北京出版社,1999,第3105~3106页。
④ 参见梁启超《清代学术概论》,张品兴主编《梁启超全集》第10卷,北京出版社,1999,第3105页。

世动机。"① 对于康有为来说，其"进退"佛教的"己意"就是入世和救世。梁启超高度评价了康对待佛教的这一态度，指出康有为致力于佛学的重要结果是：

> 以智为体，以悲为用，不染一切，亦不舍一切；又以愿力无尽，故与其布施于将来，不如布施于现在；大小平等，故与其恻隐于他界，不如恻隐于最近。于是浩然出出世而入入世，纵横四顾，有澄清天下之志。②

此处的"智悲双修""不染不舍""布施于现在""恻隐于最近""出出世而入入世""澄清天下之志"，凡此种种，未尝不是梁启超的夫子自道。

戊戌变法失败之后，梁启超流亡日本14年。这段经历对梁启超的思想冲击巨大，其最显著成果当属"欲维新吾国，当先维新吾民"的新民思想。新民说的提出标志着维新运动从制度改良向文化启蒙的重要转变，深刻影响了后来的鲁迅等新文化运动干将。在日本，梁启超一方面看到了明治维新后西方文明对日本社会文化产生的重塑作用，另一方面他也对日本佛教在应对西方文明挑战时所发挥的积极作用，尤其是佛学在格义西学方面的优势，产生了浓厚兴趣。尽管有学者指出，梁启超等人对佛教在日本近代化过程中作用的认识有误读嫌疑③，但不可否认，梁启超在日本的经历确实使得他在其新民思想的形成中将佛教与佛学问题纳入了思考范围，而梁启超新民论的另一重要领域正是文艺。蒋百里在《欧洲文艺复兴时代史·自序》中认为："我国今后之新机运，亦当从两途开拓：一为情感的方面，则新文学新美术也，一为理性的方面，则新佛教也。"对此观点，梁启超说："吾深韪其言。"④ 可以认为，在流亡日本时期，佛学与美学问题在梁启超新民思想的统合下首度产生了思考轨迹上的明确关联。

---

① 张灏：《梁启超与中国思想的过渡》，崔志海、葛夫平译，江苏人民出版社，1995，第27~28页。唐文权在《梁启超佛学思想述评》（《华中师院学报》1983年第4期）里也谈道，梁启超接受佛学启蒙是在1891年就学于康有为之时，并指出康有为佛学思想的"经世"主旨，即康有为在勇猛入世救世的佛教思想掩蔽下宣传大同的理论，反对传统佛教消极遁世、追求空幻的彼岸"法界"的说教，主张佛教立足于现实，改造世界之功用。
② 梁启超：《南海康先生传》，张品兴主编《梁启超全集》第2卷，北京出版社，1999，第483页。
③ 参见赵西方《梁启超的佛学情结》，《兰州学刊》2006年第10期。
④ 梁启超：《清代学术概论》，张品兴主编《梁启超全集》第10卷，北京出版社，1999，第3105页。

1902年，梁启超写了两篇题目非常相近的文章《论佛教与群治之关系》（以下简称《佛》）和《论小说与群治之关系》（以下简称《小》），二者相隔仅一月有余。某种程度上，这两篇文章在梁启超的同一种内在诉求上形成了互文关系。这一内在诉求就是梁启超对于新民之"群治"问题的关注，即怎样治群，怎样实现群治的问题。"群"的问题从根本上说是个体启蒙如何普遍化的问题，通过什么方式途径能够在将传统中国的臣民转化为现代中国个体的同时将其塑造成现代公民群体？正如梁启超所言："善治国者，知君之与民，同为一群之中之一人，因以知夫一群之中所以然之理，所常行之事，使其群合而不离，萃而不涣，夫是之谓群术。"① 这里提出的"一人"与"一群"之关系，其实质是个体差异与群体认同的复杂关系，这是任何进入现代性启蒙规划中的国家所必然面对的核心问题。对"群"和"群治"问题的关注，表明梁启超的新民思想切中了中国在大转折时代的脉搏。而佛学和以小说为代表的文学则是他在理智与情感两方面为中国现代公民培养开出的文化药方。

二

　　《佛》一文中，梁启超首先提及信仰问题："今我中国，……信仰问题终不可以不讲。"因为，中国之群治"当以有信仰而获进"，而"信仰必根于宗教"。但中国为什么需要宗教信仰来治群？梁启超的回答是："在彼教育普及之国，人人皆渐渍、熏染，以习惯而成第二之天性，其德力、智力日趋于平等。如是则虽或缺信仰，而犹不为害。"针对当时新式教育在中国的落后现状，对教育可以代替宗教的看法，梁启超并不敢贸然认同。相比蔡元培的美育代宗教说，对宗教作用的推崇并不意味着梁启超没有意识到现代教育与传统宗教的本质差别。在梁看来，佛教作为中国本土的传统宗教，其本身所具有的特点完全可以和现代教育的主旨相沟通。"佛教之信仰乃智信而非迷信"，"佛教之信仰乃兼善而非独善"，"佛教之信仰乃入世而非厌世"，"佛教之信仰乃平等而非差别"，"佛教之信仰乃自力而非他力"。而佛教作为宗教的信仰维度又比片面追求知识传授的教育更具超越性的优

---

① 梁启超：《说群·序》，《饮冰室文集点校》（第1集），吴松等校，云南教育出版社，2001，第128页。

势。正如梁启超对孔教的反思："孔教者，教育之教也，非宗教之教也。其为教也，主于实行，不主于信仰。"与之相比，则"佛教之信仰乃无量而非有限"①。

在梁启超对佛教特点的阐述中，首先需要注意的是，梁启超对佛教特点的分析和归纳，本身即是其用佛学格义西学的产物，"智信""兼善""入世""平等"等用语的背后无不透露着西方尚理性、重道德、讲民主和世俗化的现代启蒙精髓。因此，佛教与佛学之于梁启超已然与中国的传统佛教思想产生了根本差异。《佛》文中的佛学观是具有现代色彩的佛学社会学观点，即"应用佛学"。梁启超的"应用佛学"既秉承了康有为"救世佛学"的基本立场和方法，将佛学哲学化和入世化，明修佛学之"栈道"，暗度西学之"陈仓"，同时也具有不同于康有为的自身特点。

《佛》一文中，"信"与"理"的关系、"我"与"众"的关系构成了梁启超佛教社会学关注的核心。就第一个关系来看，一方面，佛教"于不可知之中，而终必求其可知者也"，这一点使得佛教的信仰维度与理性求知的现代精神诉求得以嫁接。另一方面，佛教信仰"不可知"性的存在又具有超理性特质，这使得佛教之"信"具备了昭示"理性"限度的重要功能。所以，相较于将"不可知"与"可知"截然二分的近代西方哲学，梁启超认为佛教学说是"学界究竟义"。

就第二个关系来看，一方面从佛教因果说出发，梁启超强调个体启蒙的重要性。他认为："学道者，必慎于造因，吾所以造者，非他人所能代消也；吾所未造者，非他人所能代劳也，又不徒吾之一身而已"，由此，"吾蒙此社会种种恶业之熏染，受而化之，旋复以熏染社会，我非自洗涤之而与之更始，于此而妄曰：'吾善吾群，吾度吾众'，非大愚则自欺也。"②

另一方面，通过佛教熏习说，梁启超强调个体启蒙与群体治理之间不可分割的互动关系，正所谓"己已得度，回向度他，是为佛行"。其原因在于"众生性与佛性本同一源，苟众生迷而曰我独悟，众生苦而曰我独乐，无有是处。譬诸国然，吾既托生此国矣，未有国民愚而我可以独智、国民危而我可以独安、国民悴而我可以独荣者也"。"苟器世间犹在恶浊，则吾

---

① 参见《论佛教与群治之关系》，张品兴主编《梁启超全集》第 4 卷，北京出版社，1999，第 906~910 页。
② 参见《论佛教与群治之关系》，张品兴主编《梁启超全集》第 4 卷，北京出版社，1999，第 909 页。

之一身，未有能达净土者也。所谓有一众生未成佛，则我不能成佛，是事实也，非虚言也。"①

在《小》一文中，"我"与"众"的关系仍然是梁启超思考的重点。"欲改良群治，必自小说界革命始！欲新民，必自新小说始！"的根本原因在于小说这一文学体裁最适合"人类之普通性"，是与"凡人之性"和"人之恒情"相关联的，进而由其"支配人道"之力而与"吾国前途"相联系。换言之，小说是世俗文艺的代表，文体浅显易懂，乐而多趣，妇孺皆可读之，满足了人们认识现实与追求理想的人性需要。小说的世俗性是其群治功能发挥的重要保证，这是诗词等古典高雅文艺所不具备的天然优势。在此意义上，梁启超将小说称为"文学之最上乘"，从而根本上改变了中国传统文化以诗文为正宗，小说为"小道之学""稗史"的价值定位，从理论上将小说由文学的边缘导向了中心。

梁启超试图通过发挥小说世俗性特点达到启蒙教化作用。小说虽然是一种文艺形式，但对于梁启超来说，相对于文艺本身的审美性，对文艺的工具化利用占了上风。比如"新小说"作为"新民"之前提，但怎样才是新小说而不是旧小说，这一点在《小》一文中并未直接涉及，而是通过对中国传统小说的批评间接地透露出来。"吾中国人状元宰相之思想何自来乎？小说也；吾中国人佳人才子之思想何自来乎？小说也；吾中国人江湖盗贼之思想何自来乎？小说也；吾中国人妖巫狐鬼之思想何自来乎？小说也。"② 从梁启超对中国传统小说的各种批评来看，其关注的重点是传统小说陈旧的思想内涵。其痛斥传统小说"陷溺人群，乃至如是！乃至如是！"并不是批判传统小说的"陷溺"功能（熏浸之力）本身有问题，而是批判传统小说所流布的与现代启蒙思想格格不入的旧文化观念。可见，梁启超心目中的新小说之新，在于小说思想内涵的更新，新小说是以民主、平等、自由、理性等现代价值观念为思想支撑的小说，只有这样的新小说才有益于梁启超的"新民"目标。

可以认为，梁启超的新小说之"新"基本上与小说形式要素的新变无关，对他而言，传统小说的语言、结构、布局、框架等文学形式的"旧瓶子"似乎完全可以装下现代价值观念的"新酒"。正如本雅明等人揭示的，

---

① 参见《论佛教与群治之关系》，张品兴主编《梁启超全集》第4卷，北京出版社，1999，第909页。

② 梁启超：《论小说与群治之关系》，张品兴主编《梁启超全集》第4卷，北京出版社，1999，第885页。

任何文学艺术的革新变化其首先应当是文艺形式等技术性要素的先进性和变革性，而文艺所承载观点的革新是建立在文艺技术性形式要素的革新前提基础之上来完成的。否则，文艺的变革势必变成某种非文艺观念的传声筒，文艺内容将压倒文艺形式，从而丧失文艺之为文艺的审美属性。这一点在梁自己创作的《新中国未来记》和其倡导的政治小说创作实践上得到了鲜明的体现，此类创作的思想史价值远远大于其文艺审美价值。进一步看，此种缺憾的出现其实是梁启超在"我"与"众"之关系中思考文艺活动的一个结果。今天看来，《小》一文中所提出的文艺社会学观点并未能真正处理好文艺的自律与他律之间的辩证关系，而其价值则在于梁启超最早将文艺社会学中的这一重要问题呈现了出来，尽管是以一种不那么成功的方式。

三

《佛》《小》二文，两相对照，不难看出，梁启超在流亡日本时期对于小说的推崇和其对佛学的关注均根基于二者在"群治"——我与众之关系——的现代建构方面所能够发挥的巨大作用。小说与佛教都是改良"群治"在文艺和宗教方面所需要借助的力量，是实现"新民"目标的手段和工具。在这一共同的前提下，梁启超的佛学思想得以渗透到其对文艺问题的思考之中，这种渗透集中体现在《小》文中对小说"四力"的具体阐释里面。

小说"四力"，即"熏""浸""刺""提"，小说的群治功能是通过发挥这四种移人之力来实现的。一般认为，梁启超所论的小说"四力"是对文艺感知问题进行的重要论述。而从梁对小说"四力"的具体阐发来看，首先值得注意的是，小说"四力"绝不是小说独有的特殊能力，对于梁启超来说，与其他文学形式相比，小说的独特之处就是其世俗性。"四力"是所有文艺活动都具备的功能，在诗、散文、戏剧、绘画、雕塑、音乐等艺术审美活动中其实都存在"熏""浸""刺""提"。所以，梁所论的小说"四力"其实是艺术活动中的一种普遍存在，绝不是单纯的小说审美之力，也不是纯粹的文学审美之力，而是艺术的审美之力。换言之，"四力"是一组文艺美学概念。

其次值得注意的是，其所论的"四力"主要是从文艺接受角度集中阐发文学艺术如何影响读者使其发生思想观念层面的变化，这种变化有几种主要方式等问题，而未涉及如何才能使得文学艺术具备"熏""浸""刺""提"四种力之类的文艺创作论问题，也未涉及什么样的文学艺术才能具备"熏""浸""刺""提"四种力之类的文艺作品论问题。梁启超审视"四力"的文艺接受角度也许并不是其有意选择的结果，而是由于"四力"是文艺发挥群治功能的必备前提，文艺接受视角的出现是梁启超将"小说"这一文艺活动放在"群治"这一社会目标之下进行审视而自然生成的。

更为值得注意的是，"熏""浸""刺""提"这四种力的概念均来源于佛教术语。在梁对"四力"的具体阐释中，佛学话语更是大量出现，如眼识、刹那、种子、器世间、有情世间、因缘、棒喝，"华严楼阁，帝网重重，一毛孔中万亿莲花，一弹指顷百千浩劫"等。对梁启超在文中大量运用佛学话语的现象究竟应该如何看待？这种运用是否仅仅是在比喻意义上使用的？这些佛学话语是否仅仅是梁为了便于人们理解"四力"的审美功能而采用的修辞手法？此类观点值得商榷。语言哲学和话语理论已经揭示出，每一种话语体系都承载着该话语系统所凝结的思想观念，对某一话语系统的运用都必然意味着对该话语内在意涵的某种接纳，而与使用这一话语系统的人的主观意图关系不大。也就是说，即使梁启超本人确实是在修辞学意义上使用了这些佛学话语，但这一运用行为本身已经将佛学话语所承载的意涵纳入了"四力"阐释的美学话语之中。由此，我们认为，若要深入全面地理解梁启超所说"四力"的文艺美学意涵，首先就需要从"熏""浸""刺""提"的基本佛学意涵入手。由于篇幅所限，本文仅以"熏"之力中佛学话语对美学话语的渗透为例进行分析。

"熏"，文中阐释：

> 抑小说之支配人道也，复有四种力：一曰熏。熏也者，如人云烟中而为其所烘，如近墨朱处而为其所染。《楞伽经》所谓"迷智为识，转识成智"者，皆恃此力。人之读一小说也，不知不觉之间，而眼识为之迷漾，而脑筋为之摇颭，而神经为之营注，今日变一二焉，明日变一二焉，刹那刹那，相断相续，久之而此小说之境界，遂入其灵台而据之，成为一特别之原质之种子。有此种子故，他日又更有所触所受者，旦旦而熏之，种子愈盛，而又以之熏他人，故此种子遂可以遍

世界。一切器世间、有情世间之所以成、所以住，皆此为因缘也。而小说则巍巍焉具此威德以操纵众生者也。①

首先，从佛学上来看，"熏"是一个唯识学术语。孟领指出佛学中"唯识学的主要任务是探求宇宙万有之间的因果关系，这种因果关系的确立需借助种子说和熏习说得以确立"。② 因而，论及佛教唯识学上的"熏"，莫不提及"种子"和因果关系。那什么是"种子"呢？简单来说，"种子"颇类似于佛教因果关系上的"因"，这种种子"因"需要一定的作用力才能产生"果"。然而"种子"类别很多，有本有、新熏、有漏、无漏种子之分，其中的新熏种子与"熏"关系最为密切。新熏种子又名习气，它受外界影响较大，这类种子在熏习力量的熏陶、感染下得以生根发芽，最后形成，久而久之影响到之后种子的转化，并且这种转化与生长是连续不断、世代相续的。这就类似于将种子"因"比作植物的"幼芽"，需要借助外界的力量使它生长、发育最后成为"果"，这其中的推动力即相当于这里的"熏"之力。因而，唯识学上讲"种子"是"因"，这类"因"在熏习力量的作用下产生的结果是"果"，这便构成了佛教上所讲的因果关系。

梁启超运用唯识学术语来解释小说的"熏"之力，是指小说中所传达出来的思想或观念进入人的头脑，成为人脑中的一部分，也即"种子"，这类"种子"在"熏习"力量的作用下愈长愈盛，并渐次扩大"熏习"范围，感染他人，以至"可以遍世界"。举例来说，在读《红楼梦》的过程中难免会受到作品里面精神观念或人物形象的影响，在以后的生活中遇到此类的情景时，这种影响便会得到提取，产生共鸣，因而这类影响再度强化，久而久之这种经历上的共鸣可以和他人探讨、分享，影响到他人，渐次感染，这就是梁启超所说的小说的"熏"之力的作用。

其次，文中用"迷智为识，转识成智"的佛学话语来阐释"熏"之力的重要性。在佛学中，"智"是"本性""智慧"，"识"是"心识"。唯识学有"八识说"，即眼、耳、鼻、舌、身、意等六识，和第七识末那识、第八识阿赖耶识。梁启超在用佛学格义康德学说时曾这样表述对此句的理解：

---

① 梁启超：《论小说与群治之关系》，张品兴主编《梁启超全集》第4卷，北京出版社，1999，第884页。
② 孟领：《唯识学的本识思想》，载《唯识学之缘起思想研究》，中国社会科学出版社，2013，第68页。

佛说有所谓"真如",真如者,即康德所谓真我,有自由性者也;有所谓"无明",无明者,即康德所谓现象之我,为不可避之理所束缚,无自由性者也。佛说以为吾人自无始以来,即有真如无明之两种子,含于性海识藏之中而互相熏。凡夫以无明熏真如,故迷智为识;学道者复以真如熏无明,故转识成智。①

在梁启超看来,康德哲学中的"自由"概念维系于"真我","真我"是人作为高等生命的本质,"此真我者常超然立于时间、空间之外,为自由活泼之一物,而非他之所能牵缚"。佛学中的"真如"就是康德学说的"真我"。而佛学中的"无明"对应康德的"现象之我",指的是人的"五官肉体之生命",这一物质性的存在"被画于一方域一时代而与空间、时间相倚者也。其有所动作,亦不过一现象,与凡百庶物之现象同,皆有不可避之理而不能自律"。②程恭让指出:"梁文的'真我',即康德所说从物自身(或本体)角度所看的活动的主体;梁文的'现象之我',即康德所说从现象角度所看的活动的主体。前者是超越的自我(transcendental self),后者是经验的自我(empirical self)。"③梁启超认为,人本来就是超越性与经验性的辩证统一体,而佛学早已阐明此意,即"佛说以为吾人自无始以来,即有真如无明之两种子,含于性海识藏之中而互相熏"。但芸芸众生都是从现象到本质,一般仅从经验性的肉体存在出发去追求那个超越性的自由存在,这很容易将超越性的自由体验(智)降格为经验性的肉体感官体验(识)来认识,所以是"迷智为识"。而真正的哲人(学道者)则还能够从本质到现象认识过程,即"复以真如熏无明",只有经历这样一个环节,才能避免超越性自由体验的"降格",才能真正实现感官感知体验向超越性自由体验的提升转变,即"转识成智"。

朱良志认为佛教中的"转识成智"是一种生命智慧,"不是意,不是秩序,不是道也不是理,而是不杂入任何情感倾向、不诉诸具体概念的纯粹

---

① 梁启超:《近世第一大哲康德之学说》,《饮冰室文集点校》(第一集),吴松等校,云南教育出版社,2001,第444页。
② 梁启超:《近世第一大哲康德之学说》,《饮冰室文集点校》(第一集),吴松等校,云南教育出版社,2001,第444页。
③ 程恭让:《以佛学契接康德:梁启超的康德学格义》,《哲学研究》2001年第2期。

体验本身"。① 可以认为这里的"智"既不是一般感性认知，也不是科学等领域中由知识体系所标示的"知性"范畴，而是近似于西方形而上学意义上的"理性"范畴，是最为接近终极体验（宗教之"信"）而又在此岸存留的纯粹体验。梁启超对康德学说的格义已经触及了这个意义维度。由此，"熏"作为"识"与"智"相互转化的中介之力，其"转识成智"也就是将感受、认识与理解等经验转化为自由、超越、纯粹等体验的力。而梁启超借用佛学思想中的"转识成智"一说来对照说明小说的"熏"之力时，一方面已经将文艺本身具有的非知识性、非概念性、非说理、追求审美体验等美学特点的意涵纳入其中；另一方面就文艺接受层面来讲，文艺的"熏"之力能够帮助接受者感受到知识与智慧的区别，此处内含着一种要求，即读者在文艺接受和鉴赏时不能仅停留在对文艺表层的感知理解，还应提升到文艺的"智慧"（或说"诗性智慧"）这一美学高度上来体悟。

再者，"刹那刹那，相断相续"也同样是以佛语来说"熏"之力，这是从"熏"之力延绵作用上来谈的。佛学思想上指的是在前一刹那中生出后一刹那，而此后一刹那中又接续前一刹那，佛学上的"五蕴法则"以及"因果缘起"等都是世代相续的。这里梁启超强调的是文艺"熏"之力的延绵作用，正如佛教"五蕴"和"因果"说一样，不是一蹴而就，而是世代延绵，如《红楼梦》的思想至今还是家喻户晓，一代传及一代，并不会随着年代的消逝而沉寂。因此，文艺中所包含的思想在"熏习"的作用下能够一传二、二传百，感染于世世代代。

通过上述对"熏"之力中佛学色彩的发掘可以看出，"熏"的佛学意涵对于理解"熏"的文艺美学意义来说绝不是可有可无的，文艺的"熏"之力也绝非简单的"熏陶"一语能够定位。同理，"浸""刺""提"三力中也存在着佛学话语对美学话语渗透后所带来的潜在而丰富的美学意涵，比如"浸"之力阐释中，佛学时间观与文艺审美感知之"当下"时间性的内在关联，"刺"之力中禅宗"棒喝"说与文艺审美顿悟的关系，"提"之力中"华严帝网"与文艺审美超越境界的关系等，均有值得详细辨析讨论之处，且留待日后撰文再论。

（作者单位：山东师范大学文学院）

---

① 朱良志：《南画十六观》，北京大学出版社，2013，第331页。

超越的困难[*]

——从"以美育代宗教说"看蔡元培审美信仰建构的世俗性

潘黎勇

将审美建构为人生信仰的实践路径，在中国现代知识分子群体中似乎具有价值选择的普遍性。王国维的"美术者，上流社会之宗教"命题，梁启超的趣味主义，梁漱溟的"以道德代宗教"理论（此处"道德"之实质乃高度审美化的儒家礼乐），朱光潜的"人生的艺术化"思想，以及宗白华富有泛宗教色彩的审美超脱论等，无不怀着宗教般的虔敬精神欲为由传统社会体制的崩溃与文化意识形态的瓦解而导致信仰危机的中国人提供某种审美主义的心灵救赎。其中，蔡元培以奋勇、坚韧的姿态宣扬"以美育代宗教说"二十多年，其目的在于通过批判宗教的合法性来确证审美信仰的普世效应，特别强调审美及其教育实践在宗教精神阙如而儒家礼乐法度也已崩解的现代中国文化场域中，重建一套有效的信仰机制和意义框架的独特效用。由于审美作为一种精神形式的特殊性以及现代中国在价值规划、重建时所面临的解决社会政治问题与破解文化道德命题的双重要求，蔡元培所企构的审美信仰虽然不乏内在的超越性特质与对个体灵魂的终极应许，但这种个体性超越终究要反诸现实生活，以社会政治利益为根本诉求，这体现了"以美育代宗教说"在信仰追求上的价值张力。通过对这种价值张

---

[*] 本文主体内容曾以"论'以美育代宗教说'与蔡元培审美信仰建构的世俗性"为题，发表于《文艺理论研究》2012年第2期。

力及其文化根源的分析将有助于我们深刻体会以蔡元培为代表的中国现代知识分子在以审美为手段建构民族心灵信仰的过程中所表现出的复杂的文化现代性心境。

一　审美的"信仰心"

众所周知，蔡元培是将审美（美育）作为宗教的替代形式而凸显其信仰功能的，宗教意义的消解及其信仰价值的现代性危机成为审美信仰得以可能的必要条件。蔡元培立足于启蒙理性立场判定宗教乃落后的认知形式和政治意识形态的代表。在他的哲学观念中，"科学与宗教是根本绝对相反的两件东西"，[1] 随着科学技术的进步和民主政治的发展，宗教定会丧失其存在的空间。然而，蔡元培虽极力批判宗教在认知层面上的愚昧性，反对它在社会政治和教育文化领域的渗透，却没有就此否定宗教的信仰价值。他提出下述疑问以反思宗教信仰的重要性。

> 夫反对宗教者，仅反对其所含之劣点，抑并其根本思想而反对之乎？在反对者之意，固对于根本思想而发。虽然，宗教之根本思想，为信仰心，吾人果能举信仰心而绝对排斥之乎？反对宗教之主义，非即其信仰心之所属乎？[2]

蔡元培试图通过剥离宗教的前现代外壳来提炼一种普世的价值内核。他深知信仰对于国民心性之现代建构是不可或缺的，于是在激烈攻击宗教的同时却小心翼翼地呵护作为其"根本思想"的"信仰心"。在他看来，虽然"一切知识道德问题，皆得由科学证明，与宗教无涉"，但"如宙之无涯涘，宇之无始终，宇宙最小之分子果为何物，宇宙之全体果为何状"[3] 等问题是科学所不能解释的，信仰便由此而立。蔡元培虽然为宗教留置了信仰的价值空间，但最终还是基于偏执的启蒙理性追求而将信仰从宗教中抽离出来，并赋予其纯粹的形而上之哲学意义。他的办法是从哲学的维度将宗教泛化，以信仰自由的名义将排他性的宗教置换为哲学，从而把宗教信仰

---

[1]　蔡元培：《蔡元培全集》第6卷，浙江教育出版社，1997，第614页。
[2]　蔡元培：《蔡元培全集》第2卷，浙江教育出版社，1997，第338页。
[3]　蔡元培：《蔡元培全集》第10卷，浙江教育出版社，1997，第288页。

变成哲学信仰，即所谓"任取一哲学家所假定之一说而信仰之，是谓宗教"。既然是假定之说，就"决不能指定一说为强人信仰，故信仰当绝对自由"，① 这在一定程度上消解了信仰的强制性与统一性。

蔡元培将宗教的"根本思想"明确为"信仰心"，却没有辨明——尽管已经意识到——宗教信仰与其他哲学信仰的区别。在我们看来，真正的宗教信仰必须能够向信仰者提供一种对无法触摸的、令人敬畏的、具有终极意义的神圣之物的体验，使信仰者能够从凡俗、嘈杂的日常生活中解脱出来，趋向精神深层的"终极的、无限的、无条件的一面"，即蒂里希意义上的"终极关切"状态。蔡元培所说宗教的"信仰心"应该包括这种终极指涉，否则他不会发出"宙之无涯涘，宇之无始终"这样的感叹，更不会提出"人而仅仅以临死消灭之幸福为鹄的，则所谓人生者有何等价值乎"② 这样的终极追问。只不过，当他草率地将多元化的哲学学说作为宗教信仰的替代形式时，便无法过多地顾及终极实在之于信仰的核心意义，而对于可供信仰之哲学形式的要求则曝显其在启蒙现代性立场中的信仰期待，这在他对哲学与宗教之差异的对比中表露无遗。

> 哲学自疑入，而宗教自信入。哲学主进化，而宗教主保守。哲学主自动，而宗教主受动。哲学上的信仰，是研究的结果，而又永留有批评的机会；宗教上的信仰，是不许有研究与批评的态度。③

可见，蔡元培所标举的哲学信仰的实质乃是对以主体精神、怀疑意识和进步主义为内涵的科学理性精神的膜拜。他虽然相信信仰属于"科学所不能解答之问题"，认可宗教对个体生命的终极关怀和对存在意义之最后解答的能力，但基于社会政治现代性建构而实施的思想文化启蒙使他未免武断地剥夺了宗教染指终极之域的权利。基于信仰在终极追求和世俗观照方面的矛盾，蔡元培力图寻求一种更加圆融的手段和宽阔的途径去兼顾圣俗两端，既能推进启蒙主义的价值构造，又有足够的力量直抵超然的实体世界，在他看来，唯有审美及其功能化的实践机制——美育方可达此效力。

蔡元培对于美育在信仰重建方面的合法性的言说是在与宗教的对比阐

---

① 蔡元培：《蔡元培全集》第 10 卷，浙江教育出版社，1997，第 288 页。
② 蔡元培：《蔡元培全集》第 2 卷，浙江教育出版社，1997，第 11 页。
③ 蔡元培：《蔡元培全集》第 5 卷，浙江教育出版社，1997，第 238 页。

释中加以强调的。这种比较论证主要包括以下四方面。第一，美育与宗教具有相同的心理作用基础——情感。与大多数中国现代知识分子将宗教情感化的思想取向一致，蔡元培同样把情感之域视为宗教信仰的心理作用平台，并直接将其与美感等同起来，说道："宗教所最有密切关系者，惟有情感作用，即所谓美感"。[1] 然而，宗教只有"激刺感情之弊"，而美育能够"破人我之见，去利害得失之计较"，[2] 即以"纯粹之美感"陶养个体性灵，促其道德"日进于高尚"。反过来说，如果宗教作用于情感，则情感显然是通向信仰的心理管道，要改变信仰的特质就必须从情感入手，情感陶养机制的转变可以导向信仰方式的根本变革。第二，与宗教一样，美育也具有触及终极实在的力量。无论信仰形式及其机制如何改变，提供一种对一个终极的超越性存在的把握途径，并使主体时刻保持对这种终极存在的渴望心态，乃是所有信仰形式及其机制得以成立的合法性基础。蔡元培在论及谢林的美学观念时提到了审美的此项作用，认为"色林（即谢林——引者注）之美的观念说，所谓无穷的完全进入于有穷的，有穷的完全充满着无穷的；乃正是这种作用"[3]。进而言之，肯定审美对终极实体的把握能力便是"以美育代宗教"作为一种信仰重建模式的真正思想机枢。第三，美育对信仰的超越性追求并不妨碍其对现实思想文化的改造，而宗教对此无能为力。审美无论指涉怎样的终极精神，蔡元培提倡美育的直接目的还是着眼于国人思想意识的改造和道德境界的提升，并以之指向社会政治的变革。在他看来，"美感既为具体生活之表示"，[4] 具体生活之改善也无妨从美感入手。宗教因以解脱人生为最高鹄的而完全弃绝现实世界，但若因此牺牲对现实政治的谋划则绝不符合中国现代性规划的根本要求。第四，美育代表了一种理性、自由、进步的现代性精神，宗教却是愚昧、专制、保守的前现代思想体制的综合体。尽管美育和宗教拥有同样的终极关怀效用，但在中国现代知识分子的启蒙视域中，两者的价值属性存在明显的优劣之分。因此，在终极关怀的实践机制上，蔡元培选择了更加符合启蒙理性精神的美育，而非宗教。

上述四点表明"以美育代宗教"的信仰创化逻辑是如何可能的，但更

---

[1] 蔡元培：《蔡元培全集》第3卷，浙江教育出版社，1997，第59页。
[2] 蔡元培：《蔡元培全集》第3卷，浙江教育出版社，1997，第62页。
[3] 蔡元培：《蔡元培全集》第5卷，浙江教育出版社，1997，第237页。
[4] 蔡元培：《蔡元培全集》第2卷，浙江教育出版社，1997，第341页。

重要的是提示了审美作为一种信仰形式在价值取向上兼顾超越与世俗的文化独特性。那么，审美信仰的这种价值张力是如何结构于"以美育代宗教"这一命题之中的，其背后又映射出中国现代知识分子一种怎样的社会文化意图呢？

二 超越与世俗：审美信仰建构的价值张力

正如前述，蔡元培之所以肯定美育的宗教替代功能，最切要之处是他相信审美是达致一个纯净无限的终极之域的必由之路。事实上，他也是由对存在着一个与现象世界相对的实体世界的判定来展开其信仰重建工程的，而直接引发蔡元培这种彼岸性冲动的是康德的二元论哲学。

康德精致地阐明了人的认识能力和道德行为的先验原理，规定了自然领域和自由领域的法则，并通过对诸认识能力的先验分析找到了判断力（审美判断力和目的论判断力）这个"处于知性和理性之间的中间环节"。[1] 康德的二元论和审美中介思想对蔡元培的影响是根本性的，后者有关现象世界与实体世界的划分完全是康德理论的中国翻版。[2] 蔡元培在哲学语义和形上思维层面对康德的摹写，不仅在中国现代思想界第一次详细阐明了这种二元论世界观的逻辑构架，而且对所谓"现象"与"实体"做出了明确的价值评判，即将实体世界悬设为终极价值目标，现象世界的一切活动和各种目的都成为通达实体世界的手段，即其所谓"以实体世界之观念为其究竟之大目的，而以现象世界之幸福为其达于实体观念之作用"。[3] 蔡元培由此认识到，无论是个体还是全体国民抑或国家乃至世界，只要"以现世幸福为鹄的者"，都难逃价值的虚妄性，因为"现世之幸福，临死而消灭"，[4] 死亡乃一切经验事物的最终归宿，唯有终极实体才保有价值的永恒性。

既然确证实体世界为"究竟之大目的"，那么应该如何获取"提撕实体观念之方法"呢？蔡元培曾明确将实体世界的治辖权划归宗教，视其为"提撕实体观念"最直接、最本色的手段。由于宗教以"现象世界之文明为

---

[1] 康德：《判断力批判》，邓晓芒译，人民出版社，2002，第11页。
[2] 蔡元培：《蔡元培全集》第4卷，浙江教育出版社，1997，第291页。
[3] 蔡元培：《蔡元培全集》第2卷，浙江教育出版社，1997，第12页。
[4] 蔡元培：《蔡元培全集》第2卷，浙江教育出版社，1997，第11页。

罪恶之源",故以排斥现象世界来铺就通往实体世界之路。现象世界之所以是迈向实体世界的障碍乃基于人的两种基本意识:"一、人我之差别;二、幸福之营求。"两种意识的发生是由个体的自然差异和社会发展的不均衡造成的。人们为在现实生活中追求平等和幸福,必然拘囿其中而与实体相隔,因此,为与实体相合就必须消除这两种意识。宗教的办法是通过弃绝现世幸福和否认人我差别的存在来揭橥这两种世俗意识的荒谬性,也就是在根本否定现象世界存在的合理性的同时使实体世界的应然之景自然澄明。然蔡元培并不认为以弃置现象来昭明实体是可行的。根据他的二元论哲学,现象、实体实乃一世界之两面,不能以舍弃一面来获得另一面,只能通过一面来触及另一面,即"吾人之感觉,既托于现象世界,则所谓实体者,即在现象之中,而非必灭乙而后生甲"① 是也。可见,实体观念必须经由现象世界获得,现象是通达实体的必由之路,对现象世界的直接厌弃只会将以精神形式存在的实体世界推入更加虚无的境地,根本无益于信仰的建构。于是,蔡元培的策略便是"能剂其平",也就是借由在现象世界中抹平人我差别、满足人生幸福来"泯营求而忘人我",并在此基础上以饱满的生命状态去融入实体的永恒之流。"故现世幸福,为不幸福之人类到达于实体世界之一种作用,盖无可疑者。"②

蔡元培终于在此引申出一种"立于现象世界,而有事于实体世界"③ 的审美超越之道。由于审美被认为是连接现象与实体的桥梁,美感及其教化实践——美育便成为获求实体观念的最佳手段,而审美之有此种能力是因其对现象世界抱持一种"无厌弃而亦无执著"的态度。唯其无厌弃,方可立足于现象世界,将"爱恶惊惧喜怒悲乐之情"与"离合生死祸福利害之事"作为审美对象;唯其无执著,方可从这现象世界之"情"与"事"中脱离出来,而成"浑然之美感",入此状态"即所谓与造物为友,而已接触于实体世界之观念矣"。由是可知,"欲由现象世界而引以到达于实体世界之观念,不可不用美感之教育"。④

在这里,审美凭借两种优势击碎了宗教对实体世界的专辖权并取而代之。其一,从获取实体观念的手段来看,蔡元培所信奉的实体超越逻辑使

---

① 蔡元培:《蔡元培全集》第2卷,浙江教育出版社,1997,第13页。
② 蔡元培:《蔡元培全集》第2卷,浙江教育出版社,1997,第13页。
③ 蔡元培:《蔡元培全集》第2卷,浙江教育出版社,1997,第12页。
④ 蔡元培:《蔡元培全集》第2卷,浙江教育出版社,1997,第14页。

审美成为立足现象而通达实体的最佳途径，宗教则是弃绝现象而直涉实体。其二，从实体世界作为终极目的的实现来看，宗教已然是实体观念的精神表征形式。然基于上述第一点，此种实体观念的价值值得怀疑，因为审美可以横跨现象与实体两界并将两者涵摄其中，在它作为一条通往实体世界的路径之时，实体观念已然存于此路径之中。蔡元培显然相信他曾介绍的谢林所称"无穷的完全进入于有穷的，有穷的完全充满着无穷的"美学观念，他亦据此肯定宗教的信仰精神"完全可以用美术代替他"。①

上揭蔡元培以美育取代宗教来探触终极实体的一个重要原因乃是审美具有兼摄现象和实体两界之能力。他试图寻找一个恰当的位置和一种有效的工具，既能深深地扎根于现实世界的土壤，又能摘取彼岸世界的果实，也就是说，对审美的选择不仅指向实体的超越之境，而且也寄意于此岸的世俗之域。当蔡元培确认实体世界的达成必须要以现世幸福，即其所说的"最良政治"为基础时，后者便成为当前价值活动的焦点，成为一切行动的直接目标。不能否认，蔡元培确要竭力营建一种超绝实体的彼岸价值期待，但他所选择的审美中介手段使这种彼岸期待自然地过渡到对此岸幸福的追求上去，进而将通往实体世界的逻辑起点——现象世界变成了价值规划的中心场域。换句话说，也唯有审美的兼摄性才可能合法地将价值重心从实体理念的终极追求转移到对现象世界的关怀上来。我们纵然将实体世界作为生命追求的最高鹄的，但这一最高境界的达成是一个不断攀升、永无止境的过程。在蔡元培看来，唯有持续改善生存状态，在现实世界中营造幸福生活，才不失为追求终极实在的积极行为，而美育的感性机制能使其在经验界拥有营造幸福的价值功能。由此可以判断，蔡元培在现代中国文化语境中所达成的审美终极之思乃是建基于沉重的现实关怀之上的，审美精神的超越之维亦始终隐没在宏广的政治目的论之中。

其实，蔡元培一开始在阐述现世幸福与实体观念的关系时就陷入了手段与目的的二律背反之中。他一方面既说现世幸福是"到达于实体世界之一种作用"，只是追求实体世界的一种手段和必经的过程；另一方面又说"人既无一死生破利害之观念，则必无冒险之精神，无远大之计画"，"非有出世间之思想者，不能善处世间事"。② 这不免使人怀疑，对实体世界的向

---

① 蔡元培：《蔡元培全集》第5卷，浙江教育出版社，1997，第237页。
② 蔡元培：《蔡元培全集》第2卷，浙江教育出版社，1997，第12页。

往可能只是为了磨炼、锻造应付现象世界的意志和力量。据此我们不得不问,美育情怀之所寄,到底是超越的"一死生破利害之观念"还是现实的"冒险之精神"?到底是"出世间之思想"还是"善处世间事"之能力,又或者兼而有之呢?不难理解,作为一名力图将华夏民族从生存迷失的泥淖中解救出来的哲学家,终极实体的规设是蔡元培审美信仰建构的内在要求,但作为一名怀有强烈社会政治抱负的中国现代知识分子,这种终极关怀又轻易地被他的世俗忧虑所淹没,纯粹生命信仰的追寻也被合理地构筑到针对现实问题及其解决之道的思维框架中。

三 "以美育代宗教":超越的困难

如上文所述,蔡元培基于某种启蒙主义价值理念和社会政治现代性意图而选择美育来培育国人的信仰人格,在此认识的基础上,我们仍需深究这种选择背后所潜藏着的中国知识分子深层的文化现代性心境,正是这种在中国现代化进程中蕴结了中国与西方、传统与现代之价值矛盾的文化心性,从根本上决定了为何是审美及其教育实践而非宗教被视为可遵循的信仰建构路径,并由此导致超越精神在信仰之审美化建构中的必然缺失。

在王国维、蔡元培等持有文化保守主义态度的知识分子看来,比起西方由宗教主导的二元论思维,华夏文化那种圣俗不分、天人合一的审美一元论具有更加高超的价值品性,而且宗教自身不可克服的弊病及其在遭到科学理性解构之后陷入的现代困境亦愈发使人相信,艺术的审美救赎价值较之宗教具有更加充分的文化合理性。审美人生论和以艺术代替宗教的诉求也由此成为中国现代美学的思想基调。这里实质潜藏着这样一种民族主义文化立场:中国的审美精神足以替代基督教精神,儒家的道德形而上学是救济由西方科技理性的无度扩张导致的文化困境和价值危机的良药,审美境界是人类文明发展的最高阶段。在此我们不禁要问,在体验信仰必要的超验维度、从中领受灵魂的终极关切方面,中国审美精神与西方宗教——主要是基督教是否具有同等的超越效应?换句话说,现代中国语境中的信仰的审美化重建——很大程度上基于传统审美精神能否获得信仰必要的超越性内涵呢?

简单来说,西方宗教的超越模式是基于对人世之外的彼岸世界的追求与向往,意在突破世俗界限之后登临另一个世界。从超越(transcendere)

的拉丁文原意来看，trans 是指超越，scendere 有攀登、上升的意思。当人被罪恶遮蔽时，无法通过自身的力量获得解脱，只有依靠作为"绝对的他在"的神力来实施灵魂的超拔，促进精神的攀升以达到超验的彼岸，这种超越模式被称为"外在超越"或"纯粹的超越"。与西方由神/人、灵/肉、主/客等一系列二元对立形式塑造的"外力"式超越观不同，中国文化在创生之初便确认了人与宇宙、人与自然万物的普遍联系，天、地、自然、人被视为同源、同构、同体，并构成"天人合一"的一元世界。这种文化哲学观在生命意义的追求上倾向于所谓"内在超越"的自由化路径。"内在超越"的主要特征"在于把'人'看成是具有超越自我和世俗限制能力的主体，它要求人们向内反求诸己以实现'超凡入圣'之理想，而不要求依靠外力"。[①] 内在超越的范围完全限于人自身，它强调人的主观意志对于精神超脱的根本作用，而这样的超脱竟又是在"修身、齐家、治国、平天下"的道德修持和政治事功当中去领受天道，抑或在担水、劈柴的日常生活中去体验自然道心。它不与世俗对立，且尽含于世俗之中。这种通过个体的心性修为而在俗世的烦扰中达致超脱的宁静，从生活的劳作中获取生命的愉悦显然具有一种审美化的超越性特质，审美超越正是"内在超越"的独特表征模式。我们知道，秉持儒家"未知生，焉知死"的生命原则的传统士人普遍缺乏西方哲人那种追溯人生意义之形上根柢的终极之思，他们更多萦怀着由家国离恨和仕途经济沉浮造成的政治愁绪与命运哀叹。在士人们看来，这些精神苦闷完全可以通过寄意山水、附情诗词的审美之道获得排解，进而使自己从"兼济天下"的失意转向"独善其身"的逍遥，而艺术于此岸营造的超越之境便可成就一种极乐无忧的生命信仰。比起西方宗教完全依靠外在的神圣力量实现超越的彻底性，中国传统士人渴慕的艺术化生活毋宁说是在此世的感性愉悦中求取内心的超脱与自由。因此，相比起来，内在超越之精神维度仍不脱于现实，而是在与俗世的黏离张合中洞破存在的全部秘密。唯其如此，审美超越才能塑就一种以现实为域限的精神升沉机制，升则畅游于逍遥之境却不斩断现实的根基，沉则操劳于俗世的幸福却怀有对绝对自由的期待。

值得注意的是，蔡元培最初运用康德的二元论哲学来构设实体世界时，确实从某种意义上突破了传统天人合一、圣俗同体的价值结构形式，并在

[①] 汤一介：《儒道释与内在超越问题》，江西人民出版社，1991，第 11 页。

一个很大程度上借由主体心性修为实现内在精神超越的文化系统内表现出依靠超验力量以追求外在超越的思想倾向。但问题的关键正如本文第二部分所释，蔡元培选择美育来重建信仰机制主要是相信，终极价值的审美式领悟无须以牺牲现实幸福为代价，而后者乃是中国社会政治现代性进程至关重要的伦理依据。审美的这种黏联效应的知识论根据当然来源于康德美学，但蔡元培无力认识或有意忽略了此种知识论背后的价值论内涵，即对康德美学构成强力牵引作用的宗教精神。

康德虽然论证了审美连接自然与自由的中介功能及其对两者的兼摄效应，且象征化地喻示了审美自由与信仰之境的相似性，但他亦清晰地确证了科学、艺术、道德和宗教的独立领地，规定了它们的界域和价值限度，因此根本不存在艺术僭越宗教，审美取代信仰的可能性。关键在于，自然概念和自由概念只有在具有终极目的论意义的"上帝"观念那里才能获得统一，只有道德自由所在的终极之域才是信仰价值据以寄付的真正对象，也是审美判断力趋向的最终目的。蔡元培因审美而舍宗教的态度显然与康德美学的深层宗教精神相背离。他仅看到了信仰的意义，却放弃探究这种意义的最终来源。他虽然注意到，在德国古典美学那里，"美是把超官觉的影子映照在官觉上"，[1]但在具体的阐释中把"映照在官觉上"的"影子"当成了"超官觉"本身。毋庸置疑，蔡元培对康德美学的误读乃深受根植于其文化心性之中的儒道审美超越模式的影响，康德美学所指向之外在超越的可能性被更加流连于世俗生活的传统审美——道德精神化解于无形。

实际上，"以美育代宗教说"尽管在知识学和哲学逻辑层面依据的是启蒙主义的西学资源，但就其美学精神意蕴与美育所阐发的功能意旨来说，确实潜伏着一股隐而不彰的文化保守主义气质。蔡元培将孔子的思想概括为两个特点："一是毫无宗教的迷信；二是美术的陶养"，[2]借此为"以美育代宗教说"寻找本土文化的凭据。而他所倡美育之宗旨意在凭借美感之普遍与超脱来"陶养吾人之情感"，以此塑造高尚纯洁的道德人格，这种理想道德人格的价值核心与儒家人文传统是一脉相承的。他说："既有普遍性以打破人我的成见，又有超脱性以透出利害的关系；所以当着重要关头，有'富贵不能淫，贫贱不能移，威武不能屈'的气概，甚至有'杀身以成仁'

---

[1]　蔡元培：《蔡元培全集》第5卷，浙江教育出版社，1997，第232页。
[2]　蔡元培：《蔡元培全集》第8卷，浙江教育出版社，1997，第362页。

而不'求生以害仁'的勇敢",① 这里解释的所谓"气概"和"勇敢",显然具有儒家理想君子人格的重要内涵。在阐释诸如自由、平等、博爱等伦理原则时,蔡元培也分别将之与儒家的义、恕、仁三种道德修为联系起来,认为"三者诚一切道德之根原"。② 在抗日战争时期,他更是不无理想化地通过提倡美育来培养全民族的抗战精神,认为通过美育可以使人人培养"宁静的头脑"和"强毅的意志",为全民族构筑一种"宁静而强毅的精神"。如果说,康德的审美判断力导向一种具有浓重形而上色彩的道德"至善"之境,后者与宗教信仰一体相融,那么蔡元培通过美育所塑造的道德人格则包含更多的政治伦理与社会伦理内涵,具有更强烈的世俗意味。在中国社会政治现代化的逼促下,儒道文化那种既超脱于凡俗又黏着于尘世的审美—道德精神被顺理成章地重塑为一个以建构社会政治伦理为目的的功能性框架。与此同时,这一功能性框架也消解了西方美学所蕴含的无限观念与终极意趣,将美育的目标定位于现实政治所要求的主体道德人格的教化上。于是不难理解,无论是传统审美—道德系统中的内在超越精神,还是宗教观念制导下的西方美学的超越旨趣,它们在现代中国文化场域中都被降格为一种世俗道德观念的培育机制,纯粹的超越性信仰在此都变得困难。可以肯定,这种道德培育机制本身是传统审美—道德系统的一部分,也正是后者使得西方美学价值论意义上的审美面向终极实体的升华动力大大减弱,而只满足于对现象事务的操弄和对现实幸福的追逐上。蔡元培竭力阐扬"美育"乃是一种包含了自由、平等、进步等现代性价值理念的文化精神,从而证明"美育代宗教"作为一种文化趋势的历史必然性。然而,我们亦须理解,他对美育价值之普世性的证明,实质也是为深厚的审美—道德精神的现代性伸张提供理据。强大的审美文化传统使蔡元培们相信,将"美育"建构为宗教功能在现代中国的替代物是可行的,这也说明传统审美精神及其代表的整个文化系统完全具备现代性转换的外部条件和内在力量。

如果说,对宗教的拒斥和对世俗化的儒道审美精神的坚守导致"以美育代宗教"模式无法从文化根基上建立信仰的超越性品格,那么,现代中国的社会政治危机则促使对信仰之超越性维度的追寻必然与对社会前途和

---

① 蔡元培:《蔡元培全集》第 7 卷,浙江教育出版社,1997,第 291 页。
② 蔡元培:《蔡元培全集》第 2 卷,浙江教育出版社,1997,第 10 页。

国家命运的探索深刻纠联在一起，关涉个体心灵全部人生观与宇宙观的人生本体之思则无可挽回地被风起云涌的意识形态革命和大众文化运动裹挟而去，而这种社会意志对个体心理的公约势必进一步将信仰的超越之维拖向世俗关怀层面。那么信仰在此意义上就不仅是个体灵魂的终极关怀之念，它还关乎一个古老民族如何在现代世界重新站立的精神动力。据此可以体会，那种寄超越精神于现实关怀，寄个体趣味于政治目的的美育为何会成为蔡元培据以开展信仰重建的中心策略，即使这种信仰重建模式无法真正获得信仰最为根本的超越性内涵。

（作者单位：上海师范大学人文与传播学院）

"生命的律动"

——宗白华"六法"绘画美学思想探微

唐善林

在20世纪中国美学史上,对当代中国书画理论与创作影响最大的美学家应该是宗白华先生。他不但对中国传统哲学文化有深入研究,而且对中国传统艺术尤其是书画艺术有精湛体验和认识,加之其又受到以德国哲学为代表的西方近现代学术的影响,使其能够对中国传统艺术尤其是书画艺术做出超越传统书画理论的现代阐释。日前学界对于宗白华美学和艺术理论的研究成果颇为丰硕,但笔者认为学界对他的绘画美学尤其是他的"六法"之绘画美学思想尚未进行系统而深入的探讨。有鉴于此,本文通过对其有关绘画研究文本的细读,从"六法"的角度做出具体而集中的考察,并进一步揭示其"六法"之绘画美学思想的内涵、特征及哲学文化渊源,以期为当下宗白华美学和艺术理论研究添砖增瓦。

一

"六法"作为中国绘画艺术"千载不易"的创作和批评标准,最早由南齐谢赫于其《古画品录》序中提出:"虽画有六法,罕能尽赅,而自古及今,各善一节。六法者何?一气韵生动是也,二骨法用笔是也,三应物象

---

* 本文系教育部人文社会科学研究重点基地重大项目"中华美学精神与20世纪中国美学理论建构"阶段性成果。

形是也,四随类赋彩是也,五经营位置是也,六传移模写是也。"它为我国绘画理论体系建构从一开始就奠定了一个至高起点。但遗憾的是,谢赫只是为我们粗线条地勾勒了一个绘画理论体系,并没有对其具体内涵加以详解。事实上,他在《古画品录》中对陆探微、曹不兴、卫协等二十七位画家所作的"六品"评价,也没有严格按照"六法"标准来进行,这为后世对"六法"的理解增加了难度,同时也留下了更大的阐释空间。[①] 作为中国现代书画理论家的宗白华,虽然没有专门单独撰文探讨谢赫"六法",但也没有无视这一"千载不易"的标准,他在《徐悲鸿与中国绘画》(1932)、《中西画法所表现的空间意识》(1935)、《论中西画法的渊源与基础》(1936)、《中国艺术意境之诞生》(1943)、《中国诗画中所表现的空间意识》(1949)、《中国美学史中重要问题的初步探索》(1979)等文中或直接或间接地涉及了谢赫"六法"。因此,从"六法"诠释的角度对宗白华绘画美学思想做一具体而集中的考察,既有利于我们把握宗白华绘画美学思想的独特性,也有助于我们深入理解谢赫"六法"的美学内涵。

宗白华在文中多处提到作为"六法"之首的"气韵生动",但最直接最具体的要算《中国美学史中重要问题的初步探索》(1979)一文。文章专列了一小节来探讨"气韵生动和迁想妙得"的问题。他认为艺术家不能仅仅停留在"模仿自然"的层面,"艺术家要进一步表达出形象内部的生命,这就是'气韵生动'的要求。气韵生动是绘画创作追求的最高目标,最高境界,也是绘画批评的主要标准。气韵就是宇宙中鼓动万物的'气'的节奏、和谐。绘画有气韵,就能给欣赏者一种音乐感"。[②] 而"生动"作为汉代以来艺术实践的理论概括和总结,则是指绘画描述的人或动物大都是热烈飞动而有生气的。那么艺术家如何才能在绘画创作中实现这一热烈飞动而富有音乐感的最高目标和最高境界呢?宗白华明确指出:"为了达到'气韵生动',达到对象的核心的真实,艺术家要发挥自己的艺术想象。这就是顾恺之论画时说的'迁想妙得'。"[③] 由上可知,所谓"气韵生动"就是指艺术家靠内心的体会把自己的想象迁入对象的内部,以热烈飞动而富有音乐感

---

① 自清末严可均对谢赫"六法"标点以来,学界关于"六法"如何断句进行了热烈讨论,其中包括钱锺书、阮璞、刘纲纪、李泽厚、徐复观、伍蠡甫、叶朗、陈传席、陈绶祥、邵宏、徐建融等一批美学家和画论家的参与,并由此引发了对谢赫"六法"渊源考辨和主次定位。
② 宗白华:《艺境》,北京大学出版社,2003,第315页。
③ 宗白华:《艺境》,北京大学出版社,2003,第316页。

的艺术形式表达出对象内部的生命。或因篇幅和理论构架的限制，宗白华对此并没充分深入地展开探讨。然而通观其美学与艺术理论，宗白华对"气韵生动"的阐释则极为丰富深刻，主要体现在以下两个方面。

一是从中西绘画艺术技法层面的比较来探讨"气韵生动"。在《论中西画法的渊源与基础》一文中，宗白华认为"气韵生动"尽管是中国绘画艺术之最高理想和标准，但并不意味着西洋绘画艺术不讲究"气韵生动"；只是中国绘画艺术讲究的是因点线笔墨所造成的"气韵生动"，而西洋绘画讲究的是因形体色彩所造成的"气韵生动"。前者是点线的音乐，后者是色彩的音乐。他说："西洋画因脱胎于希腊雕刻，重视立体的描摹；而雕刻形体之凹凸的显露又凭借光线与阴影。画家用油色烘染出立体的凹凸，同时一种光影的明暗闪动跳跃于全幅画面，使画境空灵生动，自生气韵。故西洋油画表现于气韵生动，实较中国色彩为易。而中国画则因工具写光困难，乃另辟蹊径，不在刻画凹凸的写实上求生活，而舍具体、趋抽象，于笔墨点线皴擦的表现力上见本领。其结果则笔情墨韵中点线交织，成一音乐性的'谱构'。其气韵生动为幽淡的、微妙的、静寂的、洒落的，没有彩色的喧哗炫耀，而富于心灵的幽深淡远。"[①] 在此，宗白华主要是从技法比较层面来探讨中西绘画艺术"气韵生动"之特性及成因。他认为西洋油画受希腊雕刻影响，创作时借色彩光影的变化来显现描摹对象凹凸的立体感，从而形成独特的色彩光影式"气韵生动"；而中国绘画受书法的影响，借笔墨点线皴擦的技艺创造出幽深淡远的笔情墨韵式"气韵生动"。这一眼光独到的辨异既为我们实现中西绘画艺术之汇通提供了契机，也为我们理解中西绘画艺术之差异点明了路径，非深悟中西绘画艺术者莫能为之。

二是从艺术意境的层面来探讨"气韵生动"。目前学界对宗白华"气韵生动"和"艺术意境"思想的研究往往采取二分的态度，而在他自身看来，绘画艺术的"气韵生动"也是一种"艺术意境"，而且是绘画艺术最高目标和境界，这就意味着"气韵生动"除了自身独特性外还蕴有"艺术意境"所具有的一般内涵和特征。宗白华在比较中西绘画艺术境界差异时就明确指出："中国画的主题'气韵生动'，就是'生命的节奏'或'有节奏的生命'……中国画自伏羲八卦、商周钟鼎图花纹、汉代壁画、顾恺之以后历唐、宋、元、明，皆是运用笔法、墨法以取物象的骨气、物象外表的

[①] 宗白华：《艺境》，北京大学出版社，2003，第111页。

凹凸阴影终不愿刻画，以免笔滞于物。所以虽在六朝时受印度影响，输入晕染法，然而中国人终不愿描写从'一个光泉'所看见的光线及阴影，如目睹的立体真景。而将全幅意境谱入一明暗虚实的节奏中，'神光离合，乍阴乍阳'。"① 可见，中国画的"气韵生动"就是艺术家以中国特有的笔情墨韵所创构的一种虚实相生而富有音乐性的"生命的节奏"或"有节奏的生命"，即一种"艺术意境"。宗白华在《中国艺术意境之诞生》一文中认为："以宇宙人生的具体为对象，赏玩它的色相、秩序、节奏、和谐，借以窥见自我的最深心灵的反映；化实景而为虚景，创形象以为象征，使人类最高的心灵具体化、肉身化，这就是'艺术意境'。"② 换言之，"艺术意境"就是人类最高的心灵赏玩宇宙人生对象时所形成的一种虚实相生的"生命的节奏"或"节奏的生命"。由上可推，"气韵生动"与"艺术意境"在本质上都是一种"生命的节奏"或"节奏的生命"。

那么，作为一种"艺术意境"的"气韵生动"具有怎样不曾揭示的内涵和特征呢？首先，"气韵生动"是一种"灵境"，是"情"与"景"的结晶。"艺术家以心灵映射万象，代山川而立言，他所表现的是主观的生命情调与客观的自然景象交融互渗，成就一个鸢飞鱼跃，活泼玲珑，渊然而深的灵境；这灵境就是构成艺术之所以为艺术的'意境'"。③ 作为"灵境"的"气韵生动"就是恽南田所言"皆灵想之所独辟，总非人间所有"（《题洁庵图》），也是张璪所道"外师造化，中得心源"（《文通论画》）。其次，"气韵生动"是一种"禅境"，是"动"与"静"的圆成。宗白华认为，"艺术意境"不是对自然的平面再现，而是有着深层的境界创构。从直观色相的摹写，活跃生命的传达，到最高灵境的启示，艺术家在拈花微笑里领悟到色相中微妙至深的禅境。"禅是动中的极静，也是静中的极动，寂而常照，照而常寂，动静不二，直探生命的本原"，④ 这就意味着"气韵生动"的绘画作品也是动中有静、静中有动的。在《介绍两本关于中国画学的书并论中国的绘画》一文中，宗白华认为中国绘画里："所表现的精神是一种'深沉静默地与这无限的自然，无限的太空浑然融化，体合为一'。它所启示的境界是静的，因为顺着自然法则运行的宇宙是虽动而静的，与自然精

---

① 宗白华：《艺境》，北京大学出版社，2003，第 112~113 页。
② 宗白华：《艺境》，北京大学出版社，2003，第 140 页。
③ 宗白华：《艺境》，北京大学出版社，2003，第 141 页。
④ 宗白华：《艺境》，北京大学出版社，2003，第 145 页。

神合一的人生也是虽动而静的。它所描写的对象,山川、人物、花鸟、虫鱼,都充满着生命的动——气韵生动。但因为自然是顺法则的(老、庄所谓道),画家是默契自然的,所以画幅中潜存着一层深深的静寂。"[1] 如果不从"气韵生动"也是一种艺术意境或禅境角度来理解中国绘画,或许我们会误解"气韵生动"仅仅是一种动态的飞舞精神和节奏,也无法理解中唐以来的文人山水画家为何把充满宁静幽冷韵味的荒寒之境也作为中国画的最高境界。其实,静极而动,山水画家在宁静荒寒的艺术意境中同时也寄寓了与宇宙同体热烈飞动的生命情调。正如朱良志所言:"中国画家如此推崇荒寒,是因为画家在此找到了自己的生命家园,荒寒画境是画家精心构筑的'生命蚁冢',以期安顿自己孤独、寂寞、不同凡响、不为世系的灵魂。中国画中的荒寒包含着生命的温热,我们分明在王维雪景的凄冷中感受到吟味生命的热烈,在李成的冰痕雪影中听到一片生机鼓吹的喧闹,在郭熙寒山枯木的可怖氛围中体味出那一份生命的亲情和柔意。追求荒寒的境界,所突现的正是中国画家独特的生命精神。"[2] 最后,"气韵生动"作为艺术意境是一种"格境"。宗白华认为,"气韵生动"作为中国绘画最高理想和境界是"迁想妙得"之典型形象,不是对自然做纯客观的机械描摹,它要求艺术家进一步表现自然万物的内在生命。但是,如何才能创造出"气韵生动"的绘画艺术意境呢?宗白华认为这需要画家平素的精神涵养和天机培植,"超以象外,得其环中"(《诗品》),在创作中映射着画家人格的高尚格调。他指出:"生动之气韵笼罩万物,而空灵无迹,故在画中为空虚与流动。中国画最重空白处。空白处并非真空,乃灵气往来生命流动之处。且空而后能简,简而练,则理趣横溢,而脱略形迹。然此境不易到也,必画家人格高尚,秉性坚贞,不以世俗利害营于胸中,不以时代好尚惑其心志;乃能沉潜深入万物核心,得其理趣,胸怀洒落,庄子所谓能与天地精神往来者,乃能随手拈来都成妙谛。"[3] 也就是说,"气韵生动"作为中国绘画艺术之最高境界,是由一个最自由最充沛的身心的自我创造的,不是随便哪个人就能达到的,它需要画家澄怀观道,养成高超之人格精神方能实现。此外,"气韵生动"还是一种"虚实相生"的"道境",对此后文论及"经营位置"之法和宗白华"六法"生命本体时再加探讨。

---

[1] 宗白华:《艺境》,北京大学出版社,2003,第79页。
[2] 朱良志:《中国艺术的生命精神》,安徽教育出版社,2006,第168页。
[3] 宗白华:《艺境》,北京大学出版社,2003,第33页。

二

在《论中西画法的渊源与基础》一文中，宗白华明确指出："中国绘画六法中之'骨法用笔'，即系用笔法把捉物的骨气以表现生命动象。所谓'气韵生动'是骨法用笔的目标与结果。"① 可见，宗白华"六法"绘画美学思想也是认同谢赫把"骨法用笔"放在第二重要位置观点的。他还认为："'骨法用笔'，并不是同'墨'没有关系。在中国绘画中，笔和墨总是相互包含、相互为用的。所以不能离开'墨'来理解'骨法用笔'。"② 所以，"骨法用笔"可以说是一个关乎笔墨的问题，笔墨有"骨力"、"骨法"或"风骨"就是"骨法用笔"。宗白华认为，所谓"骨"就是指"笔墨落纸有力、突出，从内部发挥一种力量，虽不讲透视却可以有立体感，对我们产生一种感动力量"③。所以"骨"不仅是形象内部支持生命或行动的组织把握，也是艺术家主观感情态度的表现，而且"骨"的表现有赖于笔墨。宗白华赞同张彦远"夫象物必在于形似，形似须全其骨气；骨气形似，皆本于立意而归乎用笔"（《历史名画记》）的说法，认为中国毛笔富有弹性，在其中锋行笔之下，无论点面都不同几何学上的点面，而呈现出圆滚滚的立体之"骨"感。

如果我们超越"骨法用笔"仅为创作技巧的视野，把它置于宗白华整个美学和艺术理论当中来考察的话，那么"骨法用笔"之法还包蕴了以下两个方面的内涵和价值。一方面，"骨法用笔"不仅仅是实现绘画艺术"气韵生动"这一最高目标和境界的手段，而且它本身还是一"生命的节奏"或"艺术意境"，具有独立的美学价值。宗白华认为："中国画真像一种舞蹈，画家解衣盘礴，任意挥洒。他的精神与着重点在全幅的节奏生命而不沾滞于个体形相的刻画。画家用笔墨的浓淡，点线的交错，明暗虚实的互映，形体气势的开合，谱成一幅如音乐如舞蹈的图案。物体形象固宛然在目，然而飞动摇曳，似真似幻，完全溶解浑化在笔墨点线的互流交错之中。"④ 在这笔墨点线交错互流中，画家超越了对宇宙万象纯粹形象的刻画，

---

① 宗白华：《艺境》，北京大学出版社，2003，第105页。
② 宗白华：《艺境》，北京大学出版社，2003，第317~318页。
③ 宗白华：《艺境》，北京大学出版社，2003，第316页。
④ 宗白华：《艺境》，北京大学出版社，2003，第104页。

以一颗自由玄远的深心融入宇宙万象的生命内部，并凭借浓淡干湿笔墨的皴擦点染，粗细轻重纹线的勾勒回旋，不但写出了山水云烟人物花鸟等宇宙万象的骨气形似，而且表现了画家神情潇洒不滞于物的人格个性。所以，这看似抽象的笔墨纹线"不存于物，不存于心，却能以它的匀整、流动、回环、屈折，表达万物的体积、形态与生命，更能凭借它的节奏、速度、刚柔、明暗，有如弦上的音、舞中的态，写出心情的灵境而探入物体的诗魂"①。其表现了一种生命节奏，成就了一种艺术意境，既流出了万象之美，也流出了人心之美。另一方面，"骨法用笔"成就了中国绘画艺术不同于西洋油画的独特空间意识。宗白华认为，西洋画受雕刻和建筑艺术的影响，重视透视法、解剖学和光影凹凸的晕染，展现了一个手可触摸、足欲走进的写实性三维立体空间，整个画境透露着一种整齐、均衡、静穆的风格；而中国绘画受商周钟鼎彝器盘鉴上的花纹图案、汉代壁画和中国书法的影响，重视点线笔墨的交错顾盼和流动变化，谱写了一个力透纸背、墨气四射、空灵而充实的书法空间，整个画境显示着一种类似于音乐或舞蹈的生命节奏和神采。宗白华明确指出："那么，中国画中的空间意识是怎样？我说：它是基于中国的特有艺术书法的空间表现力。中国画里的空间构造，既不是凭借光影的烘染衬托（中国水墨画并不是光影的实写，而仍是一种抽象的笔墨表现），也不是移写雕像立体及建筑的几何透视，而是显示一种类似音乐或舞蹈所引起的空间感型，确切地说，是一种'书法的空间创造'。"② 因此，引书入画是中国绘画的一个鲜明特征，使得"骨法用笔"能为中国绘画创构出一独特空间感。在探讨中国绘画"三远"空间构成时，宗白华就曾称赞清代画论家华琳在《南宗抉秘》中提出的"推"③之法极为精妙，并进一步阐释："'推'是由线纹的力的方向及组织以引动吾人空间深远平之感人。不由几何形线的静的透视的秩序，而由生动线条的节奏趋势以引起空间感觉，如中国书法所引起的空间感，我名之为力线律动所构的空间感。"④

---

① 宗白华：《艺境》，北京大学出版社，2003，第178页。
② 宗白华：《艺境》，北京大学出版社，2003，第79页。
③ 华琳在《南宗抉秘》中指出："惟三远为不易！然高者由卑以推之，深者由浅以推之，至于平则必不高，仍须于平中卑处以推及高。平则必不深，亦须于平中之浅处以推及深。推之法得，斯远之神得矣！"
④ 宗白华：《艺境》，北京大学出版社，2003，第195页。

"经营位置"为谢赫"六法"之中的第五法,排在"应物象形"第三法和"随类赋彩"第四法之后,是讲画家如何布置画面位置空间的;但宗白华显然更认同张彦远对"六法"次序的排列。在《张彦远及其〈历代名画记〉》一文中,宗白华说:"六法轻重的次序似乎是如此的:最重要的是气韵和用笔,次是经营位置,又次是象形和赋彩,末后是传移模写。这个倾向也许是早就有的,但有意识地提出来的,要算张彦远为第一次。"① 所以,在宗白华"六法"绘画美学思想中,"经营位置"之法也是占据极为重要的位置的。那么,宗白华又是如何来理解这一法则的呢?宗白华认为,中国绘画艺术家不是从固定的角度观察透视描摹对象(自然山水),而是提神太虚,纵目旷观,在整体上把握体验对象内在的生命节奏,从而把完整的对象组合成一幅"气韵生动"的艺术画卷。因此,他以沈括"以大观小"的山水之法来阐释谢赫"经营位置"的绘画之理。在《中国诗画中所表现的空间意识》一文中,宗白华认为:"沈括以为画家画山水,并非如常人站在平地上在一个固定的地点,仰首看山,而是用心灵的眼,笼罩全景,从全体来看部分,'以大观小'。把全部景界组织成一幅气韵生动、有节奏有和谐的艺术画面,而不是机械的照相。这画面上的空间组织,是受着画中全部节奏及表情所支配。"② 因此,中国画的位置经营不是按照透视法原理来构造一个几欲走进、驰于无尽的立体空间,而是游心太玄,上下飘瞥,网罗天地于门户,饮吸山川于胸怀,身所盘桓,目所绸缪,以中国特有的阴阳变换的笔情墨韵,抒写了一个折高折远自有妙理的生命空间。这是一种"气韵生动"艺术意境,也是一种阴阳转换、虚实相生之生命律动的"道境"。正如宗白华所言:"我们的空间意识的象征不是埃及的直线甬道,不是希腊的立体雕像,也不是欧洲近代人的无尽空间,而是潆洄委曲,绸缪往复,遥望着一个目标的行程(道)!我们的宇宙是时间率领着空间,因而成就了节奏化、音乐化了的'时空合一体'。这是'一阴一阳之谓道'。"③ 此外,在对"经营位置"理解上,宗白华特别强调"空白"或"虚空"在绘画艺术中不可或缺的价值和意义。庄子云:"虚室生白。"(《人间世》)笪重光言:"虚实相生,无画处皆成妙境。"(《画筌》)宗白华认为中国绘画艺术的"空白"或"虚空"处,虽没有笔墨描绘的形象,但

---

① 宗白华:《宗白华全集》第 2 卷,安徽教育出版社,1994,第 457 页。
② 宗白华:《艺境》,北京大学出版社,2003,第 187 页。
③ 宗白华:《艺境》,北京大学出版社,2003,第 198 页。

并不是毫无所有，因为在这里有着生命的流行，它是中国画家的用心所在，也是缥缈的天倪、化工的境界。一幅画正是因为有了"空白"或"虚空"处，才可能与有笔墨的实在处，形成一种"虚实相生"的生命节奏或艺术意境。宗白华指出："我们宇宙既是一阴一阳、一虚一实的生命节奏，所以它根本上是虚灵的时空合一体，是流荡着的生动气韵。哲人、诗人、画家，对于这世界是'体尽无穷而游无朕'（庄子语）。'体尽无穷'是已进入生命的无穷节奏，画面上表出一片无尽的律动，如空中的乐奏。'而游无朕'，即是在中国画的底层的空白里表达着本体'道'（无朕境界）。"[①] 所以，中国画家不像西洋油画家，取消"空白"，涂抹整个画面，并借三维进向的透视和变幻不居的色彩来表现空间意识，而是直接地在一片虚白上挥毫运墨，匠心独运，营构出一幅浓淡、虚实、动静与时空合一的生命空间。

至于谢赫"六法"中的其他法则，宗白华认为"随类赋彩"与"应物象形"就是模仿自然，要求画家睁眼看世界，把它的形状和颜色如实地表现出来；但是，他又认为画家不能停留在这里，否则就成了自然主义。在中国绘画艺术发展史上，自然主义一向是没有市场的，李成的仰画飞檐就曾被沈括讥笑为掀屋角。所以，宗白华从其生命本体思想出发，认为画家要进一步表现自然的内部生命，也就是要以达到"气韵生动"为最高目的或境界。在宗白华"六法"绘画美学思想中，"随类赋彩"与"应物象形"是不太受重视的，因此也没有对它们做太多的阐释。只是在《论中西画法的渊源与基础》一文结尾中，宗白华认为，相比于西方绘画艺术色彩流丽，中国绘画艺术笔墨抽象，轻烟淡彩，虚灵如梦，洗净铅华，追求的是一种简淡幽微、荒寒洒落的境界，虽说超脱了喧丽耀彩的色相，却也违背了画是眼睛艺术的原始意义。所以，他补充说："中国画此后的道路，不但需恢复我国传统运笔线纹之美及其伟大的表现力，尤当倾心注目于彩色流韵的真景，创造浓丽清新的色相世界。"[②] 总之，在"随类赋彩"与"应物象形"的理解上，宗白华强调从生命本体的角度对其进行总体直观的把握，认为中国画不应该只停留在外在色相的模仿阶段，而应该直击本质，进一步表现自然的内在生命，即追求"气韵生动"的艺术意境。另外，在谢赫"传移模写"上，宗白华没有进行过探讨；但与之齐名的邓以蛰则做过较为

---

① 宗白华：《艺境》，北京大学出版社，2003，第199页。
② 宗白华：《艺境》，北京大学出版社，2003，第115页。

细致的分析,在此加以简述,有助于我们对这一法则的理解。邓以蛰认为,"传移模写"包括"移写""模仿""传神""写生"四件事情。所谓"移写"可称为拓写,用纸楮或绢素覆于旧本之上,以笔墨色彩勾勒描绘之,如幼童描红或印本;"模仿"就是拓画和临古,这对保存绘画古迹有伟大功绩;"传神"即通过对人物动作以传其种种神趣;而"写生"则指实写花卉翎毛以通神。由上可以看出,邓以蛰的"传移模写"就是一个画师如何由初学到成熟的习画步骤。也就是说,一个画师要想具备创造绘画作品能力,必须经历"拓""临""传""写"的学习过程。

三

由上述我们知道,宗白华认为谢赫"六法"不仅仅是一种关乎用笔、取象、赋彩、布置的形式技巧,同时也是一种涉及画家人品心灵和宇宙节奏规律的"生命律动"或"艺术意境"。这一融形而下之"技"与形而上之"道"于一体的"六法"观,可以说是宗白华生命本体论哲学思想在艺术理论中的现代展现和建构。品阅宗白华的流云小诗和美学论文,我们深切地感受到他对生命真诚地依恋和崇拜。"生命的树上/凋了一枝花/谢落在我的怀里/我轻轻地压在心上/她接触了我心中的音乐/化成小诗一朵。"[1] 这是一位美学家以一颗诚挚细腻温柔的诗心,借小诗的艺术形式触摸和感受生命的真谛。"中国人感到宇宙全体是大生命的流行,其本身就是节奏与和谐。人类社会生活里的礼和乐,是反衬着天地的节奏与和谐。一切艺术境界都根基于此。"[2] 这又是一位美学家以理性直观的智慧,捕捉和体验到宇宙人生和一切艺术活动的生命本质。如果透过生命的原生形态而在思维中对其进行抽象的话,那么我们可以认为:在宗白华看来,生命是宇宙人生的本质,也是一切艺术审美活动的源动力,从而赋予了生命于艺术审美活动中的本体地位。

宗白华是一位学跨中西且能兼容并蓄的理论家,在救亡图存、兴我中华的文化理念下,他从孔孟、老庄、《周易》、叔本华、柏格森和歌德等哲学美学思想中抽取生命的内核并加以融会贯通,形成了自己独特的艺术生

---

[1] 宗白华:《艺境》,北京大学出版社,2003,第360页。
[2] 宗白华:《艺境》,北京大学出版社,2003,第182页。

命本体论思想。他明确指出:"中国哲学是就'生命本身'体悟'道'的节奏。'道'具象于生活、礼乐制度。道尤表象于'艺'。灿烂的'艺'赋予'道'以形象和生命,'道'给予'艺'以深度和灵魂。"① 何以如此说呢?中国哲学历来认为"元气"或"道"是宇宙生命的本体,并在阴阳互换、刚柔相推之变化中形成一种生命的节奏。如老子曰:"'道'生一,一生二,三生万物。万物负阴而抱阳,冲气以为和。"(《老子》第四十二章)《易传》曰:"一阴一阳之为道。"(《系辞上》)庄子曰:"人之生也,气之聚也,聚则为生,散而为死……故曰通天下一气也。"(《庄子·知北游》)淮南子曰:"太始生虚廓,虚廓生宇宙,宇宙生元气。元气有涯垠,清阳者薄靡而为天,重浊者凝滞而为地。"(《淮南子·天文训》)据此,宗白华认为宇宙天地万物(包括绘画艺术)是"元气"或"道"的肉身化和节奏化,而作为中国绘画艺术最高理想和标准的"气韵生动"自然也与"元气"或"道"有着不可分割的本然关联。他认为:"阴阳二气化生万物,万物皆禀天地之气以生,一切物体可以说是一种'气积'。(庄子:天,积气也)这生生不已的阴阳二气织成一种有节奏的生命。中国画的主题'气韵生动',就是'生命的节奏'或'有节奏的生命'。伏羲画八卦,即是以最简单的线条结构表示宇宙万相的变化节奏。后来成为中国山水花鸟画的基本境界的老庄思想及禅宗思想也不外乎在静观寂照中,求返于自己深心的心灵节奏,以体合宇宙内部的生命节奏。"② 换言之,"气韵生动"就是"元气"在绘画艺术中所呈现的"生命节奏"。宗白华还进一步认为"气韵生动"就是一幅"虚实相生"的"道"之画境,他说:"宇宙生命中一以贯之之道,周流万汇,无所不在,而视之无形,听之无声。老子名之为虚无。此虚无非真虚无,乃宇宙中浑沌创化之原理,亦即画图中所谓生动之气韵。画家抒写自然,即是欲表现此生动之气韵。故谢赫列为六法第一,实绘画最后对象与结果也。"③ 不仅如此,宗白华对"六法"之中的"经营位置"也是从中国传统的生命本体论哲学层面来理解的。他说:"中国人的最根本的宇宙观是《易经》上所说的'一阴一阳之谓道'。我们画面的空间感也凭借一虚一实、一明一暗的流动节奏表达出来。"④ 可见中国画在空间布局上,并不以

---

① 宗白华:《艺境》,北京大学出版社,2003,第 148 页。
② 宗白华:《艺境》,北京大学出版社,2003,第 112 页。
③ 宗白华:《艺境》,北京大学出版社,2003,第 33 页。
④ 宗白华:《艺境》,北京大学出版社,2003,第 196 页。

客观物象的现实位置为摹本，而是如石涛所言的"搜尽奇峰打草稿"（《画语录》），以一颗"道心"去悟见那宇宙中阴阳转换的生命节奏，并借中国特有的笔墨创构出一种虚实相生、明暗交错的画面空间。在此画境中，无中生有，有无相生，灵气往来，趣味盎然。"中国人感到这宇宙的深处是无形无色的虚空，而这虚空却是万物的源泉，万动的根本，生生不已的创造力。老、庄名之为'道'、为'自然'、为'虚无'，儒家名之为'天'。万象皆从虚空中来，向空虚中去，所以白纸上的空白是中国画真正的画底。西洋油画先用颜色全部涂抹画底，然后在上面依据远近或名透视法（Perspective）幻现出目睹手可捉摸的真景，它的境界是世界中有限的具体的一域。中国画则在一片空白上随意布放几个人物，不知是人物在空间，还是空间因人物而显，人与空间，融成一片，俱是无尽的气韵生动。"①

宗白华早年留学欧洲，受到叔本华、柏格森和歌德等生命哲学思想的影响。在《萧彭浩哲学大意》一文中，宗白华认为叔本华唯意论哲学与东方佛教思想相近，都认为人生之苦缘于有意志，唯有清静涅槃，方可得以解脱，只不过不同于佛教认为世界真如为空无，叔本华认为世界本体为意志，天才（包括画家）能不为意志所困，忘怀小已，故能以同情之心令我之意志与万物意志融为一体，从而领会到宇宙因意志而产生的生命活力。在《读柏格森"创化论"杂感》一文中，宗白华认为柏格森哲学以本能直觉为根本途径，从心象的"绵延创化"最终推断出宇宙万象的"绵延创化"。在《歌德之人生启示》一文中，宗白华思考了歌德人格、生活和作品的人生意义，认为歌德的人格和生活极尽了人类的可能，从他那里我们窥见了人生生命永恒变迁与追寻和谐的天空，而其作品则是他如火如荼、充满矛盾、不断创造的人生生命供状。受此观点各异而凸显生命价值旨趣相同的系列哲学思想影响，宗白华在罗丹雕塑的欣赏中领悟到"大自然中有一种不可思议的活力，推动无生界以入于有机界，从有机界以至于最高的生命、理性、情绪、感觉。这个活力是一切生命的源泉，也是一切'美'的源泉"。② 这种不可思议的活力就是生命创化力，其特征就是"动"，整个宇宙人生是其存在的形式或表象。宗白华认为宇宙虽然品聚万类，仪态万千，但察其本质，不过是一幅意志的图画。人生虽然悲欢离合，曲折艰辛，

---

① 宗白华：《艺境》，北京大学出版社，2003，第45页。
② 宗白华：《艺境》，北京大学出版社，2003，第21～22页。

但体其真味，不过是一曲情绪的音乐。情绪意志是动的，因而世界的本真是动的，唯有动它才能向我们呈现其丰富、变幻、热情和深刻。艺术作为一种理解世界的特殊方式和创造美的活动，唯有以线条、色彩、节奏、结构来显示或隐喻世界万物的"动"象，方能领会宇宙人生的生命和精神，方能令艺术实现其本身存在的价值意义。所以，"艺术家要想借图画、雕刻等以表现自然之真，当然要能表现动象，才能表现精神、表现生命。这种'动象的表现'，是艺术最后目的，也就是艺术与照片根本不同之处了"[①]。宗白华以这种生命艺术本体论精神来审视谢赫"六法"之"应物象形"和"随类赋彩"，自然就认为它们的重要性不如排在其后的"经营位置"，并且要求前者不能仅仅停留在外在形象的模仿上，而应深入事物的内部生命。

（作者单位：贵州师范大学文学院）

[①] 宗白华：《艺境》，北京大学出版社，2003，第23页。

宗白华"革故鼎新"的人生论美学思想探微[*]

李 弢

宗白华先生的高足刘小枫在回忆其师时说,"宗先生觉得,通过诗或艺术,微渺的心才与茫茫的广大的人类,'打通了一道地下的深沉的神秘的暗道'",并谓之以"中国式的人格美"。[①] 所谓"知人论世",我们结合现代中国美学先辈宗白华的人生成长、生活志趣和审美致思,或许能更深入地体会古来中国生生变易的革新传统,之于现世人人、民族风尚乃至世界文化的无上意义。

"少年中国精神"

生长在20世纪初积贫积弱的中国社会,少年时的宗白华曾因体弱到山东青岛养病,进入那里的德国高等学校中学部修习德文。当地温湿的气候、和暖的海风极大地安慰了他,这段生活用他自己的话说是"青岛海风吹醒我心灵的成年",在青岛的半年,他没有读过,也没有写过一首诗,但"那生活却是诗",是他"生命里最富于诗境的一段"。[②] 很快宗白华到上海进了同济医工学堂中学部"语言科"(德文科),毕业后升入同济大学医预科学

---

[*] 本文获同济大学中央高校基本科研业务费资助。
[①] 刘小枫:《湖畔漫步者的身影——怀念宗白华教授》,见宗白华《美与人生》,北京理工大学出版社,2012,书前第6页。
[②] 宗白华:《我和诗》,见宗白华《宗白华全集》第2卷,安徽教育出版社,1994,第150页。

习医学。1917年因"一战"的关系,设在法租界内的上海同济学堂先是被法领馆解散,接着由北洋政府教育部接管,学校迁至吴淞。战事和学校的变迁给宗白华带来很大震动,他开始关心时政和国运,弱冠之年的他已无意学医,转而自修哲学和文学,深入思考世界和人生问题。[①]"五四"前夕的1919年1月,在上海吴淞的同济学校,宗白华参加了"少年中国学会"第一次团体会议,同年7月"少年中国学会"在北京正式成立,李大钊任《少年中国》月刊编辑部主任,宗白华则负责该刊在上海的编辑出版工作。在《少年中国》第1卷第1期上,年轻的宗白华针对其时恶劣的现政和社会,起草并发表了《致北京少年中国学会同志书》,其中有如此之言:"社会黑暗既已如此,吾人不得不暂时忍辱,专从事于健全无妄之学术,求得真理,将来确定一种健全无妄之主义,发扬蹈砺,死以继之,则不失学会之精神耳。"[②] 紧接着的第2期,宗白华又发表了致学会的函件,重申学会的目的乃在"造成一中国最纯洁高尚少年团体之结晶",学会的宗旨在于容纳此等少年才俊,将其"出世之人生观"改造为"超世入世之人生观",从而为人类造福。因此,会中同人,虽渺在千里,却应当迩如一室,彼此须"以道义相规,学术相问",共求"御世俗之黑潮,建立一光明真挚之新社会"。[③]

正是基于这样的认识,之櫆(宗先生原名)积极阐发创造"少年中国"的方法,热情勾画一个"新中国社会"的蓝图。简单地说,这一新的少年中国社会是在旧社会之外的山林高旷之地,组织一个合力工作,真正自由、平等的团体,从实业和教育两方面来发展其经济和文化,使之成为模范来改造旧的社会,令举国渐渐革新,让人民"皆入于安乐愉快的生活"。这种想法在当时的社会背景下有一定的乌托邦化[④],但若从其欲一振华夏青年乃至全社会之精神特质的志趣来看,却有其深远的思想改良意义和特殊的文化革新价值。在《我的创造少年中国的办法》一文中,宗白华引印度诗人、思想家泰戈尔的话,谓东方文明是森林的文明,西方文明是城市的文明,未来要将这两种文明结合起来,为人类造福,替世界放光彩。"少年中国"

[①] 参见邹士方《宗白华评传》(上、下),西苑出版社,2013,第9、10页。
[②] 宗白华:《宗白华全集》第1卷,安徽教育出版社,1994,第26页。
[③] 宗白华:《宗白华全集》第1卷,安徽教育出版社,1994,第29~30页。
[④] 《宗白华评传》作者邹士方提到宗接受了日本武者小路实笃的新村主义,见邹士方《宗白华评传》(上、下),西苑出版社,2013,第20页。

的团体也是以此为目的，欲建造大学来研究高深的学理，以"东方深闳幽远的思想，高尚超世的精神，造成伟大博爱的人格"，又取西方的物质文明来发展实业生产，使精神和物质生活都能满足，由此实现"灿烂光华雄健文明的'少年中国'"。在宗白华看来，少年中国学会同人要做的，并不是像欧洲的社会党那样，用武力暴动向旧社会宣战，即并非是从政治上去创造，而是"用教育同实业去创造"新的中国社会，即"跳出这腐败的旧社会以外，创造个完满良善的新社会"，再拿新社会的精神和能力来改造旧的社会。从教育工作计，务以最优良的教授方式，造就"身体、知识、感情、意志皆完全发展的人格"，以此再发展各种社会事业，使人们逐渐脱离旧的社会势力。当然，最能让人们主动心向往之的，还是先部署好自己团体的行政组织，使之成为革新的标本，同时多作书报宣传，阐明组织的办法、生活的愉快，令旧社会中的人们看到这些，心生羡慕之情，同时感到自己社会的缺憾，从而觉悟，要仿效改革之。这样一种事功，宗白华将之与佛门的德业相比，自言"虽不能像佛家说的度尽一切众生，也可算救了一小部分了"。①

昔日同学少年，回忆当时此学会是"本科学的精神，为社会的活动，以创造'少年中国'"，其要"集合全国青年，为中国创造新生命，为东亚开一新纪元"。宗白华先生后来也说，彼时"浪漫精神和纯洁的爱国热忱，对光明的憧憬，新中国的创造，是弥漫在许多青年心中的基调"。② 正是出于这样一种抱负和情怀，学会一干同人在 1920 年前后到了欧洲，仍然相互砥砺，切磋问题，对学术及事业多有讨论，在整顿会务、汇印造册的登记表上，于"终身欲从事之学术"一栏，宗白华填的是"哲学、心理学、生物学"，而"终身欲从事之事业"一栏，他填的则是"教育"③。教育之事，于国于民，善莫大焉！《礼记·学记》篇早有言，"建国君民，教学为先"，是以白华君当时之志向，并不在投身风云政治，而在立身于社会活动，专事教育救国。1919 年 8 月，宗白华开始协助郭虞裳编辑《时事新报》副刊《学灯》，发表了新诗《问祖国》，其诗曰："祖国！祖国！你这样灿烂明丽的河山，怎蒙了漫天无际的黑雾？你这样聪慧多才的民族，怎堕入长梦不醒的迷途？你沉雾几时消？你长梦几时寤？我在此独立苍茫，你对我默然

---

① 宗白华：《宗白华全集》第 1 卷，安徽教育出版社，1994，第 35~38 页。
② 转引自邹士方《宗白华评传》，西苑出版社，2013，第 19 页。
③ 宗白华：《宗白华全集》第 1 卷，安徽教育出版社，1994，第 306 页。

无语!"这首小诗犹如屈子的《天问》,又如短制的《离骚》,"诗者,志之所之也,在心为志,发言为诗,情动于中而形于言"(《毛诗序》),诗之数问,对引以为傲的古国其近世命运,忧虑有之,感慨系之。然而,此情此意却非彷徨于无地,亦非为赋新诗强说愁,小诗又刊于《少年中国》第1卷第3期,同期的"会员通讯"栏还登载了宗之櫆送与康白情等青年同道由沪返京的书信,内中说,"我们不必做 Sentimental(多愁善感)的态度",目光还是要向着未来,要过有奋斗的生活而不是无生机的生活。白华身在上海,所见"一班少年,终日放荡佚乐",正是"行尸走肉,没有生机的人",反而期待白情等志友天天创造,创造几篇文字,创造些微光明,最后当"奋力创造少年中国"。①

以时人所见,清季至民国之初的现代中国,其社会黑暗不可爱,当时的政治依之于军阀亦不可爱,古老优秀的民族至此却堕落得不可爱,深厚悠远的文化延至于今变得消沉幼稚而不可爱。对于处处已显得不可爱的现代中国,为什么还要爱国呢? 青年白华们的回答恰是"我们因为有创造新中国的责任,所以要爱国",现今中国可爱的地方正是在于,这里还有"我们创造新中国的机会"。不过,宗白华强调,此处所言的爱国不是那种狭陋的国家主义,也不是某种空荡的世界主义,而是"为着世界的进化,为着人类的幸福"。它与其说是为了现在一己之国的进步,毋宁说是为着"将来世界人类全体的进化"。近代中国和中华民族的衰败之象,在某种意义上,是受西方殖民列强欺凌的弱势民族的精神缩影,以宗白华先生为代表的民国有志青年,于国家危亡、民族危机之中,树大心,立大愿,欲成就世界民族共同发展进步的事业。他们认为世界的未来应是各地民族的优点充分得到发展,弱点应逐渐调整和消灭,这样方能"汇成一个更幸福的世界,更优秀的人类"。因之宗白华对上面同济学生会所办《自觉周报》中提出的为何要爱国问题的回答,扩充为"爱国是为爱世界人类",是要尽"一部分发展世界事业的责任",中国的可爱之处就是"他与我们一个最经济最适宜的发展世界事业的下手处"。②

因了这样的心志和对世界人类问题的体认,1919年11月宗白华甫接任《学灯》主编就撰写了《读柏格森"创化论"杂感》一文,介绍建立在心

---

① 宗白华:《宗白华全集》第1卷,安徽教育出版社,1994,第40~41页。
② 宗白华:《宗白华全集》第1卷,安徽教育出版社,1994,第56~57页。

理学生物学基础上的现代欧洲哲学之柏格森的学说,谓其创化论"深含着一种伟大入世的精神",且"创造进化的意志,最适宜做我们中国青年的宇宙观"。① 宗白华正是以此拟想中国的现代青年,应有一种奋斗的、创造的生活,这奋斗和创造的鹄的是给千年的老中国病体创造一种新生命、新精神。在《中国青年的奋斗生活与创造生活》一文中,他期待各个青年的奋斗精神与创造精神,能联合汇聚成一个"伟大的总体精神",这"大精神"有奋斗的意志、创造的能力,将"打破世界上一切不平等的压制侵掠",发展天赋、活动进化,它不是"旧中国的消极偷惰",也不是"旧欧洲的暴力侵掠",而是能适应新世界和新文化的"少年中国精神",这会是一种创造"新国魂"的方法。②

创造新文化的生活

1919年11月15日出刊的《少年中国》第1卷第5期上,宗白华的这篇《读柏格森"创化论"杂感》专文鼓吹"我们真正生活的内容就是奋斗与创造",一天不奋斗就会被环境所压迫,"归于天演淘汰,不能生存",一天不创造就会"生机停滞",不能适应潮流,"无从进化",不奋斗不创造"就没有生活,就不是生活"。字里行间无疑透露出其深受早年国内知识界广负盛名的严复所译之赫胥黎《天演论》的影响。赫氏之著宣扬达尔文生物进化学说,"天演竞争,优胜劣汰""物竞天择,适者生存"等一度成为思想利器和时新之语。后来宗白华在《时事新报·学灯》上答复欲译介欧洲进化论史的陈达夫之信,亦说"进化论者实是近代一切思想学术的中心,不曾明白进化论可说简直不能真正了解近代思想的内容"③。怀着对中国未来前途和命运的忧虑,本着试图改良社会现状的志愿,宗白华警醒初入世界的青年,稍一偷惰,则将"不是流入寄生生活就要归于天演淘汰",为此他详细列出中国现在青年的两种奋斗目的同两种创造的事业——奋斗的目的:1. 与自心遗传恶习奋斗,2. 与社会黑暗势力奋斗;创造的事业:1. 关于小己新人格的创造,2. 关于中国新文化的创造。

在宗白华心中,现代青年自然应该负有创造中国新文化的责任,但是

---

① 宗白华:《宗白华全集》第1卷,安徽教育出版社,1994,第78页。
② 宗白华:《宗白华全集》第1卷,安徽教育出版社,1994,第104~105页。
③ 宗白华:《宗白华全集》第1卷,安徽教育出版社,1994,第195页。

文化又是全部民族的事业，须得全国的国民一致奋进，才能达成新文化的实现，所以，他希望我们明白"文化是人所创造，不是天运所生，又是时时进化，不是守陈不变"。对于所要创造的新文化，其又从物质文化、精神文化和社会文化三个方面来分述。宗白华将物质文化视为"一切高等精神文化的基础"，认为若没有物质文化的基础，理想的精神文化就不能尽致发展，而发展中国物质文化的方法，"就是取法欧西，根基科学"，更要以创造的能力，"发阐东方闳大庄丽的精神"。此外，对于处在20世纪初的中国社会政治文化，他认为青年们能用的方法还是从教育方面来"健进国民道德智识的程度"，振作独立自治的能力去"贯彻民主政体的精神"。精神文化这个方面宗白华则论之甚详，首先他承认中国古代精神文化的产品，如学术文章、艺术伦理有很高的价值，但他同时认为，当时的精神文化比之欧美实在不如，公德心不及欧人，艺术也不如东邻岛国。因此对于中国精神文化的创造，新学者的责任不容推卸，一方面要"保存中国旧文化中不可磨灭的伟大庄严的精神"，发挥并重光之，另一方面也要"吸取西方新文化的精华"，融合汇总，以"建造一种更高尚更灿烂的新精神文化"，甚或此将成为"世界未来文化的模范"，得以免去东西两方文化现在的缺点和偏处。

同时，他告诫青年学者不能仅是剽窃一点欧美最近的学说，或仅是保守一点周秦诸子的言论，还需要刻苦的奋斗、积极的创造，数十年之后方或有实现一点新精神文化的曙光。对此，青年学者的方法，是先于各种自然科学有彻底的研究，以之为一切观察思考的基础，然后对东西古今的思想学说严格审查，考察其科学上的价值，创造一种伟大、"实际的宇宙观及人生观"。正是立意要改良现代中国的精神思想和民族文化，宗白华提出，中国的新学者"对于一切学术事理，皆要取纯粹客观，注重实证的态度"，以西方科学的严格精神为基础，又利用东方直觉的能力，"发阐世界真理，建造新学术，新艺术，新伦理，新宗教，以造成中国的新精神文化"。在达到这至大目标以前，每个人还要有"做人的责任"，即对小己负有"时时创造新人格的责任"，为此要"发展我们健全的人格，再创造向上的新人格"，因为我们的人格也要适应世界的潮流，体合社会的环境。而创造小己人格的最好地方是"大宇宙间的自然境界间"，自然界中的现象本来就是一切科学的基础，人们常常观察水陆动植物的神奇变化，感受山川云雨的自然力量，心中会渐得一种"根据实际的宇宙观"。由此，我们每天的生活应是

"对于小己人格有所创造的生活",使现在之我不复是过去之我,今日之我又不是昨日之我,"日日进化,自强不息",方合于"大宇宙间创造进化的公例"。在此意义上,宗白华稍改歌德的诗句来表明,"时时创造更高的新人格",这样的生活乃是"人类最高的幸福"之所在。[1]

革故鼎新的时空经纬

在歌德的百年忌日之时,宗白华写作了一篇长文《歌德之人生启示》,由天津《大公报》文学副刊分三期发出,该文起首连续发问道:"人生是什么?人生的真相如何?人生的意义何在?人生的目的是何?"他将歌德放在西方文艺思想史中来考察,认为荷马的长诗启示了希腊的艺术文明,但丁的神曲喻示了中古基督教的文化心灵,莎翁的戏剧体现了文艺复兴时期人们的生活与意志,而歌德的作品则表现了近代人生的特殊意义和内在问题。他引用德国哲学家息默尔(Simmel,通译齐美尔)的话说:"歌德的人生所以给我们以无穷兴奋与深沉的安慰的,就是他只是一个人,他只是极尽了人性,但却如此伟大,使我们对人类感到有希望,鼓动我们努力向前做一个人。"继而宗白华盛赞道:"我们可以说歌德是世界一扇明窗,我们由他窥见了人生生命永恒幽邃奇丽广大的天空!"

除 Simmel 外还有一些近代德国哲学家也曾努力于探索歌德人生的意义,恰是歌德生活中的矛盾复杂,使人有无穷的兴趣去深究他人格与生活的意义。歌德就像他自己在《浮士德》中所表述的那样,"我要在内在的自我中深深领略,领略全人类所赋有的一切。……我要把全人类的苦乐堆积在我的胸心,我的小我,便扩大成为全人类的大我"。宗白华评说,正是这样伟大勇敢的生命,使他穿历人生的各个阶段,并使每一个阶段都成为人生深远的象征。歌德的一生,大约可以分为四个时期,即少年诗人时期、中年政治家时期、老年思想家和科学家时期,在文学上,他从最初洛可可式的纤巧到少年维特的自然流露,再从意大利游历后古典风格的写实到老年时浮士德第二部象征的描写。歌德之于近代文化史的意义可谓是带给近代人一个新的生命情绪,这种新的人生情绪就是"生命本身价值的肯定",在此歌德可以说是代表了文艺复兴以后欧洲近代人的心灵生活,体现了其内在

---

[1] 宗白华:《宗白华全集》第 1 卷,安徽教育出版社,1994,第 98~104 页。

的问题。因为西方近代人失去了希腊文化中人与宇宙的和谐，又失去了基督教对上帝虔诚的信仰，启蒙运动的理性主义则认为人生须服从理性的规范和理智的指导，这样才能拥有高明合理的生活。但少年的歌德却反抗 18 世纪一切人为的规范与约束，崇拜自然流露的生命本体，"一切真实的，新鲜的，如火如荼的生命，未受理知文明矫揉造作的原版生活，对于他是世界上最可宝贵的东西"。

歌德崇尚真实生命的态度也表现于其对自然的尊崇，1782 年的《自然赞歌》中有这样的话："自然，我们被他包围，被他环抱；……他永远创造新的形体，去者不复返，来者永远新，一切都是新创，但一切也仍旧是老的。他的中间是永恒的生命，演进，活动。……他变化无穷，没有一刻的停止。他没有留恋的意思，停留是他的诅咒，生命是他最美的发明，死亡是他的手段，以多得生命。"（宗白华意译）有意思的是，在宗白华看来，歌德生活中一切矛盾的最后矛盾，是其对流动不居的生命与圆满和谐的形式有同样强烈的情感。他在哲学上受斯宾诺查（通译斯宾诺莎）的影响，以宇宙中永恒谐和的秩序整理内心的秩序，化冲动的私欲为清明合理的意志；但同时歌德的生活与人格却是实现了莱布里兹（通译莱布尼兹）的宇宙论。这个宇宙拥有无数活跃的精神原子，每个原子按照内在的定律，向着前定的形式永恒不息地活动发展，从而实现其潜在的可能性，每个精神原子就是一个独立的小宇宙，内里像一面镜子一样反映着大宇宙生命的全体。人生的两极，即生命与形式、流动与定律、向外的扩张与向内的收缩，这些也是一切生活的原理，歌德将之名为宇宙生命的一呼一吸，而他自己的生活确乎象征了这个原则。

歌德纵身于宇宙生命的大海中，将小我扩张为大我，他自己就是自然，是世界，与万物结为一体。他借浮士德之口吟唱："生潮中，业浪里，淘上或淘下，浮来又浮去！生而死，死而葬，一个永恒的大洋，一个连续的波浪，一个有光辉的生长，我架起时辰的机杼，替神性制造生动的衣裳。"（《浮士德》，郭沫若译）在这里，生命在永恒的变化之中，形式亦然，一切无常、一切无住，我们的心、我们的情，都逝同流水，息息生灭。人生的悲剧似乎就在我们恒变的心情中，而歌德笔下的浮士德，其人格的中心是无尽的生活欲与无尽的知识欲，"原始浮士德"的生活悲剧，他的苦痛和罪过，他的可诅咒的人生——对一切都不满足，对一切都负心，在歌德的生活及其创作中却得到价值的重新估定，"人生最可诅咒的永恒流变一跃而为人生最高贵的意义与价值"。宗白华强调《浮士德》全书最后的智慧是"一切生灭者，皆是一象征"，在这如梦如幻、流变无常的象征背后，潜伏着生命与宇宙永久深沉的意义，流动的生活演进为人格，即人生的清明与自觉的进展。歌德的诗是"他生命的表白，自然的流露，灵魂的呼喊，苦闷的象征"，他像鸟儿在叫、泉水在流，歌德自己也这样说："不是我做诗，是诗在我心中歌唱。"

宗白华认为歌德在人类抒情诗上的特点，是从根本上打破了心与境的界限，取消了歌咏者与被歌咏者之间的隔离，已然达到王国维先生所说的不隔之境；并且诗人歌德努力改造旧的文字和词句，以能表现新的动的人生与世界，他化名词为动词，又化动词为形容词，来表现这流动不居的世界，如"塔层的远""影阴着的湾""成熟中的果"等，还创了"云路""星眼""花梦""梦的幸福"等一些新词。狂热活动的人生，虽然灿烂、壮阔，但是激动久了，和平宁静的要求也会油然而生，生活中佺偬不停的"漫游者"也急迫地渴求休息与和平。著名的短诗《漫游者的夜歌》之二为人所熟悉："一切山峰上是寂静，一切树杪中感不到些微的风；森林中众鸟无音。等着罢，你不久也将得着安宁。"（宗白华自译）此诗是给予诗人自己烦扰的心灵以和平与宁静，但这位近代人生与宇宙动象的代表，在极端的寂静中仍然潜藏着鸢飞鱼跃的生机，自然山川在峙立之中竟周流着不舍昼夜的消息。①

无独有偶，青年宗白华在留德期间也写过一些短诗，后来辑录为《流云小诗》出版，其中有一首《夜》这样写道："黑夜深，万籁息，桌上的钟声俱寂。寂静！寂静！微眇的寸心，流入时间的无尽。"诗前的题词为："一切感觉皆易写，时空的感觉不易写。"② 中西思想对于时空的认识和体悟殊为不同，宗白华在其对中西哲学进行比较的《形而上学》笔记中特别论及中国古来的时空观念，专门列出《易经》中的两个卦象来阐发之，即"鼎卦为中国空间之象，革卦为时间生命之象"。其注曰："革与鼎，治历明时及正位凝命，则空时合体矣。时中有空（天地），空中有时（命）！中和序秩之空间意象为鼎，时间意象为革。"③ 又曰："革与鼎为中国人生观之二大原理，二大法象。即'治历明时'与'正位凝命'是也！一象征时间境，

---

① 参见宗白华《宗白华全集》第 2 卷，安徽教育出版社 1994 年版，第 1~25 页。
② 宗白华：《宗白华全集》第 1 卷，安徽教育出版社，1994，第 340 页。
③ 宗白华：《宗白华全集》第 1 卷，安徽教育出版社，1994，第 612 页注（2）。

一象征空间境,实为时空合体境。"① 其在图示介绍 Ptolemy（托勒密）的《天学大成》时评说,他是用几何的方法细论天体旋转和日月经天的现象的,从而成立了堪与欧氏几何学相比美的希腊天文学之完整严密的系统;又在该段文字之上加注说:"中国则以乾坤八卦所象征日月水火地风等八德之鼓荡,解此生成之世界,此生灭之世界曰:'变通莫大乎四时'！而'四时得天而能久成','日月得天而能久照',变化世界,即内具节奏规律,即是实体生成之境,以'穷则变,变则通,通则久',以肯定变化世界之规律与价值意义！"②

《易·杂卦传》曰:"革,去故也;鼎,取新也。"中国取象于物体之鼎,上达于"正位凝命"（《易·鼎卦·象传》）的宇宙生命法则,而以柏拉图为代表的西方哲人是取象于人体之相,最后反达于数理秩序之境。宗白华先生在此特别提到的中国出发于"人体"之感,贯通于"天地万物为一体"的审美情趣③,不正是与他所青睐的诗人歌德其人生意义与生活价值有相通之处吗？

（作者单位：同济大学人文学院中文系）

---

① 宗白华:《宗白华全集》第 1 卷,安徽教育出版社,1994,第 617 页注（1）。
② 宗白华:《宗白华全集》第 1 卷,安徽教育出版社,1994,第 608 页注（1）。
③ 宗白华:《宗白华全集》第 1 卷,安徽教育出版社,1994,第 623 页。

朱光潜与方东美美学思想比较

王 伟

身处于传统向现代转型时期的朱光潜和方东美，一生都活跃在中国美学领域，他们积极输入和介绍西方哲学、美学思想，努力探求中国美学在新时期安身立命的途径，被视为中国近代美学的开拓者。随着20世纪中国美学史研究的发展，对于两人美学思想体系及理论价值的研究已经逐步走向成熟，拥有了大量研究成果。

作为20世纪中国美学研究无法跨越的两座大山，把朱光潜和方东美两人的美学思想进行比较研究具有深远的意义，对两人展开比较主要基于以下几个方面：1. 朱光潜与方东美的故乡同属安徽桐城，既是同乡，又是桐城中学的校友，朱光潜评价方东美的诗"兼清刚鲜妍之美"，方东美抄赠朱光潜诗作，二人互相欣赏，是交往一生的知己好友，他们的美学思想都深受桐城文化的影响，根深蒂固；2. 风云变更的特殊历史给朱光潜和方东美的美学思想打下了深深的时代烙印，加上思想深处儒家文化的影响，两人的美学思想都注重文艺的道德意义，积极探讨艺术与人生的关系；3. 朱光潜与方东美年岁相仿，共同生活在中西文化交流碰撞的时代中，两人的思想都融汇中西理论，却又不约而同地回归传统，但由于受到不同流派的影响，两人走向了不同的道路，显示出理论接受方式和建构上的根本差异。通过对朱光潜和方东美的比较，我们可以发现两人的美学思想中有许多共通之处，但也存在深刻的差异，比较研究为朱光潜和方东美美学研究提供了新的视角。

一 桐城文化的同根同源

对朱光潜和方东美的传统研究往往会忽视孕育二者美学思想成长的地域文化土壤的重要因素。通过梳理我们不难发现,特殊的地域文化会在知识结构、文化意识乃至哲学根基等方面对文人的思想活动造成内在制约,当我们把朱光潜和方东美置于共同地域文化背景下进行考察,就可以为两人美学思想深处的共通之处找到学理依据。

朱光潜和方东美共同出生在风景秀丽的安徽桐城。桐城人历代重视教育,读书风气浓厚,人才辈出,其中,明末思想家方以智堪称"十七世纪罕无伦比的百科全书式"的大学者;以方苞、姚鼐和刘大櫆为代表的"桐城派",雄霸文坛 200 多年,享有"天下文章,归于桐城"之美誉。桐城作为一个地方文化群落,有着深厚的文化积淀,"桐城文化"滋养着朱光潜和方东美的美学思想。

朱光潜自幼在身为私塾先生的父亲的"鞭挞"之下接受传统文化教育,中学时尤其喜爱中国古诗,"我得益最多的国文教师是潘季野,他是一个宋诗派的诗人,在他的熏陶之下,我对中国旧诗养成了浓厚的兴趣"[①]。他在桐城文化的影响下沉浸于姚鼐的《古文辞类纂》和刘大櫆、方苞等人的著作中。方东美是清初古文大师方苞的十六代嫡孙,成长于书香门第,同样受到中国传统诗教的熏陶。他"幼承庭训,深沐经史古典文化熏陶;加之,凤慧天成,秉彝非凡,三岁受诗经,过耳成诵,有神童誉,如以智然"。在桐城传统的影响下自幼展开的传统文化教育为两人的美学之路打下了坚实的基础。另外,朱光潜和方东美共同求学于特别重视桐城派古文的桐城中学,桐城中学的创办人是桐城派后期古文大家吴汝纶,他推崇桐城古文,也主张引进西学,并为桐城中学题了一副对联——"后十百年人才奋兴胚胎于此""合东西国学问精粹陶冶而成",横批是"勉成国器",这种纵贯古今,横跨中西的思想在朱光潜、方东美身上也都得到了体现。

桐城派文论思想和创作影响巨大,钱念孙在评价朱光潜与桐城派的关系时曾说:"桐城派讲究文章'义法'和语言'雅洁'的作文主张等等,都在一种隐秘而深刻的思想层面上,这样或那样地影响和操纵着他以后人生

---

① 朱光潜:《朱光潜全集》第 1 卷,安徽教育出版社,1987,第 1 页。

态度和审美观念的形成。"① 朱光潜自己在《从我怎样学国文说起》文章中评价："桐城派古文曾博得'谬种'的称呼。依我所知，这派文章大道理固然没有，大毛病也不见得很多。它的要求是谨严典雅，它忌讳浮词堆砌，它讲究声音节奏，它着重立言得体。古今中外的上品文章似乎都离不掉这几个条件。它的唯一毛病是就古文，内容有时不免空洞，以至谨严到干枯，典雅到俗滥。这些都是流弊，作始者并不主张如此。"② 可见他对桐城派思想是有所肯定和接受的。桐城派重视声音节奏在欣赏和创作中的价值，提出了"因声求气说"，朱光潜对此说做了时代性的发挥。他认为，古文对声音节奏很讲究，白话文同样离不开声音节奏，他明确提出，"情趣必从文字的声音上体验"③，"情趣就大半要靠声音节奏来表现"④，其《诗论》也大量论及了中国诗歌的音律问题。直到晚年，朱光潜仍旧认为桐城派古文所要求的纯正简洁未可厚非，足以显示桐城派思想对他的特殊影响。方东美对桐城古文也有深究，他虽走向了哲学与形而上学的道路，但传统文化、国学根基，以及对桐城古文的学习，促使了他华美丰赡的哲学著述风格的形成，使他的哲学的体系充满了诗意的语言。形而上的理境和华美的章法融为一体，这与他从小受到严格的文章学与艺术思维训练有关。由此可见，受桐城文化圈滋养的朱光潜和方东美的思想与特殊的地域文化有着深刻的学理关系，桐城传统文化的熏陶及桐城古文深刻地影响着他们的文艺观、人生态度和美学思想。

二 注重文艺的道德意义，探讨文艺与人生的关系

朱光潜和方东美都非常注重文艺的道德意义，特别是对于文艺与人生关系的探讨，这个特点既与桐城文化的理论渊源有关，同时也是特殊历史中，民族危亡时代下的知识分子特有的责任体现。

桐城派以程朱理学为思想基础，其理论的兴盛与强烈的入世情怀和经世思想有关。桐城文人重视文艺的道德作用，积极关注政治，关心现实民生，桐城派代表人物刘大櫆认为，"作文本以明义理、适世用，而明义理、

---

① 钱念孙：《朱光潜与中西文化》，安徽教育出版社，1995，第24页。
② 朱光潜：《朱光潜全集》第3卷，安徽教育出版社，1987，第443页。
③ 朱光潜：《朱光潜全集》第3卷，安徽教育出版社，1987，第112页。
④ 朱光潜：《朱光潜全集》第4卷，安徽教育出版社，1987，第221页。

适世用，必有待于文人之能事"，① 朱光潜和方东美的美学思想中均有对桐城派这一思想的继承和发展。从两人共同生活时代的背景来看，动荡的社会现实激发了那个时代文人们自觉而又强烈的社会责任担当意识，他们满怀启蒙救世之心，纷纷把目光投向文学和艺术，强调文艺的道德作用，注重文艺与人生的关系，主张通过文艺美化人生，进而影响社会。我们同样在朱光潜和方东美的美学思想中看到了他们对生命，对人生的强烈观照。

朱光潜肯定文艺的道德影响，他认为中国传统文化重视道德，"文以载道"就把文学和现实人生的关系结合得非常紧密。朱光潜既反对为道德而文艺，也反对为文艺而文艺的文艺观，他认为，理想的文艺是没有道德目的而有道德影响的文艺，"凡是第一流艺术作品大半都没有道德目的而有道德影响"②，"没有其他东西比文艺能给我们更深广的人生观照和了解，所以没有其他东西比文艺能帮助我们建设更完善的道德的基础"③。朱光潜对动荡不安的社会现实进行了反思，在他看来，中国社会如此之糟，不完全是制度的问题，大半由于人心太坏，其根源在于人"缺乏美感修养"，功利心太重，应从"怡情养性"做起，因而，他最终把解决之道推向了文艺。他认为，文艺可以"净化"人心，"美化"人生，提出了"人生艺术化"的美学命题。

对于朱光潜"人生艺术化"思想我们可以从两个方面去理解：一方面，朱光潜认为，艺术与人生是不可分离的，他在《慢慢走，欣赏啊！》一文里指出，离开人生便无所谓艺术，因为艺术是情趣的表现，而情趣的根源就在人生；另一方面，朱光潜又非常看重艺术和人生的距离，他指出，美产生于距离，人只有与实际人生拉开一定的距离，才能成为"人生的艺术家"，欣赏到"艺术化的人生"，但现实中人们却往往把利害认得太真，不能站在适当的距离之外去看人生世相，沦为了占有欲的"奴隶"，而文艺则可以"使人从实际生活牵绊中解放出来"，帮助人"超脱现实到理想界去求安慰"。很明显，朱光潜在他的"人生艺术化"思想中调和了西方美学理论中康德的"无功利"以及利普斯的"审美距离"说，将审美活动与摆脱人生烦恼相联系。

方东美将"生命"本体作为其整个思想体系的支柱，对生命与艺术的

---

① 刘大櫆：《论文偶记》，人民文学出版社，1959，第 4 页。
② 朱光潜：《朱光潜全集》第 1 卷，安徽教育出版社，1987，第 319 页。
③ 朱光潜：《朱光潜全集》第 1 卷，安徽教育出版社，1987，第 325 页。

关系展开了一系列思考，他认为生命是艺术的源泉，生命通过艺术精神而提升，一切艺术文化都是体贴生命之伟大而得来的，"一切美的修养，一切美的成就，一切美的欣赏，都是人类创造的生命欲之表现"。① 方东美由此出发，肯定了艺术和道德的统一，"世界唯有游于艺而领悟其纯美者，才能体道修德而成为完人"。②

方东美非常重视艺术、道德、宗教在生命精神中的重要地位，他认为，生命精神以物质世界为基础，在艺术、道德、宗教三重境界中层层超升，他主张，"发挥艺术的理想，建筑艺术的境界，再培养道德的品格，建立道德的领域"，最后"透过艺术与道德，再把生命提高到神秘的境界——宗教的领域"。③

在谈到悲剧艺术时，方东美认为，"乾坤一场戏，生命一悲剧"，舞台上演出的悲剧正体现了人生的悲壮，而"痛苦是生命的根身，闪避不得"。④ 悲剧的意义在于使苦难从形象中解脱，转化为快乐。方东美和朱光潜一样，把艺术和审美看成人类精神的一种解脱和慰藉。

由此可见，注重文艺的道德意义，努力探讨文艺与人生的关系，是朱光潜和方东美思想的共同之处，这种特点和他们两人身上共有的儒家思想以及桐城派渊源有着内在的关系，同时也和两人共同成长的时代背景有着密切关联。

三 融汇中西理论道路上的不同走向

朱光潜和方东美的美学思想建构是在中国本土文化与外来文化全面交流、碰撞与融合的大背景下展开的，一面追求新思想，一面又难以割舍传统，这是过渡时期的知识分子们共同的特点。朱光潜和方东美都是在浓厚的传统文化氛围中长大，青年时代又广泛接触西学，博古通今、学贯中西，他们在经历西方文化洗礼之后，带着全新的视角回望传统，不约而同地选择了对民族美学的守护和重建。可以说，积极整合西方文化和中国传统美学，在深谙中西方文化精要的基础上融汇中西理论，是朱光潜和方东美的

---

① 方东美：《中国人生哲学概要》，先知出版社，1974，第71页。
② 方东美：《中国人生哲学概要》，先知出版社，1974，第65页。
③ 方东美：《方东美演讲集》，台湾黎明文化事业公司，1989，第14页。
④ 刘梦溪主编《中国现代学术经典：方东美卷》，河北教育出版社，1996，第251页。

共同选择,这既是对桐城中学创始人吴汝纶思想的践行,也是特殊时代赋予知识分子的文化使命。但是,由于接受西方理论影响的不同以及对传统文化理解的差异,他们的理论融合方式又各自呈现自己的特点,可谓是"同中有异,异中有同"。

朱光潜谈及《诗论》时曾说:"我在这里试图用西方诗论来解释中国古典诗歌,用中国诗论来印证西方诗论。"[1] 显示了他一贯以西方的理论分析和概念解析方法来整合中国传统文化,用中国传统思想去印证西方理论的理论融合。在深厚的国学基础之上面对西学,朱光潜没有排斥,而是选择了"拿来主义"。他在充分汲取西方理论思想之后,承担起了"传播者"的角色,大量向国人译介西方哲学美学,而他自己也重新带着西方理论赋予的理性思维反思中国传统美学,努力用最有效的方法协调西方理论与中国传统文化之间的关系,并较早地开始寻求中国传统美学的转型,推动了中国美学在新时代中的发展。所以朱光潜不仅是西方美学的"传播者",同时也是中国传统美学的"传承者"和"转型者",他融汇中西美学的立足点在于,以现代西方美学方法重新思考、整理中国传统美学,以西方理论的思维方式融合中国传统文化。

众所周知,朱光潜在英、法、德等国家留学八年,对文学、哲学和心理学都非常感兴趣,他认为要对艺术现象做出科学的阐释就必须借助心理学的方法,而之前许多文学批评之所以有缺陷,都在于其缺少坚实的心理学基础。他谈及自己第一部美学著作《文艺心理学》时说:"本书所采用的是另一种方法。它丢开一切哲学的成见,把文艺的创造和欣赏当作心理的事实去研究,从事实中归纳的一些可适用于文艺批评的原理。它的对象是文艺的创造与欣赏,它的观点大致是心理学的……我们可以说,'文艺心理学'是从心理学观点研究出来的'美学'。"[2] 虽然中国传统美学中关于美感经验的研究和阐述非常丰富,但是大多是一些零散的感悟之言,缺少西方心理美学研究的系统性和科学性。朱光潜在中国心理学研究尚未起步之时,就较早地借鉴现代西方心理学理论成果对中国传统诗学和审美实践进行了阐释和融汇,在某种程度上实现了中国传统文化与现代西方心理学知识的结合。

---

[1] 朱光潜:《朱光潜全集》第3卷,安徽教育出版社,1987,第331页。
[2] 朱光潜:《朱光潜全集》第1卷,安徽教育出版社,1987,第197页。

受西方理论思维的影响，朱光潜美学思想的基础是西方的"二元论"，他早期主要从心理学出发，以美感研究为突破口解决美学的基本问题，其美学理论思维是传统的主客二分模式。尽管朱光潜后期的美学思想围绕"美是客观和主观的辩证统一"核心观点展开，提出"物甲物乙"说，并对自己前期的西学影响进行修正，但其观点依然是建立在主客观分立的基础之上的。

方东美西学训练及赴美留学的经历，使其对西方哲学有着较为系统的认识，他的美学思想同样是游走于中西理论之间的。方东美在自述学术历程时曾说："我从小三岁读诗经，在儒家的家庭气氛中长大，但是进了大学后，兴趣却在西方哲学，后来所读的书和所教的书多是有关西方哲学的。直到抗战时，才有了转变，觉得应当注意自己民族文化中的哲学，于是逐渐由西方转回东方。"[①] "我的哲学品格，是从儒家传统中陶冶；我的哲学气魄，是从道家精神中酝酿；我的哲学智慧，是从大乘佛学中领略；我的哲学方法，是从西方哲学中提炼。"[②] 与朱光潜不同的是，方东美对西学更多的是一种批判性接受，他认为，"整个西方的学术领域，始终都在二元对立的立场徘徊"[③]，对西方哲学思维中这种"二元对立"的模式持贬抑和摒弃的态度。在他看来，近代西方社会混乱的根源就在于其文化中根深蒂固的二元论，这种"二元对立"的思维模式把自然与超自然、心灵与肉体、主体与客体、现象界与本体界分离对立起来。在中西文化比较中，方东美更加认定的是中国传统文化中的"天人合一"，他认为这种模式可以克服哲学中二元对立的理论缺陷，有助于人与自然的和谐，是一种整体性、综合性、融贯性的思维方式。

在西方的诸种学说中，对方东美影响最大的是柏格森和怀特海两位生命哲学家的观点，原因是他看到了西方的生命哲学中有许多可与中国传统哲学的会通之处，与自己的生命思想产生了共鸣。方东美以中国传统文化中的"天之大德曰生"的宇宙观关照柏格森的创造进化论和怀特海的机体主义形而上理论，立足于本民族的生命意识与审美态度，极力寻求中国传统文化与西方生命哲学的对话方式，冲破西方"二元对立模式"。可以说，方东美的美学思想是以中国传统"生命"为本位基础，融合西方生命哲学

---

① 方东美：《原始儒家道家哲学》，台湾黎明文化事业公司，1983，第 1 页。
② 杨士毅编《方东美先生纪念集》，正中书局，1982，第 873 页。
③ 方东美：《生生之德》，台湾黎明文化事业公司，1979，第 194 页。

而展开的。

通过以上比较可以看出，同样是在融汇中西的基础上建构自身的美学体系，朱光潜的理论融合之路侧重于用西方的理论分析和概念解析方法整合中国传统美学；方东美则是以中国传统思维方法整合外来文化，以东方文化为本位，吸收西方理论思想中适合"天人合一"的思想，并将之植入自己的"生命"哲学体系之中。体现了二者根本性的差异。

（作者单位：淮北师范大学文学院）

浅析墨子"致用利人"的工艺美学思想

孙明洁

"工艺美学"这个词,由我国著名工艺美术史家田自秉先生首先提出,他在1981年撰写的《论工艺美学》一文中道:"在工艺美术的学科领域里,应当开展对于美学的研究,可称之为'工艺美学'。"① 他又进一步指出工艺是"利用生产工具对各种原材料、半成品进行加工或处理,最后使之成为产品的方法",这和人类为实现某种特定目的而设想计划并进行造物活动的设计概念相近,因此,广义的工艺美术就等同于设计。然而教育部在1998年全国高等学校的本科专业目录调整过程中,将学科目录中的"工艺美术"改成了"艺术设计",因此,工艺美术的意指又偏向传统意义上的手工艺,以界定它的时间范畴与工艺范畴。因此笔者认为,工艺美学主要是以传统手工艺设计为研究对象,对工艺美术领域的审美特性与审美规律进行观照与研究。中国古代工艺美学思想言论众多,大多零散地存在于先秦诸子典籍及经学文献中,诸子通过对工艺造物领域的典故与法则的举例,阐述自己的政治观点和思想主张,但这也在无意中阐明了工艺造物的美学思想。如《老子》中的"埏埴以为器,当其无,有器之用",通过器具的制造论述了"有"与"无"的有机关系;《管子·王辅》中的"百工者,致用为本,以巧饰为末",阐述了功能与形式的关系。这些对造物理念、工艺法则的论述,富有哲学思辨的意味,经过历史的洗涤仍历久弥新,韵味深厚,影响

---

① 田自秉:《论工艺美学》,工艺美术论丛编辑部编《工艺美术论丛》(第1辑),人民美术出版社,1981。

了历史上及现代的工艺造物发展与艺术设计创作。

墨子的工艺美学思想，在诸子典籍中受到的非议与争论最多，甚至于发展至汉代时，一度湮没在历史的尘埃中不可考证，直到清代时，乾嘉考据把它从遗忘的角落里搜集整理出来，为其正名，人们才得以认识到它的价值。但是现代仍有一些学者对此思想进行批判，比如"墨子美学主张'非乐'是落后、倒退、反动的"等。① 种种观点，笔者有认同之处也有存疑，认为这些评价不免有失公允。笔者认为墨子工艺美学思想具有合乎时代发展与客观历史环境的合理性与科学性，甚至具有符合现代设计发展的超前性，这个观点将在本文中进一步探究。

墨家学派与儒家并称"显学"，作为创始人的墨子，在历史文献中却少有记载，司马迁《史记》中也并未单独为他列传，仅仅在《孟子·荀卿列传》中附带提了一句"盖墨翟，宋之大夫，善守御，为节用，或曰并孔子时，或曰在其后"。② 据此可知，墨子，姓墨名翟，春秋时期宋国人（另说鲁国人），与孔子是同时代的人，生活在公元前476年至前396年，官至宋国大夫，在军事、工程学、机械制造、经济学等方面均有较高造诣。工艺思想是墨子经济主张的一部分，主张节用、节葬、非乐等。本文以"致用利人"一词总结与概括了墨子的工艺美学思想，并从功能至上、先质后文、兴利为民三个层面进行论述。

一 墨子"致用利人"工艺美学思想的根本——功能至上

"备物致用，立功成器，以为天下利，莫大乎圣人。"（《易·系辞上》）生产出物品以供使用，设立工种使工匠制成器具，为天下人谋取利益，做这些事情，没有能超过圣人的了。这里的"物"是指"人工造物"，不同于自然物的是，其创造主体是人，其身上蕴含了创作主体的智慧、技术、思想及情感。同时，人工造物又反作用于创造主体，器物生产制作出来以满足人的使用需求，在这里实用功能成为人工造物的先决条件。"致用"，即物尽其用，造物的初衷就是为了物品最终可以为人所用。墨子认识到了圣人之意，提出了以实用功能为主的致用性工艺美学思想，它追求造物的功

---

① 李泽厚、刘纲纪：《中国美学史》第1卷，中国社会科学出版社，1984，第170页。
② 司马迁：《史记纂》卷十三《孟子·荀卿列传》。

能目的性，注重物的实用价值，这正是工艺美术的重要前提。

这种致用性工艺美学思想贯穿于墨子思想的始终。"仁之事者，必务求兴天下之利，除天下之害，将以为法乎天下，利人乎，即为；不利人乎，即止"①，有利于百姓的事情就去做，对百姓没利的事情就不做，这才是真正的"仁"。这是墨子著名的"兴利除害"思想，这里"利"的判断标准是"有用性"，即可以为百姓的生活及生产带来实质性的物质利益，最终实现天下百姓的富庶安定。"所谓贵良宝也，为其可以利也，而和氏之璧、隋侯之珠，三棘六异，不可以利人，是非天下之良宝也。"值得珍视的宝物应都是对百姓有利的，和氏璧、隋侯珠等稀世珍宝美则美矣，但对于战乱纷争中的贫困百姓来说是"不利"的，即毫无用处可言，百姓无心把玩，也无心鉴赏它们的美，倒不如把它们变卖，换成可以居住的房舍和可以吃的食物来得"有利"。由此可见，墨子的工艺美学思想是实用的、功利的。

无独有偶，古希腊著名哲学家苏格拉底曾列举粪筐与金盾的故事来阐明功利与美的关系。如果粪筐有用而金盾不适用，那么粪筐就是美的，金盾就是丑的。这里判断美的标准就是"致用性"，苏格拉底把美和致用性联系起来，有用就美，无用就丑。事物的美在于它的功用和目的，即著名的"有用即美"的美学观点。当然此论断也遭到了一些美学家的批判，称其为狭隘的功能主义，但是它却能启示我们注重功能、关注生活。美学家王朝闻先生说，在工艺造物中，由功能而决定的造型，有时也能拥有意想不到的美感。②当劳动工具、生活用品等以实用为目的器物实现它的预定功能，合目的性与合规律性达到统一时，也能登上美的大雅之堂，功能的适用性、使用的舒适性也可以上升到美的层次，给人以美的享受。毋庸置疑，墨子和苏格拉底的美学思想有相近之处，即肯定工艺造物的致用性，追求功能美。

荀子批判墨子"蔽于用而不知文"，认为墨子否定审美和艺术活动在社会生活中产生的积极作用。其实此论断有片面性。如上所述，墨子确实肯定功能中的实用价值，但是并没有彻底排斥审美和艺术活动的存在价值。诚然，在墨子的思想中，确有否定审美和艺术活动的言论，如："当今之主，其为舟车，与此异矣。全固轻利皆已具，必厚作敛于百姓，以饰舟车，

---

① 毕沅校注《墨子》第八卷"非乐上"。
② 杭间：《中国工艺美术史》，人民美术出版社，2007，第12页。

饰车以文采，饰舟以刻镂。女子废其纺织而修文采，故民寒；男子离其耕稼而修刻镂，故民饥。"① 现在的君主乘坐的舟车完整坚固、轻捷便利，已经具备了舟车的使用功能，但是他们还不满足，还要盘剥百姓为其装饰舟车，雕刻华丽的图案，绘制绚烂的花纹。百姓被迫放弃了必要的农耕及纺织活动，而去雕刻绘画，这样下去老百姓就要挨饿了。文中除了舟车，还例举了宫室建筑、服饰等工艺造物，较清晰地阐释了墨子否定审美和艺术活动的原因，即审美和艺术活动不仅不能解决吃饭穿衣问题，还要加重百姓的负担。百姓在饥寒交迫的状况下，还要为已经满足了人的使用功能的舟车锦上添花，长此以往，恐怕就会饿殍遍野，国家也就乱了。

但是，墨子并不绝对否定美，"墨子并不否认美的客观存在，也不反对音、色、甘、美是人人都需要都喜欢的"②。据《吕氏春秋·贵因》记载，"墨子见荆王，锦衣吹笙，因（音）也"③，墨子不但懂音乐，而且还善于吹笙。作为一个音乐行家，当然懂得音乐等艺术活动能带给人的美感享受与积极的社会功能，那他为什么还要"非乐"呢？

"是故子墨子之所以非乐者，非以大钟、鸣鼓、琴瑟、竽笙之声，以为不乐也；非以刻镂华文章之色，以为不美也……然上考之不中圣王之事；下度之，不中万民之利。是故子墨子曰：'为乐，非也！'"④ 墨子之所以反对音乐，并不是因为大钟、琴瑟等乐器的声音不悦耳动听，也不是认为雕刻华章的色彩不美丽，只是在那个乱世背景下，乐，向上不符合圣王的行为，向下不符合万民的利益，即从事艺术活动劳民伤财，不利于国计民生，不符合民众的利益。因此墨子说，此时不能行乐，也不适宜行乐。由此可见，墨子的非乐非美思想是有前提条件的。

在《墨子·鲁问》中，墨子要远游，魏越问他，见到四方君主，应说些什么。墨子曰："凡入国，必择务而从事焉。国家昏乱，则语之尚贤、尚同；国家贫，则语之节用、节葬；国家憙音湛湎，则语之非乐、非命；国家淫僻无礼，则语之尊天事鬼；国家务夺侵凌，即语之兼爱、非攻。故曰：择务而从事焉。"⑤ 墨子说选择最要紧的事去说，……当一个国家喜好声乐、

---

① 毕沅校注《墨子》第二卷"辞过"。
② 李泽厚、刘纲纪：《中国美学史》第 1 卷，中国社会科学出版社，1984，第 165 页。
③ 庄适选注《吕氏春秋》"贵因"。
④ 毕沅校注《墨子》第八卷"非乐上"。
⑤ 墨子：《墨子》，岳麓书社，2014，第 398 页。

沉迷于酒时,则需要告诉他们非乐、非命的好处。此处言论道出了"非乐"思想产生的原因,它是在与当时社会环境及经济条件不相符的奢靡之风盛行的情况下提出并建议施行的,是对各国国情对症下药的良策,并不是片面地排斥一切音乐和审美活动。

由此可见,墨子强调致用性功能,"是否实用"成为判断事物及工艺造物"有利"与否的标准,但他并未否定美的客观存在,而是反对过分地进行审美与艺术活动,反对无谓的奢侈装饰。墨子的这种实用的、功利的工艺美学思想不仅成为他判断工艺造物的设计标准,也成为他判断万事万物的一个价值准则。墨子认为审美与艺术活动必须在物质利益满足的基础上实行,所以,墨子不是肯定功能否定审美,而是主张先功能后审美,即"先质后文"。

二 墨子"致用利人"工艺美学思想的原则——先质后文

"文"与"质"出自《论语·雍也》,孔子说:"质胜文则野,文胜质则史。文质彬彬,然后君子。"这里的"文"是指事物的形式和文采,也指人的外在修饰与仪态,有外在形式美的含义;"质"是指事物的本质,人的道德品质,可引申为事物所具有的实用功能。孔子认为,"质"多于"文",人就是粗野的,物就是粗拙的;"文"多于"质",人就是虚浮不实的,物就是浮华的。只有"文"与"质"、外在形式与内在品质和谐统一,这样的人才能称之为君子;只有实用功能与审美形式和谐统一,这样的物才能称得上是佳品。"文质彬彬"是孔子所企及的人的一种理想状态与理想的造物法则,诚然,这条法则是合乎情理的,但是当物质条件与精神条件不具备时,当其与社会的经济发展、生活水平不相符时,那就要先内容后形式,先功能后审美,先质后文了。

"先质后文"出自墨子与弟子禽滑厘的一段对话,墨子让禽滑厘就珍珠和栗两者选其一时说道:"食必常饱,然后求美;衣必常暖,然后求丽;居必常安,然后求乐。为可长,行可久,先质而后文。"对于工艺造物来说,要首先实现最基本的实用功能,即食物能饱腹,衣服能保暖,然后才能考虑在其基础上的审美与装饰。我国著名工艺美术学家雷圭元先生说,造物要以需要为前提,以实用为归宿。马斯洛把人的需要划分为五个不同的层次,分别是生理需求、安全需求、归属感需求、尊重需求、自我实现需求,生理需求作为最底层的需求是其他需求的基础，只有衣食住行这些最基本的需求满足到足以维持生存的程度后，其他的需求才能成为激励因素，故"先质后文"的工艺思想有其科学性与合理性。

"先质后文"的工艺美学思想在"节用"篇提及的宫室、舟车的造物设计中皆有体现。《墨子·辞过》中说："室足高以辟润湿，边足以圉风寒，上足以待雪霜雨露，宫墙之高，足以别男女之礼，谨此则止。凡费财劳力，不加利者，不为也。"① 宫室只要高的可以避开潮湿，四面可以抵挡风雨，上面足以遮挡风雪，墙壁厚度能分隔男女之别就可以了，耗费财力而没有用处的事情就不要去做了。还有"其为舟车也，全固轻利，可以任重致远，其为用材少，而为利多，是以民乐而利之"。制作舟车的原则是坚固轻便，能够负载重物到达很远的地方，用钱最少，获益最大，因此人们都很乐意使用。从《墨子·辞过》中可以看出，墨子认为在宫室、舟车等器物的制造方面，"台榭曲直""青黄刻镂"并非不美，只是"厚作敛于百姓，暴夺民衣食之财"。所以，墨子出于实用主义的考虑，主张对于那些不能加利于民反而耗费民财的装饰，要一概废除，强调物的实用功能和百姓的利益。据此推论，如果社会富足，百姓安居乐业，刻镂装饰不危害百姓的实质利益，那么墨子也是不反对"台榭曲直""青黄刻镂"的。

"文质彬彬"和"先质后文"是儒家和墨家各自站立在不同的阶级立场而提出的工艺美学思想。儒家关注的是受过良好的文化教育与礼仪规范的贵族知识分子，即所谓"君子"，集功利与美并存的"文质彬彬"是"君子"应有的行为风范。而墨家代表的是社会下层劳动者及小生产者，他们是社会底层的被剥削、被压迫者，在战争频仍、灾祸重重的时代下，更是处于生存的边缘，贱如蝼蚁，生似浮萍，基本生活都难以得到保证，又从何谈美，在物质生活和精神生活不可兼得，只能择其一的情况下，他们只能择其要者，即选择维持生存与生活的物质条件。

因此，墨子站在饱受民间疾苦的广大劳动人民立场上提出的"先质后文"的工艺美学思想有其时代的客观性及可行性。他强调造物要以功能为中心和目的，体现了墨家关注社会庶民阶层的造物需求与伦理价值取向，蕴含着朴素的以民为本的思想。

---

① 墨子：《墨子》，岳麓书社，2014，第33页。

三 墨子"致用利人"工艺美学思想的目的——兴利为民

"致用利人"的"人"并不是泛称,而是指广大劳动人民,即墨子所代表的庶民阶层,"利人"即指广大劳动人民的利益。墨子从人本主义角度入手,提出"兴利为民",即天下事物都要以百姓的实质性物质利益为出发点,"兴天下之利,除天下之害",解决平民百姓"饥者不得食""寒者不得衣""劳者不得息"的巨患,实行"兼爱"。这种思想体现在工艺领域,就是要求工艺造物必须面向并服务于广大民众,以民众的实用需求为造物标准。对民众有利的工艺造物才能称为"巧",对民众没有利的工艺造物,"至巧"也为"拙",这是墨子"利人"观点在工艺造物层面的出发点。《墨子·鲁问》中说:"公输子削竹木以为鹊,成而飞之,三日不下。公输子以为至巧。子墨子谓公输子曰:'子之为鹊也,不若翟之为车辖,须臾刘三寸之木而任五十石之重。'故所谓巧,利于人谓之巧,不利于人谓之拙。"① 虽然公输子用竹木制作的鹊鸟能飞三日而不落下,但并不能满足民众的实质需求,而墨子仅用三寸木料制作的车辖(插入轴端孔穴,固定车轮与车轴位置的销钉),却能负载五十石货物的重量,满足民众生产及生活中的运输需求。故判断设计是否"巧"的标准是民众的需求,而不是统治阶级的需求,对于统治阶级而言,恐怕工之至巧的鹊鸟比实用的车辖更能满足他们的赏玩需求。

墨子摆正了民众的主体性地位,以民众的利益需求为出发点,这体现了以人为本的当代设计思想。在中国历史中,将设计的服务对象定为广大百姓是非常少见的,墨子在当时提出这样的思想是富有民主与科学精神的,是超越时代的,正如王受之先生所言:"人类近5000年的设计文明史其实是一部为权贵的设计史,一旦设计满足的对象是大众,那就开始有现代意味了。"②

墨子的这种以满足广大民众实用需求与物质利益为标准的"致用利人"工艺美学思想是从何而来的呢?它源于墨子生活的特定时代背景及其敏锐的个人洞察力。

---

① 墨子:《墨子》,岳麓书社,2014,第403页。
② 王受之:《世界现代设计史》,中国青年出版社,2002,第16页。

春秋战国时期，生产力发展，促使社会变革，诸侯割据争霸，连年征战，百姓饱受战争之苦，不能安居乐业。思想上百家争鸣，各家各派都在探索治国良方。其中，儒家提出"仁""礼"思想，实质上是在上尊下卑的社会秩序下维护统治阶级的利益。墨子站在社会广大底层劳动者立场上，也提出"仁"的思想，但其强调的"仁"不同于儒家的"仁"，它是众生平等，无差别的爱，以为天下百姓带来裨益为标准和目的，墨子同时重"利"，不像儒家那样谈"利"色变，认为小人才重"利"，他肯定"利"的价值，并且认为"利"的不平衡才导致了社会动乱。"利"的不平衡集中表现在统治阶级奢华的生活、过度的装饰所导致的社会财富的巨大浪费上，要改变这种现状就必须从天下百姓的角度出发，从生活日常做起，建立一种实用的、健康的行为法则与造物原则。[①] 因此，墨子重视物的实用功能，反对无谓的奢华装饰，重视百姓的物质利益，这种看似功利的工艺美学思想，是符合当时的客观环境和民众意愿的，蕴含着素朴的民本思想，体现了人本关怀的精神。

但是，墨子这种以广大民众利益为出发点的工艺美学思想却不符合当时统治阶级的意愿，尤其是汉代"罢黜百家，独尊儒术"后，儒家"仁""礼"的思想成为中国数千年的主流思想，墨家的实用主义思想更是得不到重视，后世墨学也始终没有再成为显学。尽管如此，墨子这种注重广大民众实用需求的"致用利人"工艺美学思想，与两千多年后注重功能、以人为本的现代设计思想不谋而合，沉寂千年的墨家思想在日益发展的今天越来越受到设计者的重视。

（作者单位：山东工艺美术学院）

[①] 杭间：《中国工艺美术史》，人民美术出版社，2007，第19页。

中国治玉工艺造型观与审美取向

谷会敏

国人通常把治玉工艺统称为"琢碾工艺""琢磨工艺"。"琢碾"就是"雕刻"和"磨制"的统称。"琢"的本义即"切开",就是将玉石造型中的余料切除,这就贴合了治玉中"消减""剔除"的性质;"琢"的引申含义是"雕刻"。"琢"字在《尔雅》中是被这样释义的:"雕谓之琢。"[①]《说文》谓"琢"是"治玉也",[②] 可见"雕琢"的范畴是雕刻金玉为器。"碾"的本义是"碌压""碾轧",引申为"修磨(制)"。"碾"在《集韵》中的释义为:"所以轹物器也。"引申为"雕琢金玉"。[③] 从这些解释中,我们可以意会治玉工艺的性质和情境,而"琢"和"碾"的字义看来都是专指治玉活动的。通过对"琢""碾"的含义解释,我们可以了解治玉工艺的所指就是雕刻和磨制的工艺做工活动和工艺性质。

从今天的治玉工艺方式来看,使玉石成为一种造型形式的工艺手段,它确实是一种雕刻活动,但这种雕刻活动不是使用我们所想象的雕刻刀,也不是用狭义的刀子木作式地"雕"和"刻",而是用片状(这种片状工具形式多样)的工具带动解玉砂,使用磋磨的做工方式进行"雕刻",雕刻的做工尽含在碾磨的性质之中。那么我们为什么把治玉活动称为"雕刻"工艺呢?这里隐含着治玉工艺的本性问题。在中国的治玉活动中,从工艺的方式上看,治玉的手段并不是雕刻(如木雕工艺,用刻刀在力的作用下使

---

① 参见《尔雅》,中华书局,2014,第65页。
② 参见许慎《说文解字》,凤凰出版社,2004,第369页。
③ 参见丁度等修订《集韵》,吉林出版集团有限责任公司,2005,第201页。

木材成形），而是"碾磨"，这个"磨"就是以逐步消减的缓慢做工达到雕刻式的结果，用今天的话说，古代的玉器都是"磨制"成形的——这在过去和今天都是如此，其做工原理都是一样的。通过对中国古代早期治玉工艺做工字、词含义释义，我们知道了在那个时代，治玉工艺尤其依赖于碾磨，由此，碾磨对治玉来说，就是工艺的性质，也是它的特性。另外，中国人对文字的概念阐释通常以释义、解析、引申和应用等作为字词的注释内容，有时更是作为某种境况来阐释的，因此，"琢碾"（或"琢磨"）一词的工艺属性就是由碾磨而构成或延展的雕琢形式，这个形式也是玉器制品的特征，所以，人们也经常把治玉工艺通俗化地称为"玉雕工艺"。当然，在古代，人们通常也把玉石加工活动统称为"雕琢"工艺，今天人们也经常把"雕琢"工艺称为"雕刻"工艺，只是在不同的语境下使用不同而已。

"琢"也通"雕琢"，就是雕刻，雕刻的做工活动可使玉石的形态发生变化，磨碾的做工活动也可使玉石的形态发生变化，但这两种工艺活动的情境却大不相同。从做工活动来说，琢碾是以慢工为特征，狭义的雕刻就便捷得多，它经常是以刀子的锋利程度做基础的，而这一属性，在琢碾做工中就没有。当然，不管是琢碾还是雕刻，它们都是以使工艺材料达致造型要求而成为器物为目的，这从史前至今都是这样的。

一 治玉的工艺造型观

在琢碾的工艺体系中，以玉石形貌和玉石特性为琢碾工艺依据与终极目标的工艺活动是极具特色的，这种特色既是治玉工艺所独有的，也是它自成体系的原点，并与其他工艺在本质上构成了差别。造成这种独有特性的原因如前文所说，一是治玉是由以玉石的形态改造为目标所决定的，这就注定了治玉工艺在改造（造型活动）中的因指关系；二是由玉石的本在属性而决定的，这个本性既包括了玉石作为珍宝的价值，也包含了玉石作为审美因素的价值，这也是产生这种特性的主旨因素。从这个主旨因素中，我们可以看到玉石美感品性的直接作用，而这个特性就是在工艺活动中由玉材的形貌（客观因素）、特质因素决定着玉器的造型形式，决定着工艺造型的方向，也就是治玉中"因材施艺"的工艺造型观。

这种工艺观与以形式创造为先决目标的造型活动是两种完全不同属性

的工艺活动。后者是以由主观先决、形式先行的工艺追踪造型（这个工艺此时可以叫"制作"）为主导的造型前提性为主旨（其中工艺的意义是把媒介异化为造型结果），这种前提设置是造型艺术活动中最为常用的。而"因材施艺"的工艺观由材料媒介的样态为造型主题，造型是对媒介样态进行传导、引申和强化，以媒介的形貌因素、条件因素，或一切可能被抽绎出来的客观存在因素作为可能或可以应用的形式契机为主导思想，这种思想就决定了工艺活动的延展趋向，也决定了治玉活动的审美取向和价值坐标。

对"因材施艺"造型观的了解，对认识治玉活动特性，即工艺作为造型活动又主有自立主体的工艺运行体系有着根本的意义，因为这是中国治玉工艺的本性所在。"因材施艺"的工艺观使治玉工艺从本质上确立了它独立自主的自治体系，也使它具有了玉石作为珍宝意义的价值体现的根本所在。由此，对治玉工艺观的了解，就是对治玉工艺本性的了解，因为对治玉活动来说，此时的玉石即是工艺的载体，也是工艺造型的媒介，也是玉器造型的介质，而这三者的关系，既包含了工艺与媒介的关系，也容含了工艺与造型的机制体系，因此，它的意义和作用是极为重要的。产生这种特性的原因是复杂的，主要有以下几个：一是玉石本身所具有的美感质素，或可能引发的造型基因与特质的因素等；二是它隐含了中国人对自然天成的玉石的推崇及对上天的尊重，同时也反映了中国人对自然的顺应关系；三是它包含了中国人对客观世界认识的方式与追求自然天成的意识表现。

下面我们就从"巧作"和"工巧"的具体事例中去深入认识这一特性的具体表现。

1. 巧作

巧作就是以玉材的资质作为造型成像的因由，以达到似天作之合的境界为目标。它利用玉石的各种形状、颜色、质理构造（包括瑕疵）等不同的因素，巧妙地雕出与事物相对应的如天成般的逻辑结果，或能够以奇巧的构思把玉石化作出人意料的样态结果等。

中国的治玉方式从它初始阶段就表现出人的非凡的"巧作"意识。这一点是中国治玉工艺在漫长的历史发展中的重要质素，也是工艺虽然简单落后却能创造出辉煌的玉器艺术的内在因由。"巧作"的工艺思想首先表现在对玉材的利用上。早在新石器时期，人们就能够对玉材在成型上进行合理的安排，使材料的每一部分都能得到合理的运用。从出土的凌家滩文化玉器中，我们就发现了这种事例，在掏膛工艺后，被掏出的柱体玉石被再加工成遗物，这种对材料进行多次设定再造的做法，使玉石原料得到了充分的利用。同样的事例，清代乾隆年间制作的陈设玉器"桐荫仕女"，就是在制作玉碗的废弃遗料上进行再加工而诞生的作品，这件玉器还表现出了它的巧作的另外一个方面，那就是不仅利用了废弃的玉料，还因其造型构思的巧合性而与故宫所藏的桐荫仕女图屏风图案相同，堪称巧做一绝。① 到商周时期，玉工对玉材的使用就更表现出巧作的能量，首先他们会使用对刨的方式，使玉材呈现出对称的形式，以构成它们在形式上的对应性和"成对的"世俗要求。② 商代以后，这种对刨方式的应用更为频繁。

到了战国时代（前475～前221年），对玉材的扩展使用可以说是巧作的高峰典范。先人为了使一块玉料能够延长，达到延展的要求，运用工艺的巧作，将玉料切割成若干片段，再采用镂雕活环的技术，使玉料在片状中成为即可延展又可卷藏的形式，这就是玉器经典作品"多节龙玉佩"，若将此玉佩仔细折合在一起，仍能辨认出这块玉料的大体形状。

以上是对玉材在体量上的计量巧作事例，这些巧作的造型创想从原始时代开始就一直陪伴着治玉活动，说明了治玉不仅只是工艺活动，它还是中国人对事物、对世界的理解和认识的一种多义的能量表现。

巧作的工艺思想还表现在对玉材形貌的奇巧利用上。在中国，人们把玉石作为上天恩赐的珍贵宝物来看待，对玉石的形、貌、体、色等各种因素有多种多样的含义解释和文化阐释。这种文化观，对治玉工匠来说，不仅是一种意识指导，还形成了一种工艺的观念，引用在治玉工艺中，就是把对玉石的自然形貌当作不可多得的固有造型因素给予保留或延展。因而，在治玉活动中，主导的工艺造型观就是把玉石的本在形貌演化或托显，以造型的态势予它以形式上的延伸，这就是玉器中奇巧的"天成"表现。在漫长的治玉历史中，这种思想一直驾驭和左右了玉器造型的价值取向，也是治玉活动中非常重要的造物思想。对"天成"的思想追求，也是中国人"天人合一"宇宙观的具体表现。"天人合一"的主要思想是人要与自然保持和谐统一，并寻求其中相同或有感应的原则和规律，这种思想观也就必然产生再现自然韵致的技艺。"俏色"③ 的工艺方式就是这种思想的集中表

---

① 参见刘如水《中国古玉年代鉴别》，山东美术出版社，2007，第308页。
② "好事成双"是中国人对事物完整性追求的一种表现形式。
③ 俏色就是借一块玉料上的不同颜色，运用巧妙构思，雕出各种肖真事物。比如，一块绿料上有一点红色，工匠们就借助红色雕出一个太阳，绿色的部分雕人物风景。

现。早在三千年前，这种造型观念和工艺方式就被确立，并得到淋漓尽致地表现。在1975年出土的殷商古墓的一件"玉鳖"器物，就巧妙地利用了玉皮的紫黑色碾琢鳖甲，其头、腹和四只脚则是玉料的本色（白色），使整个作品分外肖似和传神，如天成一般。通过这件作品，我们就能够理解这种自然既有的先在因素对玉石造型所起的作用，也能发现这种巧合的形象意蕴和美感情境状态，这种俏色的工艺方式在以后历代都有表现，并形成了巧夺天工的俏色造型审美体系。在琢碾活动中，"适形"的造型方式也是治玉工艺最常见的造型方式，"适形"是指在玉的原石中所呈现的隐约"似像"状态，或在审视玉原石中所感悟到的"似像"的状态，并以此状态为根据而发展延伸它，并从而达到"似与不似"的境况。"适形"还有另一种造型方式，就是在原石固有形态的基础上，把构想的造型与玉原石洽和地有机组织在一起，使原石就如同是造型的初稿，洽和地诞生"这个造型"。

通过将工艺人把玉石固有形貌与做工的依据、延伸的可能轨迹以逻辑的关系对应起来以作为工艺活动的高妙境界来看，我们可以说，中国的玉石工艺造型是建立在以玉石可能延伸的形貌轨迹来把握和控制玉器的造型上的。由此可以得知，在多数的情况下，造型意识并不是以独立的造型意图来驾驭和组织工艺活动的。因此，我们对所谓的治玉工艺的理解就不能仅停留在对玉石的修治改造与做工上。

不但仅此，这种巧作的思想意识基础，还导引了在治玉活动中对玉石品质的追求，修磨、抛光的精细做工要求就是对这一意识的注重。打磨、抛光的工艺对治玉来说不仅是做工的精细问题，还是对玉石形貌品质再现和天然境地的表现，只有把玉石的品相表现得纯粹，俏色形貌才能呈现出来。

巧作的做工意识从表面来看是对巧遇和奇巧的注重，其实它还隐含着更深刻的内涵，我们不但可以通过造型上的玉器形态来理解它，也可以通过造型来认识到，它还体现了人在治玉活动中对玉石价值的肯定和思想境界的追求。巧作体现了先人对玉石珍贵性的注重，通过巧作的工艺，既可从中把玉石造型提升到两种形式对应的机缘中，也可以充分地表现出玉工对玉石的量体裁衣所要求的"恰巧"与适合的形式意量的把握——或是对玉石与玉器成型的有机关系的设计与把握，及其以把每块玉材进行合理地使用来作为造型意识的技能状态。这就是中国治玉工艺巧作的价值意义。

2. 工巧

工巧是指在工艺做工中由技艺的高超而达致的高级质能，或由对工艺做工功能系统熟稔而产生的并和式应用，从而产生的超越于做工形式所能的超然结果。

工艺既是做工方式也是具体手段，在工艺做工方式中，对这些工艺手段的应用，工艺人经常表现出常规性，经常是在限指或规定的形式范畴中，但同时，深层次的做工形式又经常潜隐在他们自身的方式中，并具有可能超乎限定的做工能量。在工艺活动中，怎样使有限的工艺方式产生更大的做工效能，这是对工艺系统能否具有相互对应和相互支持的自律运转能量的检验。如果说治玉工艺方式本身就是造型方式，并且可以给予方式上的同属归类（一种造型的方式系统）的话，那么它就具有了在自体系统中可以相互应用的交互机制，这种交互应用的机制，表现在将工艺作为手段或方法的运用。那么，这一属性的应用性就应该具有这样的能量：它们可以在每个具体的工艺方式中作为相互作为的手段和表现。比如，线锯与管钻的并和应用（工具系统），"琢"和"雕"的并和应用（做工方式系统），等等。由于琢碾工艺系统自身就具有这样的能量，做工的能量超越了工艺的方式，从而表现出全能的自治做工体系，这就是表现在治玉工艺活动中的"工巧"的底蕴。

从对治玉工艺的方式、工艺流程和工具设备的考察中，我们得知，这个系统既是人类造物最原始的工艺系统，也是最简单的做工体系，那么，为什么它能够创造出非凡灿烂的玉器制品呢？其实，在手工艺系统中，这样的问题常常存在。在手工做工系统中，除了手动的"力"外，就是一些常规的工具，这样的组织系统单薄又贫乏。而真正能带动工艺系统延展的，是一条隐形的"力"，那就是技术系统，也就是在工艺的外在组织系统中，它还具有由人的灵性来支持的内在做工体系，这个体系也就是技艺体制。这种特性在中国古代的工艺系统中是普遍存在的，也是中国人灵通意识在工艺活动中的具体表现。在中国的《易传》中，它以"易穷则变""变则通"的思想告诉了我们事物不是孤立静止的，而是运动的、变化的和可以相互转化及通达的。[①] 这种主观意识运用在治玉活动中就体现出了工艺做工

[①] 参见张岱年《中国哲学大纲》，中国社会科学出版社，1982，第95页。

的意蕴能量，这种能量多是以"恰好"的做工给予了工艺的巧能表现。① 在制作玉容器中，关键的工艺是掏堂，即挖去容器内部的玉料。以手工的方法一层层磨去内镗是很难想象的，实际上也很难操作，而精美的玉料白白磨去也很可惜。古代的做法是先在玉料的预定部位用管钻钻到所需深度，取出管状钻头，然后将木棒从暴露面横向顶住钻好的内芯，再用重物（锤子）奋力一击，借用震力震断玉芯，取出另做他用，然后再整修内壁，琢磨外部，刻琢纹饰。从考古发掘的情况看，这种掏堂的方法最迟在殷商时代已能被熟练应用，其构思之精巧实在令人拍案称绝，到今天仍找不到比此更好的掏堂办法，这就是中国治玉活动中"工巧"的最远古案例。由于在中国古代的治玉活动中，其工巧性充斥于做工过程，这就使简单的工艺系统拥有了智能的做工体制。春秋战国以后，工巧的事例时时伴随着工艺的发展。我们知道，玉石本身就是坚密和硬脆的，所谓"宁为玉碎，不为瓦全"就是因为它脆，才容易碎。当玉的内在微晶颗粒排列多向时，其纹理就大，极容易脆裂，② 尤其是当玉料被切成薄片时，稍施以压力它就会断裂，这就给治玉造成很大的困扰。为了回避这样的问题，一般玉器造型在厚薄上都以适中为相当，但在春秋时代（距今 2500 年前），薄片玉器非常多（也许是因当时玉料紧张）。在河南省淅川县下寺一号墓春秋晚期的一座楚墓中出土的"兽面纹玉牌饰"的厚度竟然只有 0.2 厘米（长 7.1 厘米，宽 7.5 厘米），其表面造型却纹样繁复，高低起伏错落有致，立体感很强，这样的造型竟然是在 0.2 厘米的厚度中展开的，确实会让我们感到惊讶。在薄薄的玉片上进行浮雕的刻琢，这不但涉及立体起伏的造型问题，更涉及在琢刻时玉工雕刻力的恰到好处，在狭小、易碎的薄片中进行繁复的工艺做工，这是何等艰难之事啊！不仅如此，在这样的薄片上还实现了双面琢刻，薄片两面都有雕刻的纹饰，这是何等的不可思议——这是必须具有工巧之能才能做到的事情。难怪后世对春秋时代在薄薄的片状玉饰上，精深有力、立体感极强的高浮雕工艺给予了极高的评价，并认为那是春秋时代玉工的一项绝技。到了战国，微雕的工巧技艺就延伸到更为精细和小巧的工艺作品中。在今湖北省随州市擂鼓墩附近发现的战国早期曾侯乙墓中，曾挖掘出大者犹如花生米、小者只比黄豆粒稍大些的玉琀共 21 个，这些玉

---

① "恰好"就是"巧"的意思。参见《现代汉语词典》修订本（第 3 版），1996，第 1021 页。
② 参见钱振峰主编《白玉品鉴与投资》，上海文化出版社，2007，第 6 页。

琀一粒粒被精心雕琢成立体的圆雕动物，有牛、羊、猪、犬、鸭、鱼等，妙在这一粒粒细小的玉雕动物被碾琢得异常精细，神态各异，形象生动，充满动感。用放大镜观摩，玉牛憨厚忠实、玉犬跃然若吠、玉猪肥头大耳、腹垂坠地，一件件莫不栩栩如生。在如此细小的玉料上碾琢本身就很困难，还要一件件刻画得生意盎然，没有工巧本领是绝对做不到的。以上是从玉料在"薄"和"小"的做工中解释工巧的技艺。从琢刻的工艺角度，工巧更是表现得淋漓尽致。在琢刻玉器时，碾琢的痕迹如果能够如刀刻一般，甚至达到真如刀切的效果——如直刀切豆腐样的痕迹，这对今天来说是难以想象的，对早在2000多年前的治玉工艺来说，更是难以想象的。因为大家知道，那时的治玉方式是以工具（砣子）带砂碾磨的，就算是今天我们用金刚砂轮片进行磋磨，也很难实现。但是，在汉代，一种能使碾琢痕迹看上去如刀削的琢刻工艺出现了，这种刀工干净利落，刀痕平整得像是被一刀一刀切出来的刚劲挺括、犀利有峰的雕刻工艺出现了，后人把它喻为"汉八刀"[①]。"汉八刀"以"琢痕尽化"为做工的技艺追求，以隐藏做工痕迹作为技术的巧能。

汉以后，这种工巧的做工随着时代的发展得到更多的延展。比如，从唐代开始，一种镂空雕的工艺开始风行（也称镂雕），这种工艺把琢碾指向了"雕"的含义，并把"雕"的内涵阐释得淋漓尽致。镂空工艺产生于新石器晚期，目的是在平面玉材上以锯镂（切）孔洞。而现在我们说的镂雕，是在三维立体玉石上，以多向蜿蜒曲折为镂空形式，这种镂雕形式变化多向，层次复杂，以纵深孔洞的成像表现为目的，追求意向多端、变化无常。而雕刻——琢碾就显得更为复杂和艰难，但我们却可以从成型作品中看到巧工的能量，也可以看到中国人通过对工艺目标的设定而展现出的高超巧能技艺。

工巧不仅是指在工艺活动中的某种技巧，它还包括在工艺做工中，以某种技能、工艺方式或做工的"恰好"方法来实现一种高超的做工品质；也包括怎样运用工具来发现做工的新方式，以实现在工艺造型上的某种特殊品质。当然这种"工巧"性更主要是由操持做工的技术系统支撑的，并以方式与手段作为基底。实际上，当工艺累积发展到一定质量的时候，

[①] "汉八刀"，由于其刀工犀利，磨痕尽化，形式硬朗挺拔，充满力度，乍一看，似乎只削了八九刀就把一件玉器削成了，故得名"汉八刀"。参见刘如水《中国古玉年代鉴别》，山东美术出版社，2007，第44页。

"工"就会以质量和内涵来呈现,于是出现了工巧的能量表现,此时,做工会变得饱满与精湛。今天我们说的工艺精湛,绝不仅是指可以把玉器雕琢得精微细致或繁缛精微,还指能把各种工艺方式、手段组织成具有超越于工艺做工能量,使工艺在操持者手中能成为一种集束性的极端延伸的能力。这种能力由于是由人来作为介质的,因此成为承载工艺做工系统的主体。

由此,在中国的治玉活动中,工艺的所能是以方式手段给予做工活动系统延展,而能够把握和作用于工艺体系的是人,人的能动性在操持工艺方式中就使技艺的能量延伸,超越工艺做工本能,使工艺驶向人的艺能境界。

二 治玉的价值观与审美取向

最早我们可以从《周礼·春官·典瑞》"共(供)其玉器而奉之"、《礼记·学记》"玉不琢,不成器"二说中看到"玉器"这一专用语词的依据。[1] 它的基本内涵是:玉必须经过雕琢(琢磨成型与刻饰),才能制成器物,唯有"器物"才是玉石的价值归属,这也是事实。这就规定了玉石必须经过形态的改造(造型)转化为器物,这才是它的价值途径。它必须经过工艺、造型的过程,作为工艺的中介和载体,由此,治玉活动就成了赋予玉石价值的必须途径,而玉只有雕琢成器后,才具备超越于璞玉(玉原石)的价值——使用价值、审美价值的属性。

这就限定了玉石价值的幅度,这个从社会学意义上规定的值域,说明了玉器所应该具有的人文含义和社会意义,但同时这里也存在价值取向的单一性,它忽视了玉石本体的价值内涵。从广义的角度说,玉器的价值是具有双重性的,作为器物,它具有所有物件的基本意义,但它又不同于一般的器物,因为它本身就具有超越于其他物质的价值内涵。因而,在玉器中,价值的含义应该是玉石固有的价值内涵和超越于它自身价值的、带有文化意义和人文精神追求的审美含义。

如果说只有经过工艺活动后的玉石(玉器)才具有价值属性的话,那么,经过工艺活动之后的玉器都具有价值吗?显然不是,必须对工艺的品质进行界量才能确定。成器的玉石如果不具有良好的工艺品质,那还不如

---

[1] 转引自尤仁德《古代玉器通论》,紫禁城出版社,2002,第1页。

不成器，因为这时的玉器，连它固有的价值也可能被消弭了。所以，中国人对成器的工艺品质是极其看重的，而这一要求也奠定了玉器价值的基础。

中国人也并不仅仅以人工的能事作为玉石通向价值目标的唯一路途。早在石器时代，玉石能够从众多的石头中脱颖而出，并最终由"这种石头"的基奠成就了一种文化体系，其根本的原因还是玉石本身的美感秉性。在整个治玉工艺体系中，玉石的自体属性一直是治玉工艺的基底，这就不是社会学意义上的玉器价值所能涵盖的，因此，与其说玉器是玉石的价值体现。不如说玉器是玉石的综合价值体现。因为此时的玉石已经是玉器的造型、玉石的品貌、工艺的加工等多种因素的整合，是许多因素的共建，这才是玉器价值的根本。

在识玉时代的漫长历程中，最先引发人们对玉石的注重的，是它的形貌，通过对它形貌的认识，人们在对它的颜色、纹理和质感的好奇和诧异上，生发出"玉，石之美者"的共识理念，从而使玉拥有了珍宝属性的价值含义，成为财富的表征，这些都是基于对玉石美感的认识而发生的。在长期对玉石品性的理解中，人们又认识到它的内在品性，这些品性与人的道德理想非常相近，由此，将它与社会道德体系比附，最终建立起一整套奠基了中国文化内涵的精神体系。所以，人们说玉是具有"山川之精英，人文之灵魂"的高贵品质的。在中国整个治玉工艺的发展历程中，治玉的价值观一直保持和稳定在"玉，石之美者"的价值底线，这个价值底线集中表现在对玉石的形态、色彩、质地的工艺阐发，还表现在对这个底线所要求的由技术系统支持和建构的对玉石美感的引申和凸显上。因而，中国治玉工艺造型观从做工的角度都是指向对玉石的美感建设问题，而只有纳含了玉石的美感因素，才是治玉活动的完美体现。以工艺与玉石为工艺立点来说，玉石既是珍贵的宝物，它就必然的会给予和作用于治玉工艺活动，因此，在治玉活动中，工艺匠师们往往根据材料的性能、特点，采用相应的技术、造型设法来制造器物，这就是治玉活动"因材施艺"的特性，而这个特性使玉石成为既具有工艺的媒介，也具有作为审美的载体、审美的介质的双重属性，这就决定了治玉工艺审美取向的道途。这个取向就是，把玉石固有的美感品性和玉石所能被阐释的美感质素合并为治玉工艺追寻和发展的目标和方向，这个目标和方向通达了工艺是为获得玉的美感而存在的价值目的。

对玉石珍宝性的注重，不仅奠基了工艺活动的审美基底，同时也为工艺活动附加了造型审美的归属，说明它既是一种工艺活动，也是一种造型活动，更是一种审美取向的活动。这种多重取向的活动，便治玉工艺最终成为以审美活动为主宰的艺术创造活动。所以，对治玉活动来说，造型和工艺的关系，既是两种不同的属性，也是同类属性的一体化，它们共同建立在以玉石审美为基础的平台上。因此，在治玉活动中，没有什么独立的造型概念，有的只是以玉石的美感品性为追求的共同目标。可以这样说，在治玉活动中，高品质的玉器造型，都是建立在对玉的美感品质的创造上的。

  由此，在工艺作为治玉活动的基础时，它就必须把造型观、审美意识等诸多问题组构在一起，这样才能建立完整的治玉工艺体系。在这个体系中，虽然工艺系统给予了治玉活动基础，但工艺发生和运营的本质却是玉器的造型与造型的技艺，这是工艺系统的核心内容。而在技艺的运用中，人首先以操持和驾驭工艺的方式为之，并时时处处以能够把工艺作为手段而运用自如为高级境界。表现在技艺的现实中，其突出的境界呈现就是"巧作"的效能和"工巧"的能效特色，这种以技艺为造型手段和造型审美途径的因素，就是治玉工艺的全部内涵所在。

  如果说，治玉的价值观是建立在玉石的基底上的，它的审美取向也是以玉石为基础，那么这两个观念取向不外乎两点：一是对玉石珍贵性认识的趋同性；二是工艺目标的产生是以玉石美感为基始的。这两点既是工艺活动的主导方向和目标，也是治玉工艺的核心目的。

（作者单位：东北大学艺术学院）

中国儒道设计审美批判与继承

朱 洁

一 中国古典设计审美批评

当人们拿起一块石头敲敲打打变成一件工具时,设计产生了;当人们将鲜艳的贝壳用绳索串联挂在胸前时,美产生了。人类的设计与美相伴。如果说,"人类的历史就是从设计和制造工具开始"[1] 的,那么中国的设计史始于石器时期。但中国古典设计美学思想的形成要晚得多,它同中国美学思想的产生是一致的,如果说"老子美学是中国美学史的起点"[2],那么中国古典设计美学思想也起于老子。设计美学与传统美学体系是有区别的,设计美学中,技术与艺术是密不可分的,除了形式的审美活动外,它还直接与功能、技术、材料等内容相关,一方面与美学思想相通,另一方面与社会文化层的各个方面相连。它从思想层面最直接、广泛、深远地影响着中国的古代设计,形成中国古典设计的审美意识。

在传统研究中,中国设计史主要研究各个时代的器物形质,归纳设计的时代特征和风格流变,但对设计审美的形成原因不做分析。设计美学史主要研究每个时代中理论形态的设计审美意识,但较少对具体器物展开讨论。在目前的研究基础之上,笔者认为需要将前后两者联系起来进行研究,

---

[1] 赵农:《中国艺术设计史》,陕西人民美术出版社,2004,第4页。
[2] 叶朗:《中国美学史大纲》,上海人民出版社,1985,第19页。

并且在联系之后还要做一个判断性的分析，暂可将这样的研究称为"中国古典设计审美的批判与继承研究"。这种研究应该以设计美学思想为主干，将各时代的具体设计器物对应起来，自上而下关联分析，之后要站在当代的语境中对设计审美历史进行分析评判，这样的研究对于当代设计师的设计实践将更具有直接的指导意义。

艺术史与美学史两个系列的交叉是艺术批评史，目前已有艺术批评史研究，这个批评史站在历史的维度将理论与实践联系起来。如果就艺术批评的角度来看，这样的研究即可，但从设计批评的角度来看，仅从历史维度谈是远远不够的。目前设计批评史研究的成果还很少①，设计批评史研究必须转换到当代的语境，它是在批评史上的再批判，而这一点是与艺术不同的②。设计的综合性特征及技术特征决定设计必须是当代的，设计历史的审美意识也必须进行历史的转化才会具有当代的意义。

二 儒道设计审美意识

田自秉认为："研究中国古代的设计（工艺美术），必然涉及每一时代的总的哲学思想。在几千年的工艺文化的发展历程中，就必须研究作为古代中华民族精神核心的儒家、道家等的思想，以及汉代以后佛教传入所形成的禅学思想，其对设计（工艺美术）的影响。一般来说，我国古代文化思想体现为儒道互补的主要倾向，但各个历史时期因社会条件的不同，而又显出其不同的侧重。"③ 儒家和道家对中国古典设计影响极大，中国古典设计所呈现的"错彩镂金，雕缋满眼"和"初发芙蓉，自然可爱"④ 两种相对的审美特质正是儒道思想的体现。

1. 儒家

儒家哲学思想的核心是"仁"，"仁"就是"爱人"，这种爱，一方面是建立在血缘亲情关系上的，将这种血缘亲情的爱推而广之，就是整个社

---

① 艺术批评与设计批评有所区别：第一，选取的研究对象不同，有很多的设计物就不能成为艺术，不成为艺术批评的对象；第二，美学与设计美学研究的内容不同，因此对对象的批评视角、批评内容也有所不同。同时建筑批评，两者的成果是不同的。
② 艺术是可以复古的，但设计不能复古。
③ 杭间：《中国工艺美术史》，人民美术出版社，2007，第7页。
④ 宗白华：《美学散步》，上海人民出版社，2013，第34页。

会的人伦关系了；另一方面儒家所讲的仁爱的爱是有等级关系的，"君君、臣臣、父父、子子，这种爱被政治化之后虽然是相互的，但永远是下一级爱上一级为前提，是一种在不平等关系上的爱"。① 儒家为了在政治上推行它的这一套仁爱的思想，就需要将仁转化成礼，礼就是典章制度，礼仪就表现在形式上，这个形式就和我们的设计有了密切的关系。

总体上儒家的设计审美意识上可以概括为"器以藏礼"②。

第一，设计为政治服务，设计（结构、纹样、风格）遵循礼制规定。孔子肯定设计美，设计为"礼"服务。审美和艺术，当然也应该包括设计，它们在社会生活中可以起到积极的作用，但这个作用不是现代意义上满足人们物质和精神的需求，而是为人们达到"仁"的精神境界起作用。孔子说，"克己复礼为仁"③，"我欲仁，斯仁至矣"④。荀子进一步强调"礼"的目的是用来区别人的等差，"故先王案为之制礼义以分之，使有贵贱之等，长幼之差，知贤愚、能不能之分，皆使人载其事而各得其宜，然后使悫禄多少厚薄之称"⑤，与"礼"对应的设计就在形制上体现了这种等级差别。因此设计必须依照礼制的规范进行，服务于礼制政治，符合"仁"的要求，审美严格地从属于政治。

第二，肯定设计和设计的功能。儒家肯定设计活动和设计的功能美，设计物要以"致用"为基础，"物备致用"。荀子说，工师之职要在于"便备用"，⑥ 孟子也说："一人之身，而百工之所备。"⑦ 就是说设计必须以功能为重，器物以功能为美，如果没有功能就不美。

第三，赞同设计的形式美感。孔子提出，在艺术中将"美"和"善"统一，"文"和"质"统一。他说："质胜文则野，文胜质则史；文质彬彬，然后君子。"⑧ 也就是内容与形式的统一。在内容和形式中，孔子将质放在首位，质很重要但不废文。孔子以质来比喻质朴的本心，以文来比喻人为的修养，要求人要有质朴的内心和道德修养。这句话扩展到设计层面就是

---

① 陈望衡：《中国美学史》，人民出版社，2005，第19页。
② 《左传·成公二年》。
③ 《论语·颜渊》。
④ 《论语·述而》。
⑤ 《荀子·荣辱》。
⑥ 《荀子·富国》。
⑦ 《孟子·滕文公上》。
⑧ 《论语·雍也》。

要求设计具有功能的同时还要有相适应的外观纹饰，器物功能与形式美恰到好处，和谐了就是美。儒家虽然肯定设计的形式美，但是这种美是有限制的，设计的形式必须符合儒家的礼制规定，儒家甚至通过设计的形式来实现礼教的目的，这就是"器以藏礼"。

2. 道家

道家哲学思想的最高范畴是"道"，"道"是宇宙的本体，万物之母，老子说"道法自然"。道家虽然否定设计也否定艺术美的形式，但道家思想所体现的设计审美意识却十分丰富。

第一，以"巧"为美。"美在自然"作为老子提出的一种美学观念，既可理解为美在自然界，也可理解为美在自然而然。[①] 庄子谓，"天地有大美而不言"，这里的"天地"可以理解为"道"，也可以理解为"自然界"。道是自然，自然的特征就是自然而然，自然又分为两个方面，一是自然界，二是人类社会。既然自然界是自然而然的，那么理想的人类社会（设计的自然）也应是自然而然的。如何自然而然地美呢？基于美在自然的观念。老子提出了"大巧若拙"的审美观，苏辙解释"大巧若拙"为"巧而不拙，其巧必劳。使物自然，虽拙而巧"。[②] "巧"美可谓中国古典设计审美的最高境界，它所体现的设计审美观念就是设计顺应自然，"真正的巧不在违背自然规律去卖弄自己的聪明，而在于处处顺应自然规律，在这种顺应之中使自己的目的自然而然地得以实现"[③]，这种顺应自然的设计观有明显的生态意味。设计体现智慧，道家认可的设计美不是形式感的装饰，而是设计的智慧，这种智慧有时会化简为一种纯粹的功能美。"巧"就是设计浑然天成，没有人为造作的痕迹，整体风格为简朴、素雅、活泼、清丽，虽由人作，宛若天成，它是与儒家形成对比的一种自然的审美风格。中国古代的设计受道家思想的影响，总体是崇尚简约美，尤其是文人的设计审美喜好。

第二，设计以功能为重。道家既否定设计活动，又否定形式美。道家哲学的自然观，是追寻人生出世的自由，老子理想的小国寡民的社会形态是"使有什伯之器而不用；使民重死而不远徙。虽有舟舆，无所乘之，虽有甲兵，无所陈之。使民复结绳而用之。甘其食，美其服，安其居，乐其

[①] 陈望衡：《中国美学史》，人民出版社，2005，第58页。
[②] 魏源：《老子本义》，上海书店，1987。
[③] 李泽厚、刘刚纪：《中国美学史》第1卷，中国社会科学出版社，1984。

俗。邻国相望，鸡犬之声相闻，民至老死，不相往来"①，是不需要任何设计的进步，因此道家不仅是不看重设计，而且是反设计的。同样，道家也反对设计的形式美，色彩、纹饰都是不可取的。老子说："天下皆知美之为美，斯恶矣；皆知善之为善，斯不善矣。故有无相生，难易相成，长短相形，高下相倾，音声相和，前后相随。"② 老子将"美"与"善"分离，甚至将"美"消除。他还说："五色令人目盲，五音令人耳聋，五味令人口爽。驰骋畋猎，令人心发狂。难得之货，令人行妨。是以圣人为腹不为目，故去彼取此。"③ 艺术和一切形式的美都是老子极力反对的，在老子看来，一切形式化的东西不能实现功能，仅仅是一种欲望的刺激、财富的浪费，所以"圣人为腹不为目"。如果非要讲设计的美，在道家那里，最美的设计就是仅仅具有根本的功能就可以了，其他都不需要。老子说："是以大丈夫处其厚，不居其薄；处其实，不居其华。"④ 这种观念从另一个角度来看，也可以理解为道家非常重视设计的功能美，设计即功能。

第三，从技术向审美的超越。道家不仅否定"美"，甚至提出审美心胸理论：去除功利。一方面，老子的"涤除玄鉴"，庄子的"心斋""坐忘"，都是强调审美观照和审美创造的主体必须超脱利害观念，在超脱了利害观念的前提下才能进行审美创造。另一方面，道家提出审美创造的自由，从"技"到"道"的超越，即从技艺向审美的超越。庄子讲了"庖丁解牛""工倕旋""梓庆削木为鐻""真画者"的故事，本意是悟道，却与艺术创作心理暗合——艺术创作需要去除功利的目的，达到审美心理的自由。设计美也必须实现从技术向审美的超越，这包含两个层面的内容，从设计者创作的角度，设计师是逐利的，但在逐利的过程中不能放弃原则，努力通过设计为民服务，追求人生价值的实现。"美感离不开人类改造世界的有目的的实践活动。但是美感作为一种心理状态，却表现为对个人利害关系的超越。因为美感在实质上是一种创造的喜悦，是由于人的自由得到显现，人的实践——创造力量得到肯定，而获得的一种精神上的满足和愉悦"⑤。从设计的角度，设计在满足功能、解决问题的同时，也要实现审美的超越，

---

① 《老子·第八十章》。
② 《老子·第二章》。
③ 《老子·第十二章》。
④ 《老子·第三十八章》。
⑤ 叶朗：《中国美学史》，上海人民出版社，1985，第122页。

这种审美不是美的形式，而是设计美的智慧。

第四，"虚"和"实"的统一。老子说，"三十辐共一毂，当其无，有车之用。埏埴以为器，当其无，有器之用。凿户牖以为室，当其无，有室之用。故有之以为利，无之以为用"。老子是想表达"虚无"的重要性，但如果没有"实"，"虚"也就无从谈起，因此这段话是讲"虚"和"实"的统一、"虚"和"实"的辩证关系——"虚"和"实"都重要，"虚实结合"成为中国古典设计审美的重要原则。

三 儒道设计审美意识下的设计

经过对儒道设计审美意识的认识后，再来看中国的古典设计，就可以在两者之间找到那条隐藏的丝线。不仅能使人读懂古代设计中隐藏的审美密码，而且有助于我们进行分析和批判。

1. 器物

孔子曾对觚的设计进行评论，他说："觚不觚，觚哉！觚哉！"看来孔子对这个觚的设计并不满意。觚是古代的酒杯，孔子评论的这个觚，由商代晚期的细长型，变成了春秋时期的矮胖型。从酒杯的功能来看，并没有什么不妥，还是可以乘酒的，矮胖型的酒杯可能乘酒量更大；从人机工程学来分析，矮胖的酒杯端举更平稳，对于穿大袖子、蓄长胡须的古代人来说使用更省力、方便；从外形来看，还是三段式，纹样还是饕餮纹，只是杯子的腰身和足底少了突起的脊柱，变得平滑了。孔子这段话意在批评春秋时期的礼乐崩塌，但他把怒火都放在了一个酒杯身上，看似合理，其实可笑。但也可从另一个方面看到古代设计的禁锢，它被套在了礼乐制度的枷锁中。

儒家与道家不同，它赞同设计，并且提出"文质彬彬"的要求，对功能与审美统一的思想具有积极的意义，但器物的设计必须服从礼制，"先王之立礼也，有本，有文。忠信，礼之本也；义理，礼之文也。无本不立，无文不行"[1]。设计如何服从礼制？就是器物完全按照礼制的规范来设计。儒家将人分了不同的等级："王及公、侯、伯、子、男、甸、采、卫、大

---

[1] 《礼记·礼器》。

夫、各局其列。"① 各个等级的人在使用的物品上也要有等级区分，从数量、装饰纹样到色彩，都有严格的区分和规定，数量上的规定："上公九命为伯，其国家、宫室、车旗、衣服、礼仪，皆以九为节；侯伯七命，其国家、宫室、车旗、衣服、礼仪皆以七为节；子男五命，其国家、宫室、车旗、衣服、礼仪皆以五为节。"② 色彩的规定："礼有以文为贵者。天子龙衮，诸侯黼，大夫黻，士玄衣纁裳，天子冕，朱绿藻，十有二旒，诸侯九，上大夫七，下大夫五，士三：此以文为贵也。"③ 这种分析可以帮助我们理解为什么博物馆中帝王们会有那么多个锅和碗，上面的纹样源自怎样的一种象征和语意。如果设计师不按照礼制设计会怎么样？儒家对于器物"奇技淫巧"坚决否定，"析言破律，乱名改作，执左道以乱政，杀；作淫声、异服、奇技、奇器以疑众，杀"④。

在这样的制度下，设计的形式只能是一种等级的符号，器物受制于礼制的规定，并且不可逾越。这样的设计虽然可以起到社会教育的作用，但设计的灵魂应是创新，是自由。

2. 家具

木制家具是中国最为杰出的古典设计，尤其以明式家具最为知名，先从明式家具的特征来谈。首先，明式家具选材考究，选用硬木——紫檀、黄花梨、鸡翅木等。在明代，由于对外贸易的发展，这些明式家具的木材都是从印度、缅甸等地进口的，可见这些家具的选材十分考究，这与家具的制作工艺、结构细密的特殊要求有关。另外，在装饰上，明式家具不髹漆，尽量保持木材的原色、原貌。

其次，明式家具结构独特，与中国的木质建筑一样，明式家具在结构上不使用一根铁钉，而采用榫卯结构——榫卯的形式种类繁多，依据家具的形式采用不同榫卯结构，即利用木材之间的几何结构组装、拼接在一起，这种结构的家具更结实耐用，并且环保。

再次，明式家具装饰风格尚简，造型美观。直线与曲线结合，素面（为主）与精雕（局部）结合，明式家具确立了以"线脚"为主要形式的装饰手法。线脚就是在家具的边缘或者脚足进行局部的装饰，这些线脚的

---

① 《左传》。
② 《周礼·春官·典命》。
③ 《礼记·礼器》。
④ 《礼记·王制》。

题材种类繁多，主要有飞禽走兽纹（主要为宫廷使用）、吉祥花卉及人物纹（普通百姓使用），还有仿古纹、仿青铜器上的纹样和西洋纹等。

最后，明式家具设计巧妙。它的比例、尺度都很考究，如线脚不仅是装饰，还和功能结合在一起。如餐桌上的拦水线，在视觉上打破了桌面单调的形式，还能拦截桌面的汤水；翘头案，翘起的案头在造型上多了一份灵动，同时可以防止案上的书本滑落。

在明式家具上我们能看到儒家和道家两种审美观念的交融，道家对明式家具的影响主要在显处：明式家具选材考究，整体呈现简约之美，充分展现材质天然的质感，结构上用材质自身的结构拼接，体现出道家崇尚自然美的特征和超越功能的设计的智慧。明式家具从制作、使用到废弃也很生态、环保。儒家对明式家具的影响则在隐处，如坐在官帽椅上的人就必须挺起胸膛，端端正正地坐在上面，他所表现的是一种当权者的威严或者是君子正襟危坐的仪态，即所谓"正己""正眼""正心""正坐"，可见，明式家具的设计隐藏着儒家"礼教"对人行为的约束。

明式家具设计巧妙，但在使用上却有它的局限性。我们以官帽椅为例，大家可以想象坐在这样的椅子上会是什么感觉，好像不是很舒服。如果跟西方的沙发比起来，更喜欢坐哪一个呢？可见，明式家具对现代人并不是那么合适了，这是因为人们的生活方式发生了改变，如何发扬和继承中国的木制家具呢？它必须改良。

四　儒道设计审美意识的批判与继承

以上对中国儒道设计审美意识及其影响下的设计器物进行了分析，找出了它们之间的关联。儒道设计审美意识中有许多值得当代设计借鉴吸收的地方，比如，儒道设计审美都以功能为重，制作精良巧妙。中国的当代设计常常被冠以"山寨"之名，有三个特征最为明显：一是质量差，二是抄袭，三是无品牌、无精品。中国的设计便宜，样子好看，但一用就坏。儒家和道家都肯定设计的功能美，功能美是中国设计审美意识的传统观念，中国的设计应该从重视产品质量开始，重视产品的设计，重视知识产权，打造自己的品牌和精品。

还有一点值得我们当代设计师重视和借鉴，那就是设计应实现从技术向审美的超越。设计必定是功利的，但这个功利可以通过审美来超越。当前中国的设计过于功利化,一方面,它表现为设计师的功利化。中国设计师自称为"工匠",其实设计师在中国历史上最早出现在《周易》之中,被称为"圣人","备物致用,立功成器,以为天下利,莫大乎圣人"①。"匠人"与"圣人"的区别就在于"圣人"具有强烈的社会责任意识,设计是为民服务的,是受人爱戴的事业。现代的设计师缺乏的就是这种"圣人"精神,当设计师抛开世俗的功利化,以"圣人"自居时,就是其向审美的超越。另一方面,它表现为设计的功利化,目前中国的设计仅以实现功能为目标,却缺少其他。中国不缺少高技术,而缺少设计的创新,中国成为世界的加工厂,也正是因为除了功利技术之外,中国没有好的设计储备。设计是一项综合工程,其中除了技术之外的审美是至关重要的,因此从历史寻找审美的脉络,批判地继承与创造,也是向审美的超越。

除了对儒道审美观念的继承,在以上的研究中也发现了问题,因此需要对儒道设计审美观进行重新思考。

第一,设计的自由。儒家对设计自由的限定需要否定,设计也不应再仅仅服务于政治和礼制,设计是为人们的生活服务的,设计要符合现代人的生活方式。一把椅子应根据不同的场所和功能来进行设计,如果它是给人放松的,它就应该设计得舒适些。现在的设计已经有很大的自由,这种自由是知识的自由,创新的自由和人性的自由,但反观这种无限定的自由却生出了新的问题。一方面是在自由之中仍然能看到许多对儒家阶级官僚审美的复归。当今中国的许多设计仍然保留着彰显特权、炫耀资本、体现阶级优势的特质,例如高大的建筑、恢宏的广场、彰显地位的复古会所、炫耀财富的镶嵌有各色珠宝的手机,等等,这是古代儒家审美观的残存,对此需要正确认识并加以修正。另一方面是设计无限制的自由所带来的灾难。求新、求变、求怪的设计品琳琅满目地充斥着我们的生活,以经济主导的消费社会,各种空洞、虚无、搞怪、变态的设计腐蚀着人们的精神生活,自由变得毫无边界,毫无底线,直至虚空。无节制的设计自由带来了生态的灾难,目前设计还无资源成本,设计从来不需要对环境资源造成的破坏付费,因此设计逐渐变得毫无节制。面对这些问题,对设计自由的问题需重新进行辩证的思考,也许"礼"可以以一种新的内涵和形象重返我们的生活和设计。

---

① 《易·系辞上》。

第二，美的自由。在中国古代社会生产力低下，人们生活的基本物质需求还得不到满足的情况下，各家对于设计的形式美普遍持反对的态度。道家所极力反对的形式美即是指功能之外的装饰和色彩；儒家虽然赞同形式美，但这种美并没有自由。设计需要形式美，它是用以满足人们物质需求以外的精神需求的。人类历史上曾有过设计无形式美的时期，英国的工业革命初期，产品由机械制造出来，毫无美感可言，使人们厌恶至极；中国"文革"动荡时期的设计也无美感可言，"文革"结束后形成人们对美的强烈渴求。设计形式美不仅是被需要的，而且应是自由的，但设计的美不等于形式美，设计美是对形式美的超越。上文谈到道家设计审美的"巧"，我认为"巧"就是设计美的自由的理想。设计的美是一种智慧，一个好的设计既满足功能需要，又美观宜人，同时节约成本，环境友好。设计美（好的设计）不是功能之外的附加负担，而是提高效率、实现最优的有效途径。

第三，生态设计。谈到中国古代的生态观，道家的"道法自然"和儒家的"天人合一"思想都具有生态设计审美意识，但我认为这与现代意义的生态设计还是有本质的区别的。比如，中国古人喜欢动物，将鸟关在鸟笼里、圈养动物在后花园里，而且是越珍稀越好，但这并不生态。又如中国园林的自然观，为了营造江南园林的美景，在缺水的京城修建仿江南的园子，同是道法自然，对自然美的欣赏和模仿，但却不生态。中国现代化运动和经济改革大发展过程中出现的资源破坏和人精神的空虚，急需要现代生态观念的修复，于是生态观开始由无意识向有意识转变。

设计是科学技术与审美艺术的结合，从历史时间维度来说，技术是更替式上升，审美则是螺旋式上升；技术一定是以新代旧，但审美却不是这样，有时它会在某个历史时期形成高峰而之后却无法超越。设计绝不仅仅是技术的问题，既然它是科技与艺术的结合，它就应该从民族的历史中汲取营养，尤其是民族的审美历史，对待审美历史需要批判地继承。

（作者单位：武汉大学城市设计学院）

试论古琴的文脉传统及其现代传承

林 琳

古琴艺术自古以来独树一帜，为文人雅士所喜好，或修养，或自娱，或会友交流。由于其音顺乎自然，耐人寻味，符合中国传统文化崇尚内在、追求意境之特征，故有"众器之中，琴德最优"的美誉，千百年来，逐渐形成了以文人为主体的琴脉传统，延续着"器道一体"的琴境追求与修心养性的琴乐功能。然而，近代以降，经社会文化的几番之变，古琴"技道并重、由艺臻道"的文脉传承困境重重，因此，了解古琴艺术的文化精神、文脉传统，是传承和复兴古琴艺术亟待加强和注重的基础性工作。

一 以文人为主体的琴脉传统

古琴的历史可以追溯到上古时期，文献记载有伏羲造琴说（《史记·补三皇本纪》），神农作琴说（《世本·作篇》、《淮南子·泰族训》、汉·扬雄《琴清英》等），黄帝改琴说（《史记·封禅书》），舜作琴说（《礼记·乐记》），帝俊子晏龙作琴说（《山海经·海内经》），等等。虽无法考证首创者究竟是谁，但可以肯定，造琴之人非等闲之辈，而是圣贤明君，是中国文化的鼻祖。由此，琴被称为"圣人之器"。

上古先贤制琴，以通神明、体大道，琴人多为圣人或帝王，如大禹作《襄陵操》，成汤作《训佃操》，周文王作《拘幽操》《思舜师贤曲》《怀古引》，武王作《白鱼叹》，周公作《越裳》，《岐山》，《大雅》，《关雎》，《伐檀》，《驺虞》，《鹿鸣》，《鹊巢》，《白驹》，等等。后来古琴逐渐走向民间，不少学者认为，古琴进入民间后出现了两大发展脉络，一是文人琴一脉，著名琴家有孔子、庄子、司马相如、刘向、蔡邕、阮籍、嵇康、陶渊明、王维、白居易、欧阳修、苏轼等；二是艺人琴一脉。文人琴的特点为非职业性，艺人琴的特点是职业性。但笔者认为，演奏古琴的职业"艺人"，如琴客、琴师、乐官等，虽然以演奏或教授古琴为职业，但是无一不精通诗书，其自身也是文人。西周之后，能琴者皆为德才兼备的士人，如春秋战国时的钟仪是有纪录的最早的专职琴师，之后有师旷、师襄、成连、伯牙、雍门周、赵耶利、董庭兰、薛易简、郭楚望、毛敏仲、杨表正、徐上瀛等。如嵇康所说："然非夫旷远者，不能与之嬉游。非夫渊静者，不能与之闲止，非夫放达者，不能与之无恡（原字没有竖心旁）。非夫至精者，不能与之析理也。"① 琴人不但需要技艺，还需要深解琴德理趣，具有阔达和静之心，这些要求高过普通意义上的文人，也是古琴超越一般乐器而为"道器"之故。

二 "器道一体"的琴境追求

从创立之始，古琴即被赋予了神圣的文化意义，桓谭《新论》曰："昔神农氏继宓羲而王天下，上观法于天，下取法于地。于是始削桐为琴，练丝为弦，以通神明之德，合天地之和焉。"② 琴依一定的律制而做（根据五行之说创制，原为五弦，后经过周文王——也有说尧帝加了两根帝王弦，成为现在的七弦琴），外化为天地人和的结构，今古同一。"昔神农继伏羲王天下，梧桐作琴，三尺六寸有六分，象期之数；厚寸有八，象三六数；广六分，象六律；上圆而敛，法天；下方而平，法地；上广下狭，法尊卑之体。"③ "天地之声出于气，气应于月，故有十二气。十二气分于四时，非土不生，土王于四季之中，合为十三。故琴徽十有三焉。"④ 琴体而言，上面圆弧形的琴面属阳，代表天，平整成方形的琴底属阴，代表大地；琴身

---

① 嵇康：《琴赋》，《中国古代音乐选辑》，人民音乐出版社，2011，第114页。
② 桓谭：《新论·徐文辑录》，已佚，此据《中国古代乐论选辑》，孙冯翼辑本，人民音乐出版社，2011，第94页。
③ 桓谭：《新论·徐文辑录》，已佚，此据《中国古代乐论选辑》，孙冯翼辑本，人民音乐出版社，2011，第95页。
④ 朱长文：《琴史·莹律》，据《乐圃琴史校》中国音乐研究所1959年本，《中国古代乐论选辑》，人民音乐出版社，2011，第202页。

为人身凤型；琴面最高处"岳山"，象征高山，七根琴弦，象征流水；琴底面两个音槽，大的叫龙池，小的叫凤沼。从部件名称看，古琴都以自然之物命名，如岳山、龙池、凤沼、雁足、天柱、地柱等；从结构名称看，古琴都以人的身体部分命名，如琴头、琴额、琴项、琴颈、琴肩、琴腰、焦尾、舌穴、弦眼等。如此，琴在天地人统一的器形之上，会聚宇宙万象，又被赋予了人格化的生命和情感，成为天人合一的圣器。

除形制文韵外，置琴、听琴、抚琴的过程也集中体现了"器道一体"的中国文人的精神与审美趣味。置琴要合乎于礼，除书房外，琴人常在家中辟出一间专门的屋子或是建一个凉亭，用于抚琴，称作"琴室"，放置琴的桌子被称作"琴坛"，常设在大自然中，远离尘世喧嚣，有美景环绕。明代杨表正在《弹琴杂说》中言："凡鼓琴，必择净室高堂，或升楼之上，或于林石之间，或登山巅，或游水湄，或观宇中；值二气高明之时，清风明月之夜，焚香静室，坐定，心不外驰，气血和平，方与神合，灵与道合。如不遇知音，宁对清风明月、苍松怪石、巅猿老鹤而鼓耳，是为自得其乐也。如是鼓琴，须要解意，知其意则知其趣，知其趣则知其乐；不知音趣，乐虽熟何益？徒多无补。……如要鼓琴，要先须衣冠整齐，或鹤氅，或深衣，要知古人之象表，方可称圣人之器；然后与水焚香，方纔就榻，以琴近案，座以五徽之间，当对其心，则两方举指法。"① 琴人讲究琴境，故有"五不弹"之说，即疾风甚雨不弹，尘市不弹，逢俗子不弹，不坐不弹，不衣冠不弹。而操缦则讲究雅境、雅人、雅容，弹琴的外在环境、内在心境与乐曲意境三者相得益彰，以达心、声、物的和谐圆融。鼓琴时有听者也罢，无听者也罢，都需如在长者面前一样，平定心智。心为古琴之要，心正则琴声正，心远则琴意远。故欲得神化之妙音，关键在于养心。

三 修心养性的琴乐功能

正由于古琴以心法为核心，契合儒、释、道的哲学理路，素来被认为是驱邪正心、返璞归真、体悟大道的途径，因此抚琴拨弦，其意义不仅在于乐本身及静穆书香之美境的营造，更在于人性本真的信仰与回归及中正

---

① 杨表正：《弹琴杂说》，录自《重修正文对音捷要真传琴谱》卷一，《中国古代乐论选辑》，人民音乐出版社，2011，第288页。

平和的心境修养，故琴被称为道器，抚琴成了文人雅士修身养性不可或缺的一种素养。古琴的功能更多地体现为"悦己"修心而非"悦人"娱乐。

儒家认为，古琴是礼乐的核心代表，琴乐有去邪正心、移风易俗的功能。"琴之言禁也，君子守以自禁也"[1]，"琴者，禁也。禁邪归正，以和人心"[2]。命"琴"为"禁"，说的是琴之功能，即防范人心人格流于卑鄙僻邪。置琴、抚琴、听琴都要合乎礼法，抚琴讲究的是"宣和情志"的身法、指法、心法，由此才能进入妙指希声的古琴境界。《五知斋琴谱·上古琴论》有言，"琴者禁也，禁邪僻而防淫佚。引仁义而归正道。所以修身理性，返其天真，忘形合虚，凝神太和"[3]，"自古帝明王，所以正心修身，齐家治国平天下者，咸赖琴之正音是资焉。然则琴之妙道，岂小技也哉？而以艺视琴道者，则非矣"[4]，由"禁"之功能而达"养心"之目的。桓谭《新论》曰："琴者禁也，古圣贤玩琴以养心，穷则独善其身，而不失其操，故谓之操；达则兼善天下，无不通畅，故谓之畅。"[5]《左传·乐节百事》曰："君子之近琴瑟，以仪节也，非以慆心也。"[6]琴以正心、去邪、合于礼在先，而后修身理性，通过掌握客观规律，达"游于艺"的自由，塑造完美人格和高尚内心，"成于乐"，通过艺，进入真善美相统一的人生最高境界和实现人格的全面完整，也即达到"从心所欲不逾矩"的自由境界。其次，儒家认为"声音之道，与政通矣"，唐代薛易简在《琴诀》中说："琴之为乐，可以观风教，可以摄心魂，可以辨喜怒，可以悦情思，可以静神虑，可以壮胆勇，可以绝尘俗，可以格鬼神，此琴之善者也。"[7]"乐以载道""导德宣情"，是琴乐在政治、社会、伦理教化上的功能。《荀子·乐论》曰："君子以钟鼓道志，以琴瑟乐心。动以干戚，饰以羽旄，从以磬管；故其清明象天，其广大象地，其俯仰周旋有似于四时。故乐行而志清，

---

[1] 桓谭：《新论》，已佚，此据《中国古代乐论选辑》，孙冯翼辑本，人民音乐出版社，2011，第93页。
[2] 刘籍：《琴议篇》，辑自《太音大全集》，《中国古代乐论选辑》，人民音乐出版社，2011，第249页。
[3] 徐祺：《五知斋琴谱》，《琴曲集成》第十四册，中华书局影印，1981，第377页。
[4] 徐祺：《五知斋琴谱》，《琴曲集成》第十四册，中华书局影印，1981，第378页。
[5] 桓谭：《新论》，已佚，此据《中国古代乐论选辑》，孙冯翼辑本，人民音乐出版社，2011，第95页。
[6] 医和：《左传·乐节百事》，《中国古代乐论选辑》，人民音乐出版社，2011，第3页。
[7] 薛易简：《琴诀》，《中国古代音乐选辑》，人民音乐出版社，2011，第162页。

礼修而行成，耳目聪明，血气和平，移风易俗，天下皆宁，美善相乐。"①

道家认为"乐"的本质是"天地之体"，"万物之性"，"故八音有本体，五声有自然，其同物者以大小相君。有自然故不可乱，大小相君故可得而平也。若夫空桑之琴，云和之瑟，孤竹之管，泗滨之磬，其物皆调和淳均者，声相宜也。故必有常处。以大小相君，应黄钟之气，故必有常数。有常处，故其器贵重；有常数，故其制不妄。贵重，故可得以事神；不妄，故可得以化人。其物系天地之象，故不可妄造；其凡似远物之音，故不可妄易"。②"自然一体""万物一体"是"乐"能够或追求达到的一种精神境界，这种境界打破了善恶是非的区分与对立，人与人之间也没有物欲私利的纷争，"乐"的功能是把人引入"平淡无味"，去除纷争，使一切生命都能得到充分健全的发展。即如阮籍所说："乐者，使人精神平和，衰气不入，天地交泰，远物来集，故谓之乐也。"③ 他解释孔子"在齐闻《韶》，三月不知肉味"，在于"至乐使人无欲，心平气定"。④ 阮籍之后，嵇康明确提出了"声无哀乐"的主张，认为"乐"的本体即是超于哀乐的，精神上的"和"，强调和追求精神上的无限与自由；精神之"和"同天地、自然不可分，以"和"为"乐"的本质，目的不在教化而在养生；"和"与自然的关系被从伦理道德的束缚中解放出来，升华为精神自由和完美人格的实现与宇宙大道相统一的关系。"导养神气，宣和情志"是琴乐的基本功能，"使心与理相顺，气与声相应；合乎会通，以济其美"⑤。嵇康"声无哀乐"论中至高境界的"乐"，即出于"应物而不累于物"的精神上的平和，能毫不勉强地去除一切不利于养生的物欲和享受，故可达"目送归鸿，手挥五弦。俯仰自得，游心太玄"之逍遥。

佛家将琴当作一种修行，其功能是参禅悟道。"攻琴如参禅，岁月磨炼，瞥然省悟，则无所不通，纵横妙用而尝若有余。至于未悟，虽用力寻求，终无妙处。"⑥ 宋代琴家成玉磵在《琴论》中指出，习琴与参禅异曲同工，要通过长时间修炼而达到顿悟，进而通达佛理大道，了然超离尘世。

---

① 荀况：《乐论》，《中国古代乐论选辑》，人民音乐出版社，2011，第27~28页。
② 阮籍：《乐论》，《中国古代音乐选辑》，人民音乐出版社，2011，第108页。
③ 阮籍：《乐论》，《中国古代音乐选辑》，人民音乐出版社，2011，第111页。
④ 参见阮籍《乐论》，《中国古代音乐选辑》，人民音乐出版社，2011，第110页。
⑤ 嵇康：《声无哀乐论》，《中国古代音乐选辑》，人民音乐出版社，2011，第124页。
⑥ 成玉磵：《琴论》，《中国古代音乐选辑》，人民音乐出版社，2011，第218页。

明代李贽将"顿悟说"深入应用于琴学，他说"声音之道可与禅通"[①]，并借六祖慧能"风吹幡动"之辩，说明了琴声即心声。古琴的审美情趣追求心静、境静，神空、物空，功能在于世间万物的静观和直觉中"悟空"。此境界的琴乐出于"静"，有静则心净，有动则心垢，外动既止，内心亦明，始自觉悟，患累无由。所以，琴与禅都是一种修定的功夫，收摄散心，系于一境，不令动摇，进而达到三昧的境界。

四　古琴文脉的现代传承

中国古琴艺术的成就和历史价值是无可取代、不能再生的，它是人类共同的财富，是人类文明的瑰宝。然而，经社会文化的几番之变，古琴艺术的发展困难重重。

一则，琴人匮乏，以至于琴道衰、古音丧。20世纪以来，传统文人阶层也即古琴艺术承继的主体人群消亡，直接导致了当代琴人的匮乏；现代知识分子人文精神的群体性缺失，亦导致了古琴之道的衰落。在拜金主义的驱动下，一小部分琴人身陷世俗，唯利是图，追名逐利，甚至欺世盗名，投机钻营，相互间诋毁排斥，古琴艺术原有的器道一体的艺术境界，被功利主义代替，丧失了古琴原本非功利性的精神追求本质。

二则，传统教授方式之废弃，以至于古琴师承脉络尽失。在西方文化的冲击下，中国社会生活方式骤变，并突出地反映在教育体制上。西式音乐教育的制度与方法，取代了中国音乐的自由传习方式。古琴原本"口传心授"的传承方式，遭到毁灭性打击。

三则，生存环境堪忧，以至于古琴艺术文脉断裂、风范遗失。琴，自古以来是文人们的一种生活样态，传习于文人们修身理性的行为过程，以及对真善美的精神诉求当中。然而，市场经济不仅从根本上取代了自给自足的经济模式，也瓦解了建立在传统生存模式下的文化结构。在这种情势下，古琴这门极富中华文化特色的艺术门类，失去了自身成长和蕴养的社会土壤。

传承、复兴古琴艺术的文脉，是我们这代人义不容辞的历史使命。

一则，重视琴人培养、琴学研究。朱长文在《琴史》中言："夫心者道

---

① 李贽：《焚书·征途与共后语》，《中国古代音乐选辑》，人民音乐出版社，2011，第290页。

也，琴者器也，本乎道则可周于器。通乎心故可以应于琴。""故君子之学于琴者，宜正心以审法，审法以察音。及其妙也，则音法可忘，而道器冥感，其殆庶几矣。"① 琴人的培养，远超出技艺的传授范围，中国传统的人文精神和琴道才是琴人必需的素养。古琴演奏者，首先需要具备较高的文化修养，"汝果欲学诗，功夫在诗外"，传统文化的修习对古琴艺术的造诣至关重要。据不完全统计，传统琴曲有三千多首，曲目六百多个，但"打谱"发掘整理者仅有百余人。认真继承优秀的古琴艺术传统，打谱是应当努力的一项重要工作。从各个角度对古琴文化进行专项研究，包括琴书、琴谱的收集、整理与出版；琴史和琴派渊源谱系的研究与撰述；琴律的研究与分析；古琴美学与理论的研究；琴歌的整理与研习；琴器及斫琴工艺的研究；琴曲录音收集，并以五线谱简谱等予以记录；古谱研究及研弹新曲；等等。琴学研究是古琴艺术发展永葆青春的智力支持。

二则，探索古琴特色教育方式，创新古琴艺术再现形式。传统古琴师徒相授的传承方式，对"技"的严格要求背后，实际上是对人的道德、情操、文化品位的高要求。从事教育的琴人需要探索符合古琴自身特点的教育方式，创设相应教育机构，恢复保留"口传心授"的师承模式，将琴的正统观念、技法传给新一代琴人，同时注重中国传统文化中各门类艺术的熏习，塑造综合性高修为的古琴传承人才。另外，为适应现代艺术发展及市场需求，琴人承担着古琴艺术的传播推广重任，在保有古琴"自得其乐""修身养性"的功能外，还要适应从生活艺术向舞台艺术转变的新趋势，探索新型艺术表演形式，在不失其个性特征的前提下，融会贯通各传统艺术门类，追求高审美价值、艺术品位和艺术个性，将博大精深的中国传统文化多样性呈现给世人。

三则，做好古琴文化普及工作，营造适宜古琴发展的生态环境。古琴应定位在文化，而不是定位在音乐。对古琴文化和精神的保护与传承，当务之急在于提高普通民众文化艺术欣赏水平，加强古琴文化普及工作，扩大古琴文化艺术受众群体。应避免古琴保护流于形式或变相成为谋利的手段——导致在保护的过程中失去了古琴原有的文化价值，徒有规模而扔掉了琴乐之道的人文精神内核。加强研究式保护，开展宣传普及工作，防止被动地、带有强制性地被商业绑架。

---

① 朱长文：《琴史·师文》，《中国古代乐论选辑》，人民音乐出版社，2011，第200页。

古琴艺术集中体现了中华民族的人文精神和特有的诗意生活方式，是华夏文明的精髓、人类文化的瑰宝，其净化心灵、陶冶情操、开启心智之功能，以及"非职业性"、重性灵修养的特点，具有前瞻性的价值，代表了中华民族音乐的至高成就。正因如此，作为与文化和性灵修养高度统一的古老而又独树一帜的古琴艺术，才更紧迫地需要走向复兴。当古琴音乐真正成为人们文化生活的"需要"，成为当今时代文化生活的组成部分的时候，古琴音乐才能摆脱"衰亡"或仅仅作为一种"博物馆艺术"的命运，获得生存空间并被发扬光大。

（作者单位：中国艺术研究院）

汉都长安的自然美学考察

张 雨

当代的城市学学者们已经提出"田园城市"这一理想的城市类型，追求城市与自然的和谐相处。自然在此处所指为外在自然界，即山川、河流、土地、植被等自然环境，以及接引了自然元素的景观。自然对城市的价值可以分为三种。第一种是实用价值，此时的自然作为地形地势、自然资源而存在，为城市提供生活资料和必要的屏障保护；自然对于城市的第二义，是作为景观，这个层面的自然可以作为人居环境的美化元素，改善生活环境，陶冶人的精神，使人获得感官愉悦；自然对于都市的第三种价值是具有象征意义，它象征着一种更值得追求的生活方式，为人提供精神上的寄托和归宿。

都城与自然的关系，从根本上讲，是一个理想都城如何实现的问题。这个问题并不是现在才存在，事实上，古代的城市同样存在城市与自然关系处理的问题。汉都长安——历史上最伟大的都城之一，探析它的城市与自然的关系，或可对现在的城市美学和自然美学提供一些有价值的参考。

一 作为资源倚靠的自然

自然作为地形地势、自然资源等客观条件为城市提供生活资料和必要的屏障保护，这是自然与城市关系的第一要义。作为都城，对这一要求也更为看重。

对于国都的选址，早在先秦就已经有了理论上的认识。《管子·乘马篇》说道："凡立国都，非于大山之下，必于广川之上。高毋近旱而水用足，下毋近水而沟防省。因天材，就地利，故城郭不必中规矩，道路不必中准绳。"《管子·度地篇》也云："圣人之处国者，必于不倾之地。而择地形之肥饶者，乡山左右，经水若泽。"这都是在讲如何鉴定一个地区是否具备立都的自然条件。谭其骧先生综观中国历史，指出历代统治者择都都是从经济、军事、地理位置几个方面来考虑的。经济上，要求都城所在的地区富饶，能够满足统治集团的物资需要；军事上，要求所在地区既便于控制内部又利于防御外来侵略；地理位置上，要求大致处于中心地区，这样才能有便捷的交通，便于与各地联系。①

公元前202年，刘邦称帝，关于是定都于关中地区的长安还是中原地区的洛阳，当时有一场争论。因为刘邦集团中关东人士居多，而洛阳确也同样有着悠久的历史，所以定都洛阳的呼声不小。但是谋臣娄敬不客气地指出，"陛下取天下与周异"，汉政权是"大战七十，小战四十"得来②，刘邦自己也曾说"马上得之"。可见在立汉之初，其统治集团从上到下对于汉之武功与周之德教的区别是有认识的。虽然对周的德治政治表示充分肯定和向往，但也并不避讳西汉王朝以武力开创统治局面这一现实，并且清醒地认识到建立和巩固新政权，军事实力是最为重要的凭借，而关中地区作为军事上的易守难攻之地与洛阳相比就更有建都的优势。

对于关中地区的地形，娄敬这样描述："秦地被山带河，四塞以为固，卒然有急，百万之众可立具也。……今陛下案秦之故地，此亦扼天下之亢而拊其背也。"③张良也表示赞同说："洛阳虽有此固，其中小不过数百里，田地薄，四面受敌，此非用武之国也。关中左肴、函，右陇、蜀，沃野千里。南有巴、蜀之饶，北有胡苑之利。阻三面而守，独以一面东制诸侯；诸侯安定，河、渭漕挽天下，西给京师；诸侯有变，顺流而下，足以委输。此所谓金城千里，天府之国也。娄敬说是也。"④在娄敬和张良的考虑中，都共同提到了两个重要因素，一是关中地区物资充沛，二是关中地区得天独厚的军事防卫条件。

---

① 谭其骧：《中国历史上的七大首都》，收于《长水集（续编）》，人民出版社，1994，第15页。
② 《汉书·高帝纪》。
③ 《史记·刘敬传叔孙通列传》。
④ 《资治通鉴·卷十一·汉纪三》。

长安所在的关中地区，中间是渭河的冲积平原，南北是高山和高原，南靠秦岭，北面北山，西抵宝鸡大散关，为川陕交通的要道，东面函谷关是关中陕西通往中原之道的"咽喉"。长安则地处关中盆地中部，控制了长安也就能控制整个关中地区，进而控制全局。对冷兵器时代的国家来讲，都城地理上的攻守优势十分重要。

定都长安除了所在关中地区军事地理上的优越性，还在于其物产丰富、资源充沛、农业发达。秦汉时期，关中地区气候温暖湿润，水网密集，土壤肥沃便于耕种。关中地区的河谷平原与黄土台原上都土层深厚，这些黄土是距今大约100万年的第四纪更新世时堆积而成的。其黄土犹如海绵，黄土的柱形纹理和高孔隙性有很强的"毛细管"吸收力，能使蕴藏在深层土壤中的无机质上升到顶层。而且黄土中含有丰富的钾、磷和石灰，在适当的水分下就具有了自行肥效，非常适合耕种。所以《尚书·禹贡》中将关中地区划为雍州，其土为"上上"的黄壤。关中地区的水系也相当发达，其中，渭河是最重要的一条河流，南北各有众多支流，形成了一个严密的水网。渭水、泾水、灞水、浐水、沣水、滈水、潏水、涝水形成"八水绕长安"的局面。

对于关中美好的自然条件，史书上也多有记载，如《史记·货殖列传》曰："关中自汧、雍以东至河、华，膏壤沃野千里。"《史记·留侯世家》曰："夫关中左崤函，右陇蜀，沃野千里，南有巴蜀之饶，北有胡苑之利。""田肥美，民殷富。"《史记·货殖列传》中有记载，当时关中的耕地占全国的1/3，人口占全国的3/10，财富则占到了全国的3/5。可见关中之于国家之重要，长安之于国家之重要。

汉辞赋作家在作品中对长安的险要地形和优越的生态上也着墨颇多，尤其津津乐道于长安地区的田园风光。无论是《西都赋》还是《西京赋》，都在肯定其险要的地形之后大力渲染其发达的农业与物质资源，如《西都赋》中曰："左据函谷、二崤之阻，表以太华、终南之山。右界褒斜、陇首之险，带以洪河、泾、渭之川。众流之隈，汧涌其西。华实之毛，则九州之上腴焉。防御之阻，则天地之隩区焉。""封畿之内，厥土千里。逴跞诸夏，兼其所有。……源泉灌注，陂池交属。竹林果园，芳草甘木，郊野之富，号为近蜀。……下有郑、白之沃，衣食之源。提封五万，疆场绮分，沟塍刻镂，原隰龙鳞，决渠降雨，荷插成云。五谷垂颖，桑麻铺棻。"这些描写几乎涵盖了长安所处关中地区的山脉、水文、土壤、植被，以及农业生产的种种，展开一幅自然资源被充分利用，尤其是用于农业生产之后呈现的欣欣向荣的景象。

对关中的开发，固然给都城乃至于整个王朝提供了良好的立都和立国的基础，但是同时也在给自然环境带来负荷压力。西汉一朝大兴土木，大量宫殿、离宫别馆，以及帝王陵墓的修建对当地的森林造成破坏。从史料上看，到东汉末年，关中地区的山林就已经被破坏得非常严重。都城所在地人口基数庞大，汉代还多次从关东移民，人口的增加必然导致粮食需求的增加，从而大面积增加耕地，过度开发造成植被破坏，资源枯竭。东汉时期，傅毅的《反都赋》中就针对长安洛阳之争提出，西都盛况已成明日黄花，虽然长安地区的险要地形地势还在，但是其经济状况已经由于资源的匮乏开始衰败，强烈建议迁都洛阳，当然，这已是后话。西汉的长安总的来讲，其周边的地形地理和山川物资以及农林田园足以使它成为都城的不二之选。

二 人居环境中的景观点缀

辞赋作家的作品中，首先提到的都是险要的地形和发达的农业与物质资源。地势上的险要，是军事上防守的必要，被山带河之地，易守难攻，然后紧接着就是强调资源的丰富，尤其是农业的发达，所谓"沃野千里""保殖五谷"之类。但是，虽然以地形之险和田园之饶为起笔，都城与自然的关系却不会停留于此，自然不仅仅是赖以生活的物资和劳作的对象，还是可以观赏的对象；不仅仅是生产的场所，还是生活的空间。生活的空间中接引入自然的元素，构成一种景观上的塑造，使得生活空间更富于美感，带给人精神上的愉悦。

汉长安的景观制造已非常普遍，不仅皇室的宫殿、贵族的府邸有这样的需求，一般民居和城市街道也不例外。

长安城中一半以上的空间被宫殿占据，宫中有宫，形成一个又一个相对封闭的庭院，庭院中的自然景观引人入胜。庭院是由殿室房廊围出的空旷区域，这并不是一个多出来的空间，而是人居建筑中直接与天地相融合的部分，也是体现着生活情趣的重要部分。庭院内植树种草，也就成了引自然元素入人居的重要表现环节。

如未央宫的主体建筑前殿，就不是一座宫殿，而是一组大型宫殿群，由南北排列的三座大型宫殿以及一些附属建筑组成，每座宫殿南边均有一个庭院。对于前殿的建筑，《西京赋》曰："结棼橑以相接。蒂倒茄于藻井，披红葩之狎猎。饰华榱与璧珰，流景曜之韡晔。雕楹玉碣，绣栭云楣。三阶重轩，镂槛文㭼。右平左墄，青琐丹墀。刊层平堂，设切厓隒。"建筑所用的木材都是木兰与文杏，藻井木梁上绘饰着水草菱花，橡头装饰着金箔，大门上点缀着宝石，窗户上雕着花纹，栏杆上绘着图案。前殿的正门是南门，也称端门，门内是广阔的庭院，《西京赋》中道，"正殿路寝，用朝群辟。大夏耽耽，九户开辟。嘉木树庭，芳草如积。高门有阕，列坐金狄"。可见其庭院里除了森严肃穆的装点，也不乏草木葱茏。

前殿以北的椒房殿是后宫首殿，也是一组宫殿群，由正殿、配殿、附属房屋等组成。正殿位于椒房殿南部，配殿在正殿东北部，由南北二殿组成，附属房屋位于正殿以北配殿以西。正殿北部有一庭院，配殿的二殿之间和北殿北部各有庭院，附属建筑群有庭院三座、房屋九座。除了椒房殿，后宫还有许多其他宫殿，《三辅黄图》载："武帝时后宫八区，有昭阳、飞翔、增成、合欢、兰林、披香、凤凰、鸳鸾、增修安处、常宁、茝若、椒风、发越、蕙草等殿，为十四位。"对这些宫殿庭院，《西都赋》中描写道："于是玄墀扣砌，玉阶彤庭，碝磩采致，琳珉青荧，珊瑚碧树，周阿而生。"可见其庭院内都是美不胜收的景观。

前殿的庭院和后宫的庭院具有不同的审美风格。正如《西京赋》中所描写的，前朝庭院是"大夏耽耽，九户开辟。嘉木树庭，芳草如积。高门有阕，列坐金狄"，后宫的庭院则是"金釭玉阶，彤庭辉辉。珊瑚林碧，瑶珉璘彬"。虽然都是庭院，但是前朝更强调一种庄严肃穆，而后宫之庭院则更重视迤逦俊逸。这种美学上的风格区别其实也很好理解，毕竟这是两个功能性质上有所区别的区域，其景观风格需要和功能相协调。我们甚至可以推测，虽然同样是植树种草，办公区之庭院和后宫之庭院可能都会有花草种类选择的不同，可能前者更多嘉树高木，后者更多芳草奇卉。这从宫殿的名称中也可窥知一二，办公文化功能的殿阁，多以麒麟、白虎、金马、朱鸟等瑞兽为名，而后宫则多是以合欢、茝若、兰林、蕙草等芳草佳卉为名。前者以名称暗示庄严，后者以名称昭示迤逦。

总的来说，植树种草垒山掘池在后宫区更为普遍，其审美性也更为纯粹，且逐渐形成一种园林化的存在。

未央宫的园林区主要集中在沧池景区。沧池位于未央宫西南部，沧池之中建筑了假山——渐台。园中利用人工造土山，见于文献最早的就是汉代。《汉宫典职》曰："宫内苑聚土为山，十里九坂。"堆土造山一方面平衡了场地土方，开挖人工池泽时出的土石正好用来造山，另一方面则在审美上起到了封闭视线、分割空间的作用，使有限的空间产生一种无限的观感。《西京杂记》中还记载了一些景观类的建筑："汉掖庭有丹景台、云光殿、九华殿、鸣鸾殿、开襟阁、临池观，皆繁华窈窕之所栖宿。"从其名称也可想见这是一组有亭有台、有池有山的园林化宫殿。和未央宫一样，长乐宫本身也有园林区。长乐宫地势南高北低，池苑多分布在北部，宫中有鱼池、酒池，是秦始皇时修建的，汉代沿用。《三辅黄图》引《庙记》曰："长乐宫中有鱼池、酒池，池上有肉炙树，秦始皇造。汉武帝行舟于池中，酒池北起台，天子于上观牛饮者三千人。"可想其酒池台榭之巨。酒池和沧池一样，也是兼备蓄水功能和景观功能。

除了各个宫殿中的庭院景观和园林布置，自然元素引入人居环境也并不是皇家的专利。前堂后室，前庭后院的民居格局使得除宫城之外的官邸府第或普通民居，也是一个人与自然相和谐的小天地。

汉代院落的基本结构为门、庭、户、堂、内，《汉书·影昔传》有"先为攀睦，家有堂二内，门户之闭"的记载，可见汉代民居的基本形式是一间堂屋、两间内室，外有门、内有户。汉代四合院的住宅形式已经发展得很完善了。这在考古上可以得到印证：

> 1959年在郑州发掘的一座两汉之际的空心砖墓，墓内发现一件四合院式的住宅模型和两块封门的空心砖画像。可认为是当时一般地主阶级的庭院布局和家庭生活的典型。封门砖上的庭院图像，四周围绕高墙，正中设门阙。院内极宽敞，中设照壁和二进门，把院落分为前后两部。正房位于后院。门阙前有大道。来访宾客的车马络绎于途，而停驿于二进门下。庭院内外，园林修茂，凤鸟飞翔其间。四合院式的模型，由门房、门楼、仓房、正房、厨房、厕所和猪圈分别组成。布局规整有序。[1]

---

[1] 中国科学院考古研究所：《新中国的考古收获》，文物出版社，1961，第84~85页。

房屋围墙围起来的庭院，也就成就了一种生活方式的表达。院落对外是封闭的，但是院落内则是一个能够引入阳光雨露和植树栽花的相对开放的空间。这样一些庭院中不乏草木池山，《汉书·食货志》中就载有对普通居民庭院绿化的规定："城郭中宅不树艺者为不毛，出三夫之布。"这些庭院景观既美化了居住环境，也美化了整个长安城。总之，庭院式的家居结构，实在是一个人和自然相和谐的场所。因为四合院的民居结构是可以简繁由人的，平民的四合院可以非常质朴，权贵的宅院也能相当讲究。如果财力物力足够，庭院化的人居环境就可以发展得相当可观，或大或小的园林也能够进入豪宅或者民居。

除了居家环境，长安城中的街区也有景观绿化。长安城城墙外侧有宽8米，深3米的壕沟围绕，壕沟边广植杨树，《三辅黄图》载："长安城中……树宜槐与榆，松柏茂盛焉。城下有池周绕，广三丈，深二丈，石桥各六丈，与街相直。"可见，城中广植槐榆松柏，水域池沼星罗棋布，环境宜人，长安城充满了人与自然融洽相处的和谐感。

三 作为精神象征与寄托的山水之致

城市中的景观设计，作为自然元素被接引进了人居环境，美化了生活空间，但是景观和园林毕竟受到一定地域的限制，是城市包围自然。而把视线向着城市周边投射的时候，会看到城市事实上是镶嵌在自然之中的，是自然包围城市。此时的自然既不是劳作的对象，也不是生活的点缀，而是一种去目的性的风景呈现。这种去目的性并非指它是毫无人性观照的蛮荒，而是指对自然的观照已经超越了一般的景观目的和实用价值，成为一种生活方式的象征。

中国的农耕文明，对于城市中密集的商贸怀着一种天然的戒备，认为市井之地往往是滋生腐败堕落的温床，而走出市井融入田园甚至走入山林，则成为一种更为合乎人性、更为理想的生活方式。这种理想到东汉时期已趋于明朗，张衡的《归田赋》就表达了这样的情感倾向。伴随庄园经济的发展，私人园林越来越普遍，并且不断被注入文人的精神追求。到东汉仲长统时，对于士人理想的居住环境和生活方式的建构就已经相当成型了，完全是一派典型的田园生活的风光："使居有良田广宅，背山临流，沟池环匝，竹木周布，场圃筑前，果园树后，……蹰躇畦苑，游戏平林，濯春水，追凉风，钓游鲤，弋高鸿，讽于舞雩之下，咏归高堂之上。"① 但是在西汉时期，这样的生活理想还没有完全形成，对山水的观照，也尚未到达到"澄怀味象"的主体审美自觉。

但是西汉长安的山水之致同样具有精神上的象征，只是另有一番情味。

汉长安周边的山水自然，以上林苑为代表。汉上林苑有一个不断扩充的过程，在扩建之前，上林苑是秦之旧苑中的一个，围绕着长安还星罗棋布着大大小小的其他苑囿，在上林苑扩建的过程中，很有可能把它们包纳了进来，最终形成一个空前绝后的皇家苑囿，从长安城的东南向南包裹到长安城的西部。刘庆柱将上林苑比作一把打开的折扇，东以灞河为界，西到周至终南镇的田溪河，北边基本上以渭河为界，南边到终南山北麓，扇轴为汉长安城，折扇左右顶端分别是鼎湖延寿宫和长杨宫。② 如果算上渭北的甘泉苑等，那几乎是将整个长安城都嵌入进了绵延的苑囿之中。

如此规模的山水格局，也改变了宫（城）与苑（林）的关系。如果说，长乐宫、未央宫的园林化，还是在宫城之中分割出相对独立的部分作为景观区，属于"苑在宫中"，那么幅员空前辽阔的苑囿包裹长安城，在林苑中又散布着离宫别馆，就成了"宫在苑中""城在林中"。

这绵延的苑囿中，有诸多风景优美之地，其山水之胜首先使人们获得赏游之乐。

昆明池是上林苑中最重要的风景区，周围楼上观众众多，《三辅黄图》卷四载："池中有龙首船，常令宫女泛舟池中，张凤盖，建华旗，作櫂歌，杂以鼓吹，帝御豫章观临观焉。"除了昆明池，《西京杂记》中还有这样一些记载，"乐游苑自生玫瑰树。树下有苜蓿。苜蓿一名怀风。时人或谓之光风。风在其间常萧萧然。日照其花有光采。故名苜蓿为怀风。茂陵人谓之连枝草"，"终南山多离合草。叶似江蓠而红绿相杂。茎皆紫色。气如罗勒。有树直上。百丈无枝。上结藂条如车盖。叶一青一赤。望之斑驳如锦绣。长安谓之丹青树。亦云华盖树。亦生熊耳山"，"积草池中有珊瑚树高一丈二尺。一木三柯。上有四百六十二条是南越王赵佗所献。号为烽火树。至夜光景常欲然"，"文帝为太子。立思贤苑以招宾客。苑中有堂隍六所。客馆皆广庑高轩。屏风帏褥甚丽"。《拾遗记》载武帝君临琳池："使宫人为

---

① 《后汉书·仲长统传》。
② 刘庆柱、李毓芳：《汉长安城》，文物出版社，2003，第199页。

歌。歌曰：'秋素景兮泛洪波，挥纤手兮折芰荷。凉风凄凄扬棹歌，云光开曙月低河，万岁为乐岂云多。'"又如梁孝王游于忘忧之馆，集诸游士各使为赋，各路文人雅士纷纷献赋，玩味生活雅趣。

上至皇室贵族，下至一般平民，长安周围的山水环境为其提供了绝佳的玩赏游乐空间。但是长安周边苑囿的山水丛林，并不仅仅是清玩之处，在其间举行的更重要的一项游娱活动是田猎。《西都赋》和《西京赋》中用了大量的笔墨绘声绘色地描写了帝王出猎的仪仗声势、勇士们追赶捕杀禽兽的热烈喧腾，以及畋猎之后如何志满意得地分赐战利品和举行盛大的宴饮聚会。在畋猎中，人获得了对于自然予取予求的自信，在仓皇逃生的动物面前，人获得了对自己力量的崇拜。

苑囿山水更重要的意义还在于他们蕴含着一种象征意义，象征着仙人出入的场所，表征着一个完美的世界，这个世界气势恢宏，包罗宇宙。晋人皇甫谧在《〈三都赋〉序》中曾如此评论汉代宫殿苑囿："大者罩天地之表，细者入毫纤之内，虽充车联驷，不足以载；广厦接榱，不容以居也。"可见，西汉时期的苑囿以博大为特色，营造的是一个天地宇宙的图式。

司马相如的《上林赋》写于上林苑落成之前，曰："夷嵕筑堂，累台增成，岩窔洞房，頫杳眇而无见，仰攀橑而扪天，奔星更于闺闼，宛虹扡于楯轩。青龙蚴蟉于东箱，象舆婉僤于西清，灵圉燕于闲馆，偓佺之伦，暴于南荣。"灵圉和握佺都是仙人。司马相如让神仙传说里的仙人出现于人间帝王的苑囿之中，便是将这人间的苑囿转化成为了仙人之境，在夸饰上林苑"离宫别馆"的规模宏大、雄伟壮观的同时，更强调了其超凡的象征意义。在描写汉家天子游猎结束后上林苑中置酒张乐的庆贺场面时，又写到"荆、吴、郑、卫之声，韶、濩、武、象之乐，……若夫青琴、宓妃之徒，绝殊离俗，妖冶闲都"，青琴和宓妃也都是神仙传说中的神女。出现于帝王宫苑里的这些仙人、仙境，其实都是汉赋作家有意想象虚构出来的，作家借助神仙传说对帝王宫苑进行夸饰描写，正是其自然山水更加靠近仙境的观念反映。司马相如的作品颇得武帝意，据说其读司马相如的《子虚赋》时感叹道："朕独不与此人同时哉！"后读《大人赋》，则"飘飘有凌云之气，似游天地之间意"。所以这样一个作家笔下以想象力来赋形的，充满仙意的奇幻乐园，必然会受到武帝的关注和推崇，巫鸿就认为司马相如在赋中所描写的宫殿与苑囿，对武帝时期的建筑尤其是上林苑的规划起到了引导的作用。[①]

　　上林苑中的离宫别苑也在通过各种元素表达这种仙境象征的追求。其中的一些宫殿仅从其名称也能见其意象上的追求，如集灵宫、集仙宫、存仙殿、存神殿、望仙台、望仙观等。在所有的宫殿中，建章宫作为武帝时期最后修建的一组宫殿群，是武帝在人间"实现"的仙境中最为浓墨重彩之一笔，巫鸿称之为汉武帝的"仙境纪念碑"。诸多仙境元素在建章宫中都得到了体现：象征蓬莱的池山，象征天门的璧门，象征紫宫的正殿，高耸以迎仙的台、楼，飘摇欲举通神意的阙上凤鸟，等等。除了阊阖门、神明台、井干楼、迎风欲翔的凤标等高大建筑使人目眩而意迷，建章宫中太液池一池三山的格局也是对仙乡神境的模拟，暗示着无限的时空。

　　但是这种仙境并不是一种决然独立于人间的所在，从武帝对神仙的态度也可知，武帝并不是要做出尘离世的神仙，而是要将神仙请到人间来做朋友，甚至能够役使各路神仙为自己服务。扬雄的《河东赋》《羽猎赋》中多有此种想象，如："羲和司日，颜伦奉典……叱风伯于南北兮，呵雨师于西东……丽钩芒与骖蓐收兮，服玄冥及祝融。"（《河东赋》）"六白虎，载灵舆。蚩尤并毂，蒙公先驱……飞廉、云师，吸嚊潚率，鳞罗布烈，攒以龙翰。"（《羽猎赋》）可见帝王慕仙，是羡慕其长生不死，而不是要离尘索居；并不是要去一个彼岸的世界，而是想在此岸世界就获得不朽。

　　这种仙境其实是一种强大想象力的体现，池山苑囿已经不再是池山苑囿，它们引导着人的思致向着汪洋，向着四极，向着全宇宙飞升。这种通过自然来重现宇宙、再造仙境的山水之致，和后来的田园山水追求显然并不完全一样。当然，这也意味着引自然为园林，以苑囿表宇宙的大手笔开始收缩，以至于开始转向营造小巧的园林来感应自然。这也从另一个方面印证出，西汉的强悍雄风已然逝去，西汉长安的恢弘吞吐也将归于长久的沉寂。

（作者单位：西南大学政治与公共管理学院）

[①] 巫鸿：《中国古代艺术与建筑中的"纪念碑性"》，上海人民出版社，2010，第223~227页。

声音的图案
——现象学视阈下的声音感觉研究

崔 莹

一 声音的图案

20世纪50年代的电子音乐的创始者舍费尔受到现象学和毕达哥拉斯"幻听"的影响创立了"具体音乐",通过磁带实现了声音的现象学还原。那个时代的音乐正如舍费尔所描述的:"当完全无规则时,无调主义的时代就来了。从前的东西什么也不剩了。不过还剩下声音……而声音尽力炫耀卖弄其巨大的尸骨。"[①] 80年代,利奥塔在《非人》一书中宣称:"作为声音和声调艺术(Tonkunst)的音乐试图将音乐作为音乐(musik)来摆脱。"[②] 作为声音和声调艺术(Tonkunst)的音乐想要摆脱的是过去意义上的"框架",即音乐(musik),也就是音乐自身的去语法化。而在"作品"概念对音乐本身的框定中,则表现为去规定性以及去对象化的要求。当传统的音乐(musik)经历了去语法化、去规定化(去形式化)以及去对象化,只剩下声音本身之后,音乐成了"布置尸骨的艺术"。总之,音乐要摆脱音乐的意义,而音乐的意义则与音乐的语法,即音符形式组织方式,有着密切的关系。

[①] 〔法〕让-弗朗索瓦·利奥塔:《非人》,罗国祥译,商务印书馆,2000,第186页。
[②] 〔法〕让-弗朗索瓦·利奥塔:《非人》,罗国祥译,商务印书馆,2000,第188页。

20 世纪 50 年代以来的音乐主要是受到后现代思维方式影响的结果，它是一系列去中心化的反思，反对逻各斯中心主义，反对既有预设，诉诸差异化原则。而正是这种反对预设的方式，在艺术领域中，则表现为一种"还原"策略。"还原"，是后现代艺术受到现象学影响的结果，同时它又具有后现代意义，它不预设形式中心，是因为它不认为存在一个中心，形式逻辑对它不起作用；它搁置艺术的深度阐释，是因为它对"意义"确定性的质疑；它要求还原到感性材料本身，是因为所指不存在，世界是能指向能指的无限指涉。这种还原的结果正是，艺术作为"物"的存在。20 世纪 50 年代后现代主义文化逻辑下的音乐创作表现为乐音向声音的还原，形式向材料的还原，精神向物质的还原，作品向物的还原。这并非某种商品拜物教的美学，而是对音乐中质料—形式的对立关系以及形式的不可逾越的支配地位的反驳，进而对形式结构的中心地位解构，从而导致形式结构的不确定性。相对于现代主义的形式—质料的观念，后现代主义文化逻辑下的音乐创作更推崇质料—形式，以及质料—形式同一的观念。形式因素在音乐中的不确定性，必然导致以往对音乐的结构聆听方式受阻，那种作为惯例的对音响的期待同时受到阻碍，代之以一种对音乐感觉材料的体验。也就是说，当后现代致力于对声音世界的物的敞开之时，音乐被还原之后的剩余，即感觉材料本身的感性直觉经验，直接成为聆听的对象。这里所说的对感觉材料的直接体验，并不是说以往对音乐的结构聆听就没有那种对感觉材料的体验。实际上，在结构聆听的过程中，感觉材料是在其中发挥着非常重要的作用的，但是由于聆听意识的意向并没有诉诸感觉材料，而是意向越过感性材料的感觉作用本身直接被吸引到形式秩序的聆听中了。这种聆听经验相似于聆听声乐作品的经验，即由于歌词传达某种意义，使得人们在关注声乐作品时，不自觉地首先被歌词的含义所吸引，进而音乐本身的要素被歌词的含义遮蔽了，于是我们的聆听经验直接越过最先与我们相遇的感官感觉而直接到达对歌词含义的理解。因此，所谓的"还原"其实也可以认为是一种去蔽的过程。后现代文化逻辑下的聆听方式诉诸的就是对物与感官最先相遇的感性材料的聆听，即声音的感觉。

声音的感觉发生在动态的界限之上，它是感知物和感官力的聚合，它既面向感知物又面向感受主体，表现为一种运动或者动作——感觉总是从一个感官知觉到另一个感官知觉的运动，同时也是从一种感知物向另一种感知物的转移。感觉在艺术中表现为艺术材料和感官力之间的运动，如，绘画中，形象、笔触和色彩与视觉感官力的聚合；雕塑中，质料、轮廓与视觉及触觉感官力的聚合；在音乐中则表现为旋律、和声、节奏、音色、音高等声音材料与听觉感官力的聚合。总之，感觉就是在艺术中作为物的存在的感性材料与人的感官力的聚合。就音乐来说，由于声音感觉发生在声音感觉物与感官力之间的给予和接收的聚合关系中（为了突出这种聚合的动态关系，我们将这种聚合称为"声音感觉聚块）。因此，对于声音的感觉聚块我们必须在作为感知物的声音图案和作为人的声音感官存在之间的关系中来探讨。

然而，需要澄清是，以往对感知物和感官力之间关系的理解，与本文对感知物和感官力的理解并不相同。以往的理解是建立在以人为中心的现代艺术思维方式上的探讨，是一种将人的能力作为整个感觉行为的决定性要素的观念。这样的观念在感觉行为的研究中，以人的感官力为中心，往往忽略感知对象，以及感性材料的重要作用。在以往形式—质料的二元对立的思维方式中，人们将感官力诉诸对形式的把握，最终将真正构成形式的质料的能动性忽视了。因此，人们总是先关注物的形式，然后才关注物的质料，认为形式总是规定着质料的存在，将对形式的把握作为感觉的核心，其结果就是形式因越是被放大，质料因就越是被忽视。探求艺术的"物性"的后现代艺术则恰恰凸显了质料因在整个作品呈示中的能动性。之所以如是，主要是以往对艺术的感知方式以及认知模式受到自亚里士多德四因论以来的西方传统形而上学的影响，更倾向于形式因先于质料因；而后现代艺术的感知方式以及认知模式则是受到自现象学以来的哲学思维的影响，重新思考质料与形式的关系。

因此，后现代文化逻辑下的音乐美学首先需要超越的就是原有形而上思维模式影响下的形式—质料的二元对立统一模式的分析方法。而本文所探讨的感知物和感官力之间的关系则是建立在对质料—形式同一的思考方式上来探讨的。柏格森也力图超越这种模式，他抛弃质料—形式二元对立统一的模式，代之以"形象"一词，将质料和形式的同一观念表达出来，正如他所说："物质，对我们说，是'形象'的总体。观念论者把形象称为表象，是胜方；实在论者则称之为物，处于劣势；而我们则把形象理解为处于'物'与'表象'之间的存在。我们要考察被观念论和实在论二分为存在和现象以前的物质。"[①] 实际上，柏格森已经很好地总结了以往对质料—形式分离的模

---

① 〔日〕岩城见一：《感性论——为了被开放的经验理论》，王琢译，商务印书馆，2008，第39页。

式和当代要求质料—形式同一的模式,"形象"作为形式与质料的结合,是既表形式又表质料的一个范畴。超越质料—形式对立模式的思想是后现代思维的结果,绘画中,大块色彩的平涂和纯粹线条的呈现,正如抽象表现主义画家阿德·莱因哈特所宣称的:"不要有结构,不要有笔法,不要有勾勒或轮廓线,不要有明暗层次,不要表现空间、时间,不要有活动态势,不要有客体、主体或素材。"[①] 直至还原到绘画"物性"存在为止。音乐中,音色的地位比以往任何一个时期更为重要,出现了通过音乐材料自身的特质发展形成结构形式的方法,如库斯特卡提到有"作为一种曲式确定因素的织体"[②]。在库斯特卡看来,织体成为结构整个作品形式的确定性因素,织体通常受到来自力度、音色和音区的大力支持。因此,在后现代艺术中,"形象的形式与物质的结合,左右着形象的个性和形象的生命感。艺术家之所以对新材料的关注常常超过对新思想的关注,就是因为这个缘故。材料的感性性质本身对事物的看法关系重大。在粗糙的布上涂染料和在光滑的平面上涂,其在色泽、深度和穿透力上都是大相径庭的。在这里,形式和物质是绝对不可分的"[③]。实际上,这也正是本文用"感觉"一词的原因,因为"感觉"比"知觉"和"直觉"更加中性,它更能说明质料的存在对感觉生成的重要性。它强调在被感知的物和感知的人之间发生作用,具有双向性;而"知觉"和"直觉"则更强调人的中心位置,是单向的。

有了对感知物和感官力之间的关系的客观认识后,进入对作为感知物和感官力的聚合物的感觉的探讨就比较清晰了。音乐的感觉体现为声音感性材料和感官聆听的聚合,从声音感性材料与感觉活动之间的方式来看,在音乐中存在两种感知方式。

第一种是感觉活动发生在预置的技术形式之内。这种方式就是形式是预先设置好的,用感性材料对形式进行填补,形式是使质料现实化的有效方式。这种感觉方式实际上是传统"形式为先"的创作方式,这种观念是

[①] 〔美〕彼得·斯·汉森:《二十世纪音乐概论》下,孟宪福译,人民音乐出版社,1986,第204页。

[②] 〔美〕库斯特卡:《20世纪音乐的素材与技法》,宋瑾译,人民音乐出版社,2002,第190页。

[③] 〔日〕岩城见一:《感性论——为了被开放的经验理论》,王琢译,商务印书馆,2008,第41页。

古希腊时期亚里士多德对感觉的看法的一种转渡。亚里士多德认为形式与质料是同一具体事物的两大成因，是不可分的。质料是一种潜能，而形式是一种现实，形式因使质料因发展，运动和变化。而感觉，在他看来是"作为人类求知本性的明证"而存在的，感觉"能使我们识知事物，并显明事物之间的许多差别"①，但是他认为人是通过形式感觉对象的，感觉的基本特点就是撇开感觉对象的质料，接受其形式，形式是人的感觉得以出发和启发，从而感觉事物的直接对象。质料为质料，只在主体赋予它形式这一创造性活动过程中时才得以实现，艺术作品之所以存在，是由于艺术家将质料形式化，从潜能变为现实。亚里士多德认为将质料形式化是主体的一种先验形式，质料因是潜在的，这种思想实际上影响了后来的理性主义者。亚里士多德的诗学理论中的艺术形态分析为逻辑框架的形式存在论正是影响西方艺术分析理论传统的重要基础。因此，这种具有技术性特征的形式框架，诉诸一种深度的形式语言，如同绘画中的透视法一样，围绕一个视点或多个视点展开的比例和形式的建构给人一种深度感。而在音乐中，传统大小调体系本身就是一套完备的结构形式体系。在调性体系中，以主音为中心并依据主音与其他音之关系形成的清晰的等级制度是严格的因果逻辑关系的结果；在音乐作品的形式结构中，往往以主题为中心，展开主题的变奏，进而在听众的聆听中形成一个完整或不完整的结构图示。这种由整个调性体系建构起来的结构图示在聆听感觉中起到一种类似于透视法的作用，总是将人的视觉引向一个或多个视点，整个绘画以视点为中心，进而通过想象联想机制，对画面有视点提示，对并未画出具体形象的部分进行增补（比如，正方体的画法，画家并不需要画出正方体的所有面，通过线条透视，想象增补，正方体的意象已经出现在人的意识活动之中）。在音乐上围绕主题建构起来的框架将人的感觉活动直接引至音乐背后的意义层面，主要分为三类。一是由形式逻辑引起的有关叙事情节的想象与联想机制。以奏鸣曲式为例，其形式逻辑为呈示部—发展部—再现部，呈示部中既有主题的对比冲突也有调性的对比冲突，这可以看做是一种叙事结构，承载着某种意义，它主要指的是整合音乐材料，使音乐成为一个有机的统一体的作品的结构布局，这是音乐创作发展过程中，人们对大型音乐作品的驾驭能力的体现，也是人们理性创作能力的体现。二是由调性、和声引

---

① 赵宪章主编《西方形式美学》，上海人民出版社，1996，第88页。

起的有关情绪转换的想象与联想机制。如大小调之间的关系，以及性格特点突出的和弦的运用。三是由动机发展变奏引起的有关情感表现的想象与联想机制。动机发展与变奏也涉及形式，其中，重复、变奏、模进、"固定乐思"、"主题变形"、"主导动机"都是形式作为质料运动的驱动力，推动整个音乐织体的发展的。在此基础上，聆听音乐所产生的声音感觉聚块是具有一定深度的，它结构中蕴藏着的诸多视点能够有效地引起感性能力的想象和联想，声音感觉被引向作品内部的视点，直接指向作品背后的形式及其意义，并且在其聆听的感觉经验中，记忆具有重要地位。这种聆听方式能够在聆听者的意识中形成较为完整而具体的形象。

第二种是感性材料不再通过某种现实化手段呈现，而是直接进入感觉本身。也就是说，感觉自身要求进入材料，即质料依靠本身的要求在艺术作品中得以实现。这种感觉聚块是感性材料本身的实现，正是后现代音乐所表现出来的一种感觉活动，与第一种情况不同，它要求摆脱形式的现实化①，将质料的潜在能力发展到极致。在这样的艺术作品中，质料不再诉诸某种先验的形式化，而是质料本身要求以自身的发展达到某种形式。于是，这样的感觉聚块本身就有了生命力，它不再是必须依靠精神思维的存在，它本身就是思维，同时它也让眼睛和耳朵思维。第一种情况下的透视效果，在这样的感觉聚块中消逝得无影无踪，此时，绘画中出现了色彩的堆积和材料的直接运用，"要做的完全不是用颜色材料盖满（颜色【color】与'隐藏'【celare】同词根，即藏匿）画布上预先布置好的形式。而是相反，作画的赌注在于，在着'第一抹'色彩时，就要开始使这些色彩相互融汇的同时使色调出现；这种色调的要求是感觉的要求，而不是使要求自身成为主宰"②。除了色彩的堆积以外，绘画中原有的能够给予感官最好的视觉角度的结构方法也改变了，那种以由透视法造成三维幻觉的传统绘画方式以及将画面聚合为一个中心的方式受到了颠覆，而代之以平面感和无中心。在音乐中，那种聚合调性中心体系的内在等级制度的张力消失了，将感觉聚块引向纵深的调中心被取消，音乐缺乏归属感和深度感，因此在聆听中无法把握音乐的图示，也根本无法通过想象和联想机制增补意义层面存在。聆听中只有感觉本身，即对感性材料的直接感受力。音乐家转向了对音色、

---

① "现实化"即形式作为一种精神特质必须通过质料得以实现，同时形式的现实化也是形式让质料运动起来的，通过形式对质料的规定性，使作品得以实现。

② 〔法〕让-弗朗索瓦·利奥塔：《非人》，罗国祥译，商务印书馆，2000，第155页。

节奏、力度、织体等作为最小单位的感觉材料的关注,并且不再诉诸以先验形式的结构力聚合它们,而是依靠音响自身特性的生长、自身的潜能作为感觉聚块的存在物呈现,这种潜能可以看作是以一种"微知觉"① 的方式存在的,即"微知觉"作为质料因的能动性因素。正如亚里士多德所说,质料缺乏动力性,必须用形式使之运动起来,作为质料因的能动性因素的"微知觉",由于其本身的细微程度,使得它本身的动力性的确不如形式理念的驱动力强。因此,如果排除形式理念的规定性而依靠音乐感性材料自身生长的能力作为音乐的结构力,那么,音乐内部就会缺乏动力性因素,其结果就是出现所谓的"静态"音乐。点描、音簇和音块织体的出现,即使是固定音型的重复性运动,也往往只是一种动力性不强的渐进式生长。除此之外,还有依靠某种偶然性因素作为由感性材料自身生成的结构力,运用类似于复调的手法作为使得感性材料运动起来的方式。相位音乐,以及微复调还有凯奇的偶然音乐都诉诸这样的动力手法。1968 年,极简主义音乐的代表人物之一斯蒂文·赖奇(Steve Reich)在《音乐作为一个渐进的过程》一文中提出,音乐的过程应该与音响素材之间是同一的,并且用一部作品诠释了这一观点。赖奇的作品 *It's Gonna Rain*(1965)将人声"It's Gonna Rain"的重复分别录制在不同的两个磁带上,播放时使第一个磁带的速度稍快于第二个磁带,于是这种最初的协和逐渐断裂为一个相位模式:"It's-s gonna-a rain-n! It's-'s gonn-nna rai-in! It's-t's gonna-onna rai-ain! It's-It's gonna-gonna rain-rain!"这种手法不仅具有横向的发展意义,还具有纵向的叠加意义。织体从横向上形成了相位,在纵向上形成了复调,而音乐作品的形成完全是靠感觉材料自身发展而成的。同样的作品还有特里·赖利(Terry Riley)的《InC》(1964),这也是极简主义音乐的重要作品。这部作品可以说是一部"开放式作品"②,它在乐谱上谱写了 53 个旋律模式,可以用任何乐器演奏,演奏者随意从 53 个模式中的任意一个开始,并且加以重复。通过随机的演奏,最终得到的作品实际上是非人工操作而成的,并且每次演出的形式都不一样。这两个作品都是通过织体自身来结构形式的作品。

---

① "微知觉":是由德国 17 世纪的理性主义者莱布尼茨提出的,他认为知觉分为两类,一个是由察觉和反省的知觉,另一个就是微知觉,知觉是由众多微知觉积累生成的,是一种知觉的基础存在,是感觉声称的基本单位。

② 艾科在《开放的作品》中提到的一类作品形式。

由于质料缺乏动力性，因此，质料自身建立起来的织体的运动是相当缓慢的，它相对于传统音乐材料的各种发展手段来说，更多的是一种织体的"生成"状态，它不是横向的，往往是横向和纵向叠加的，但又与传统音乐语言和声织体中线条和轮廓的清晰性不同，它往往是边界模糊，甚至是只能被称为"音块"的织体形式的运动。相对于传统音乐，它是"静止"的，因此，这一类音乐，我们可以将它称为"静态"音乐。被彼得·汉森称为"唯音"作曲家（"sound" composer）的匈牙利作曲家利盖蒂的作品就是这样的"静态"音乐，它通过音块织体的生成诉诸一种声音感觉的生成，他的"微复调织体"作品通过对微观世界的细致描绘，展现了一个宏观世界。的确，利盖蒂的微复调织体写作"声部划分微小到以单件乐器为单位"，各声部不论是横向还是纵向都被限制在近乎极限的狭窄范围内，各声部同时进行，每个声部的节奏有极细微的差异。但是这些差异在听觉感受上并不能够被辨别，能够听到的是音响的聚块和音色的浓淡变化，感觉到的是由多个"微知觉"组成的感觉的聚合，一个感觉的平面，类似绘画上的"平涂"，大块的色彩平涂在画布上，取消点和线条的参与，直接进入一种面的呈示。正如利盖蒂所说："我把这种作曲技法称作微复调，是因为每一个单独的音响事件都潜藏在这个界限模糊的复调网中了。这个织体如此的稠密，以至于每一个单独的声部本身已不再被听得到，人们所能感受到的只是作为高一层面的整个织体。"① 除了微复调作品以外，他的《交响诗》也很好地诠释了"微知觉"。当演奏者连续地拨动了 100 个节拍器时，由于每个节拍器之间的时间差，在听觉上，声音聚合体从稠密的聚合逐渐向周围扩散，越是往后，节拍器之间的时间差就越明显，节拍器音响由一个聚合体逐渐分裂，感觉上仿佛形成了一种时间错位的复调形式的应和，一种自发的复调。越到乐曲的后边时间间隔越是被拉开了，当最后剩下几个可被清楚感知到的节拍器声音时，作为整体的音响织体显现为一种节奏型的更替和渐变，这个节奏型随着时间在不断地变幻，一个节奏型从另一个节奏型中分解而出，不断分延着直至剩下最后一个节拍器，我们终于听到了那个作为感觉材料的单位存在。

"静态"音乐的感觉聚块中，织体本身具有了"厚度"。也正是在这个意义上，感觉材料在被叠加的声音和被堆砌的音色中，近乎静止的感觉聚

---

① 陈鸿铎：《利盖蒂思维结构研究》，上海音乐学院出版社，2007，第 110 页。

块的动力因则更加强调一种纵向空间感觉的"生成",重现音块式的织体向感官涌逼而来的感觉。与第一种情况的鸣响着的乐音运动所造成的某种想象的空间感不同,它就停留在浅表层面,感性材料给予感觉聚块的不但不再指向作品的内部,反而指向作品的外部,在一种渐变的、生成着的缓慢的动力因中向作品的外部蔓延。这种蔓延正是由无数个"微知觉"共同作用的结果,最终形成一种较为明晰的,向主体的感官涌逼而来的感觉,一种用音乐描绘出来的声音感觉。因此,后现代文化逻辑下的音乐不是模仿论式的音乐,不是表现论式的音乐,而是描绘声音感觉的音乐。

这样的感觉与德勒兹在研究培根的绘画中对其作品背景的处理相似,他认为,培根绘画中总是将背景中能够引起人们联想的东西去除,只剩下单色的大面积的平涂,平涂的色块填满了整个作品的背景,不留一点缝隙,直至色彩溢出了作品,向四周无限延伸开来,将整个画作停留在感觉的层面上。后现代文化逻辑下的音乐中的"还原"也是如此,将对音乐的聆听还原为感觉的聚块,禁止它向纵深发展。即便是具有传统音乐因素的拼贴音乐也是一样的,传统音乐因素在新的语境下也变得缺乏意义,被引用的音响素材在新的作品中成为某种符码的象征,如同我们的记忆一样,那些被引用的"符码"正是作为勾起某个回忆的能指所在,它早已发生了意义的增补,即作为一种漂浮的能指在新的作品中存在,这种由旧"符码"组成的新作品又敞开了一个意义的世界,又生成了一个崭新的"褶子","符码"就是新作品中的意义的踪印,"褶子"的展开又合上,在被敞开的新世界中延宕着,生成着。而在音乐的聆听中,听觉经验被"屏蔽"在符号游戏的浅表层面,作为一种对声音符码或音响图案的感性直觉经验存在。感觉在一个"符码"和另一个"符码"之间穿行,在一种图案和另一种图案之间转换,于是感觉变幻为一种无意识的感觉运动,它诉诸耳朵的思维。如斯蒂夫·赖奇的《涌出》(Come Out),作者截取政治暴乱话语中的"涌出来给他们看"作为音乐材料,分别转录到两个磁带上,并同时播放,由于磁带的运转速度不同产生相位,作曲家将这种产生了相位的素材又分别录制两个磁带,再将这两个磁带叠加,循环反复这样的动作,直至产生一个高度密集的织体。由于这也运用了偶然因素的结构方式,他的复杂程度是无法想象的,更是无法被分析和掌握的。在聆听感觉上,则由能够听清语义逐渐发展到声音的聚块,人的意识被作品引领着从聆听语义即直接诉诸概念中介的聆听,发展到不自觉地聆听语音,进而诉诸对声音感觉变化过程的聆听。

从感性材料发生的变化来看，我们发现感性材料的确具有不可忽视的引导感官能力的作用，不论是传统音乐感觉中的"透视"还是后现代文化逻辑下音乐中的"还原"策略，对声音感觉聚块的形成都具有明确的引导作用。在这种引导作用之下，感觉聚块往往无意识地被声音感觉材料所牵引，不管你有没有意识上的准备，当你聆听传统音乐时，声音感觉的意向就会指向某种意义的层面，而聆听后现代文化逻辑下的音乐时，声音感觉的意向就会被引领着进入声音物因素的世界。因此，艺术作品中的感性材料本身就向我们传递着感觉的信息。

因此，音乐作为作为一种声音存在，是具有图案的，不是单一的，而是多样的，后现代音乐家敞开了声音世界的大门，声音的图案在音乐作品中昭示着它的存在。从这个意义上来说，我们无须多说什么，作品自己会说话，而我们只需感受它的存在，聆听它的图案。后现代思想家将语言作为存在来探讨，语言不再作为人的工具的媒介而存在，它在这个时代赢得了它的权利。声音也是如此，后现代音乐尽量避免传统的叙事表达功能，诉诸声音本身的存在，对声音的图案的感知就是对声音物因素的感知，即将声音作为一种实在物感知。

二　声音的感官通道

声音图案的展开，需要声音感官的媒介才能形成感觉的聚块。感官是人类自我认识的通道，是人类身体的知觉通道。后现代更倾向于通过身体思考，而非概念的中介，感官作为身体感知的通道起着不可忽视的作用。但这并不意味着纯粹"肉体"的感知，它是身体的感知——是心灵和肉体合一的感知——心灵与身体是合一的，是无法真正摆脱身体的。因此，现实中并不存在纯粹的感官活动，也不存在纯粹的意识活动，如绘画是眼睛的思考，音乐是耳朵的思考，当你在看和听的同时就已经开始了"思"的过程。德国"狂飙突进"运动的中心人物赫尔德就提出了这种感官接收音乐的方式。赫尔德通过对民俗和民歌的研究，看到了一个完全与西方理性世界不同的世界，他认为理性并不是打开宇宙大门的钥匙，人类应该回归自然，通过对自然的直接感受和聆听，领悟精神的意义。赫尔德在他的《论语言的起源》中将听觉看作最为重要的感官方式，认为听觉占了感官的

"中央位置",是"通往灵魂的真正之门",可连接沟通视觉与触觉。他将音乐区分为"声"与"音",认为声与音都能够传达意义,只不过声是物理现象,声的发生加上听觉器官的生理传导,从而有音的感知。他认为,自然界的力,透过物体的震动或是规律的活动而发出声,与其共振则为响。人类在整个宇宙界,也是参与共振的一分子,人对于声音的聆听,应该用整个身体来进行。每个音,都有其独特的作用,都有其震动的独特方式,我们的感官、耳朵,正是导引共振不可或缺的管道,因为没有耳朵的话,外界的震动无法被人接收。由此,赫尔德给音乐下了定义:认知的主体感受到自身被震动,从静止的状态被带出,被扰动,而给出自己内在的力量。主体透过这种关系感觉到自我,从而得到有快感的触动、震动,但又不得不从这种关系下,回到原来的静态,这不是别的,就是音乐。所有在自然界的声音,都可以是音乐,没有人"创造"音乐,作曲家借作品指引了声音的途径,用这温柔的暴力迫使听者得到音乐的快感。音乐并不从天上来,它在我们自己的心里。[①]

人类的感官活动并不是纯粹的,感官在与感性材料相遇的同时,意识已经进入整个感官活动。在赫尔德看来,当耳朵接收到"声"时,人也同时具有了"音"的感知,这由"声"到"音"的过程就是人类自我意识参与的结果。也就是说,当身体接收到信息的同时,心灵也参与了这个活动,心灵与肉体是合一的。正如感觉是从一种秩序到另一种秩序的穿行一样,感觉是身体关联的产物,一方面,纯粹作为感官主义的感觉存在是不可能的,感官总是诉诸感觉的,感官作为感觉的通道,各种感官互相牵连并且都通向感觉。另一方面,纯粹的感觉存在也是不可能的,感官引起感觉,而感觉又会引起身体记忆,于是,意识不可避免地参与了感觉,而意识参与的结果则是引起记忆的关联性和想象力的参与。

以下进一步讨论感觉的关联性问题。

第一,诸感官与感觉的关联性。由于感性材料的不同,不同的艺术关联不同的感官。如绘画关联眼睛,音乐关联耳朵。感觉的聚块就发生在眼睛与光的折射中、耳朵与声波的震动中、肉体与物的接触中。从这个意义上来说,视觉和听觉实际上也可以被看做是触觉的一种。而对于后现代音

[①] 杨建章:《感官史、力、音乐——从身体与灵魂的关系论赫德听觉理论与音乐美学》,摘自《新史学》第十八卷第三期,2007,第 162 页。

乐来说，质料被极度突出，感性材料的物因素与听觉感官相遇，使得听觉能力更是具有一种触觉般的感觉聚块。往往音乐和绘画总能够给人一种所谓"质感"的东西，这种东西实际上就是听觉和视觉的触觉基础。触觉是更为基础的感觉，它是最能够觉察差异的一种感觉，触觉比视觉和听觉能更直接地感知声音的物因素。如果说在传统的感知关系中，视觉和听觉感知的触觉基础并不是很明显，而在后现代的感知关系中，视觉和听觉则具有较为明显的触觉性质，那么这种差异正是表现在质料和形式的不同关系上。即传统艺术对于感性材料的运用往往存在一种与物的疏离感，传统感知方式是建立在形式结构的秩序基础上的，在感官中，形式的感知是更为首要的，形式在亚里士多德的意义上是一种精神观念的产物，是让质料运动起来的动力性因素。因此，传统艺术将视觉和听觉看作地位最高的感知方式，即通往精神世界的通道。而后现代艺术则颠覆了已有的亚里士多德的质料和形式的对立关系，将质料的地位提到了前所未有的高度，对于质料的极度突出使后现代艺术的物因素得以显现，这种对于物质的感知不仅出现在作为触觉的艺术中，而且更为直接地出现在视觉和听觉艺术之中，即看到和听到声音作为物的存在。正如前文所阐述的，可以说就是感觉本身，后现代艺术更专注于对于感觉的感觉描写，它向接受者传递的是一种感觉，而不是理念。感官是感觉的通道，各种感官拥有错综复杂的信息传导网络，通常意义上的"通感"说的是诸感官之间的关联性，而这些传导网络都通向感觉的聚块。听的时候，耳朵受到震动，进而引起身体的震动，看的时候，眼睛受到光的刺激，同时也引起一系列的身体反应，这种震动和反应表现出一种力的聚合作用，这就是诸感官与感觉的关系，也是身体作为肉体存在与感觉聚块的关系。因此，我们将感官的通道看作一种力的存在，它对所有感官通道都有一种聚合的作用，感觉材料给予感官力感觉信息，感觉信息通过感官通道聚合于身体之中，形成感觉聚块。

第二，身体作为心灵存在与感觉的关系。纯粹的感觉也是不存在的，当感觉到某物的时候，"思"也就同时存在了。感觉并非纯粹一张白纸，感觉必然与身体记忆互相关联。正如在拼贴音乐作品中，熟悉的音乐符码，立刻会引起那种聆听原作时的身体记忆或者是情感记忆，而将不同感觉的熟悉的音乐符码并置在一部作品中时，身体感觉在诸感官层次和身体记忆之间的穿行就更加明显了，即从一种秩序向另一种秩序的穿行。身体在调性音乐的感觉记忆和无调性音乐的感觉记忆，在各时代、各风格的经典音乐的记忆中穿行、跳跃、碰撞，从而生成新的感觉，这就是拼贴音乐的声音感觉游戏。但是如果对拼贴音乐中的引用片段不熟悉，那么在聆听中就缺失了那种身体记忆的参与，而是身体的直接反应。但这并不意味着这种感觉就是空白，即便仅仅是身体的直接反应也是会掺杂意识或者想象力的因素的，由于作品本身有多种感觉元素的存在，必然会引起聆听者本身由多种感觉碰撞而导致的模糊感觉，只是不如上一种情况有明显意识的记忆参与而已。实际上，这是感知物是否能够给予感官力意向性的问题了，也就是说，如果感知对象没有给予性，习惯记忆就无法引起震动，得以实现，因此，习惯记忆的出现是与感觉材料的给予有着密切关系的。在电子音乐中，往往将采集来的现实的具象声音（能够引起概念性中介的声音）加以电子技术的处理，"具象"被变形，有意去除或者模糊了那些能够引起某种概念性中介的因素，自然而然地，某种习惯性记忆就发生了异延。同样，传统艺术的"透视"原理必然会引导视觉，将二维平面想象为三维立体空间形象，而现代和后现代艺术则开始模糊和排除这种引起联想的因素，导致具象变形为形象，形象还原为感觉的抽象。音乐中，传统大小调体系如同"透视"一样，总是将我们的感知引向某种深层次的情感期待和意义揣测，而现代和后现代音乐则有意识地消解体系内能够引起期待和意义的等级关系，无限扩展声音感性材料，将感知"屏蔽"在声音的浅表层面。同样，使用日常语言参与音乐创作的手法也是如此，贝利奥《交响曲》中运用的语言，大多被分解为音节，并且用一种口吃的方式来朗诵，当语言被分解为音节，当语义一再被延迟，语音成为感知的中心，意义自然而然就被消解了。因此，不同的感觉材料的给予方式，决定了引起什么样的感觉。声音的图案本身对感觉器官具有引导作用，即具有某种语义指涉或所指的音乐必然会引导人们运用概念中介来对音乐做音乐意义上的解释。而对于并不指向语义层面的，感觉往往被毕达哥拉斯的帷幕屏蔽在浅表层面的音乐来说，就不存在引起某种概念性中介的习惯记忆的问题了，此时的感觉较之前的音乐感觉更为纯粹一些。

综上所述，声音感觉的聚块是感性材料和感官力的聚合，在抽象聆听的过程中，声音感觉的聚块具有意向性，而这种意向性本身并不仅仅取决于主体意识的决定性，音乐作品中的声音感觉材料本身对声音感觉聚块的意向性也具有塑造作用。从传统美学形式与质料之对立关系上来说，质料因被看作缺乏动力性的存在，形式因则使质料因活动起来，而形式因并不具有先在的客观性，即"物"的性质，它是精神理念的产物。在传统音乐大小调体系中，乐音材料往往必须经过形式结构的组织，而运动发展起来，并且形式因本身依托于一种比较完备的语法体系。在作品中，作为质料因的乐音材料本身参与了作品的过程，但是在声音感觉聚块中，声音感觉的意向性往往首先被形式因所吸引，从而忽视或延迟对乐音材料本身的特性的关注，不过这并不意味着乐音材料本身的特性在其中没有起作用，相反，它起着支撑整个作品的重要作用。而且乐音材料本身的特性是首先与我们的感官通道接触的媒介，只是我们的感觉意向受到调中心语法体系的聚合力的影响，从而使它直接越过这第一层的相遇，指向形式因层面的聆听了。这也是在聆听传统音乐作品时，感觉总是被引向作品深处某种内在含义的精神层面或语义层面的原因，这种聆听方式，我们可以称之为结构聆听。从后现代美学的形式与质料同一的关系上来看，质料因在传统美学中的那种潜在的存在被极度突出，摆脱了过去那种质料需要形式使自己运动起来的传统看法，让质料自身运动起来。后现代文化逻辑下的音乐采用一种"还原"策略，即将加诸于声音本身之上的因素以及预设"悬置"起来，将原有调中心语法体系、乐音体系悬置起来，使音乐还原为声音本身的存在。通过"还原"，后现代音乐作品中声音感觉材料作为质料的物因素被极度突出，使声音感觉聚块指向对声音材料本身的物因素的感知，即对声音感觉的感觉。由于缺乏将声音感觉引向纵深的调中心的聚合力和形式因的建构作用，以及质料因本身的"微知觉"的动力方式，在聆听中声音感觉的意向性被屏蔽在作品的浅表层面，甚至溢出作品指向外部。也就是说，声音感觉仅仅停留在第一层与声音材料的相遇上，不诉诸任何意义、判断，只有对声音物因素的聆听，即一种对声音感觉的聆听——抽象聆听。

（作者单位：西安音乐学院音乐学系）

肖邦《第三叙事曲》的叙事结构与感性行态*

孙 月

序 言

（一）一种新方法的提出："诗性－哲性创造性描述"

在目前国内的音乐学学科领域内，对音乐作品内涵的阐释，主要有两种不同的体系：一种是由于润洋创立的"音乐学分析"；另一种是由韩锺恩提出的"音乐学写作"。

音乐学分析不仅关注音乐创作技法，同时还对作品产生的文化背景进行社会历史分析，将两方面整合起来的目的在于，达到一种更高层次的、具有综合性质的专业性分析。它既要考察音乐作品的艺术风格语言、审美特征，又要揭示音乐作品的社会历史内容，做出历史的和现实的价值判断，还要努力使这二者融汇在一起，从而对音乐作品形成一种高层次的认识。为此，创始者于润洋先生不仅在初创此专用方法时给出对瓦格纳《特里斯坦与伊索尔德》前奏曲与终曲的详尽案例，更是在长期实践之后，出版专

---

* 行态，不同于形态，指音乐的行动路径与运行态势。
本文原载《音乐艺术》（上海音乐学院学报）2016年第4期，题为"音乐作品的叙事结构与感性行态——以肖邦《第三叙事曲》为例"。

著《悲情肖邦——肖邦音乐中的悲情内涵阐释》，集结了 24 首音乐作品实例，对这一方法论加以分析与总结。

音乐学写作关切对音乐本真意义的理解和阐释，通过对音乐作品声音经验的描写，言说声音经验的先验存在。韩锺恩教授对音乐学写作的方法论定位是：通过切中音乐感性直觉经验，成就一种具有学科折返意义的、始终存在的形而上学写作。也就是说，这种写作方式的路径和目的在于，以音乐的感性经验为起点，通过在音乐学研究不同分层上的逐级递进和多维置放，最终使音乐作为一种先验存在的本真显现。为此，韩锺恩教授不仅著文阐明了这种方法的结构范式，还给出了马勒交响作品的案例写作。

可见，任何一种方法论的创立与完善，不仅要有理论上的论证，还必须给出相应的结构范式和具体案例。笔者曾在比较研究"音乐学分析"与"音乐学写作"两种音乐内涵阐释方法之后，结合博士学位论文写作过程中对海德格尔将艺术作品做诗化阐释的独特本体论方法的深入研究，提出以"诗性－哲性创造性描述"作为对音乐意义进行言说和阐释的一种方法，一时间内引起不小的反响[1]。为此，本文试图重拾这一旧时理论构想，选取肖邦《第三叙事曲》为实例进一步研究与写作，完善和总结这一方法，甚至可能进行反思。

（二）作品的非标题性与追问切近本体的演绎

本文与其他关于肖邦《第三叙事曲》的研究论文所关注的重点有所不同，不过分纠缠肖邦叙事曲与波兰－立陶宛诗人密茨凯维支诗歌的关系，尽管从舒曼的文字记述中，我们可以读到肖邦亲自告诉这位音乐评论家他的叙事曲创作受到诗作启发的史实。一来是因为这种关系已经在各种研究中得到过充分的论证与阐述，不必赘述；二来是因为笔者确信，在浪漫主义作曲家中，肖邦凭其足够的天赋，根本无须为了迎合而去追随当时锐不可当的标题音乐潮流。实际上，他的创作行动也确乎如此——主要采用各种中小型古典音乐的体裁形式，将钢琴技巧的拓展与这些传统形式相结合，非但使这些形式拥有了前所未有的内涵容量，更是成就了一种富于诗意的个性化音乐语言，一种唯他是用的独特感性。正如《肖邦传》作

---

[1] 孙月：《从"音乐学分析"到"音乐学写作"——〈悲情肖邦〉研讨会相关讨论后续》，《中国音乐学》2011 年第 1 期。

者加沃蒂在论及肖邦叙事曲时表明的态度:"鉴于肖邦对于将诗化作音乐的兴趣平平,我们需对这番披露心迹之言作适当的保留。我们在本书一而再、再而三地重复,肖邦是个音乐家,只是个音乐家,他对文学和诗歌并不热衷。因而在提到他的音乐的可能来源时,必须非常谨慎。"[1] 就连将肖邦叙事曲与密茨凯维支叙事诗做详尽考证与分析论述的钱仁康先生,在追究《第一叙事曲》的文学来源时也不得不总结道:"可是,《康拉德·华伦洛德》也好,《格拉席娜》也好,用一首具体的叙事诗来解释《第一叙事曲》,归根结底总是一种牵强附会。如果说肖邦受了《康拉德·华伦洛德》的影响而写《第一叙事曲》,也只是说他概括地反映了叙事诗的爱国主义的基本精神,至于那些曲折离奇的情节和《第一叙事曲》是完全联系不上的。"[2] 无独有偶,于润洋先生也强调指出:"我们必须意识到一个事实,即肖邦既没有试图在这部作品中去展示原诗所描述的时间的具体过程,更没有意图去再现故事的具体情节,而是将诗歌整体在这位作曲家内在心灵中所唤起的感慨和激情,以复杂的声音结构为媒介的外化。从某种意义上说,音乐,特别是在当时已经兴起的标题音乐是可以通过某些手段来暗示一定的情节性的东西的,如柏辽兹在他的《幻想交响曲》中所尝试的,但是这不符合肖邦的音乐审美观念,他对柏辽兹音乐的负面性的评价正说明了这一点。"[3] 的确,各类研究都捕捉到了肖邦叙事曲与特定民族历史相关的叙事诗之间蛛丝马迹的联系,但仅以此视角来观照叙事曲显然是不能令人满足的,因为与作品的创作相关的外部信息,对真正理解和阐释肖邦叙事曲的内涵犹如隔靴搔痒。其理由在于,天才之作本身的内涵与形式是相合或合式的,即唯有采用音乐(的形式,即经验声音)才能将其内涵意蕴(先验声音)最充分、最贴切、最完满地表现出来,并且非它不可!

为此,本文试图以音乐学写作的方式对音乐本身加以描述,如上文已经申明的,要着重从作品的叙事结构与感性行态上加以叙事与修辞。因此,除了借助谱例来说明音乐结构的内在关系,更要以音响感性作为研究的起点与重点,审视作品的体裁问题与深层内涵。本文将通过三位钢琴大师具有不同

---

[1] 〔法〕贝尔纳·加沃蒂:《肖邦传》,张雪中译,上海人民出版社,2012,第 375 页。
[2] 钱仁康:《肖邦叙事曲解读》,人民音乐出版社,2006,第 60 页。
[3] 于润洋:《悲情肖邦——肖邦音乐中的悲情内涵阐释》,上海音乐学院出版社,2008,第 49 页。

代表性的肖邦《第三叙事曲》的完整演绎版本来描写、叙述、分析、阐释其音响表象直至其内涵意蕴,他们分别是阿图尔·鲁宾斯坦、弗拉迪米尔·阿什肯纳齐、克里斯蒂安·齐默尔曼。通过对音乐文本与音响感性的交互式研究分析,尝试进一步探究有关音乐作品演绎与作品本体意义的关系问题。

一 作品的相关叙事

"精巧""别致"也许最能用来形容肖邦这首《第三叙事曲》了。肖邦在这部作品中的叙事风格发生了转变,从一种荡气回肠的宏大叙事转向一种更具作曲家个性气质的温情叙事。正如法国钢琴家、指挥家 A. D. 科尔托所指出的那样,在最后两首叙事曲中,肖邦似乎放弃了主题之间的戏剧冲突原则,以亲和取代冲突来为音乐建构。不管是否涉及一种可能的诗意虚构,受密茨凯维支的叙事诗或海涅的诗句启发,《第三叙事曲》的开头八个小节似乎呈现出想象中的两个恋人间温柔的对话:"'你会永远爱我吗'?'是的,我发誓。你呢,你会对我信守诺言吗'?'只要我一息尚存'。这样一种溢满春天的清新气息的氛围中,出现了一种具有节奏特色的展开:一种青春幸福的流露,出自天真情感的纯洁热情。"[1] 即便如此,这种转变也并非在转瞬之间,因为在《第二叙事曲》中已经有过类似温情叙事的主题,即被认为来源于"西西里舞"的第一主题。然而,有所不同的是,这种温情叙事在《第二叙事曲》中只是作为一个对比性主题出现,而在第三叙事曲中,这种叙事风格占据了主要篇幅,其地位与分量足以奠定整部作品的基调与性格。钱仁康从多个角度对第一和第三两首叙事曲作了比较:"从题材来说,《第一叙事曲》所讲述的是悲壮的历史故事,而《第三叙事曲》所讲述的则是感情生活和田园生活的故事;从音乐形象发展的线索来说,前者趋向于悲剧性的结局,而后者趋向于生命力的壮大和胜利;从结构来说,前者奏鸣曲式的成分较多,而后者回旋曲式的成分较多——第一主题有很强的段落性,第二主题也构成了一幅独立的图景,像回旋曲式的插部而不像奏鸣曲式的副部。"[2] 还有不少人从这部叙事曲中嗅出了浓重的脂粉气,

---

[1] 转引自〔法〕贝尔纳·加沃蒂《肖邦传》,张雪中译,上海人民出版社,2012,第377页。
[2] 钱仁康:《肖邦叙事曲解读》,人民音乐出版社,2006,第115页。

甚至某种类似于披着优雅外衣的情欲发动。① 总而言之，人们总能在这首叙事曲中体会到独具一格的女性气质与肖邦特有的细腻敏感。

二 整体叙事结构

几乎所有的研究者都承认，这部叙事曲已经不再受传统奏鸣曲式的限制，形成一种较为自由的结构状态。尽管各研究者提出的结构划分都不尽相同，但对三个主题的指认却是毫无争议的。在参照钱仁康将该曲以回旋曲式进行考虑之后，焦元溥更明确地指出其与奏鸣曲式的分离：就形式与主题运用而言，虽仍能勉强将此曲归类成"奏鸣曲式"变型，但观其音乐性格与情感发展，很难说和"奏鸣曲式"有关。至少"奏鸣曲式"再现部的性格在此曲荡然无存，较《第一叙事曲》更难以称其主题重现为"再现部"。综观《第三叙事曲》，肖邦不再发展对称性结构，而是让音乐不停流动发展，叙事方式也和前两曲有所不同：此曲虽有插入段（第三主题），但旁白角色并不明显，全曲似乎就是故事本身，从头一路发展至尾。如果仅以听觉判断，此曲连"奏鸣曲式"变型都说不上。② 更进一步，帕拉齐拉斯（James Parakilas）③ 提出肖邦是以"三阶段戏剧发展型式"来取代奏鸣曲式，并且在被称为"中心剧情"的第二阶段中又详细划分了三个发展阶段，似乎更贴近曲目的原身。④

---

① 在哈内克的《肖邦：其人与其乐》第十章"故事般的戏剧"中，列举了对这首《第三叙事曲》的一些较为一致的看法：根据密茨凯维支的《水女神》而作，发表于1841年11月，题献给 P. 德·诺阿耶小姐，因久负盛名而被大量分析。那是一位少女的欢愉，她轻率地与恶魔戏耍，仅仅在那些优雅的小节中就能见出她的漂亮与人们对她的好感。舒曼如此说道："即便习惯于迁居生活，已融入巴黎最杰出的人群中，那位精致而有才华的波兰人，也很容易被辨认出来。"的确，那种贵族气质，欢愉的、优雅的、刺激的以及其他。在一些玩笑般的片段中，潜藏着微妙的讽刺、精神上的镌刻和更为炽热的情感。那些破碎的八度通过诱感的节奏律动和迷人的轻快调子，预示了后来的第二主题，它们给人一种多么具有讽刺意味的享乐般的感官刺激啊！厄勒尔（Louis Ehlert, 1825~1884，德国作曲家、音乐评论家）则指出："妖艳的优雅风格——如果我们接受这种表达是因为半下意识的漫不经心的力量在煽风点火，然后又不太情愿地悔过——看来恰恰是肖邦的生性使然。……有谁不能回忆起那个难忘的段落，在一个持续的降 A 六和弦之后出现的右手独奏出那些断断续续的分解八度？有没有比用沉默和犹豫更能够在味道上强化情人的困惑呢？"参见笔者译自该书英文版第 159~160 页。
② 焦元溥：《听见肖邦》，联经出版事业股份有限公司，2010，第 227 页。
③ 美国康奈尔大学音乐学教授，专门研究音乐文化史、音乐理论及表演艺术。
④ 转引自焦元溥《听见肖邦》，联经出版事业股份有限公司，2010，第 227 页。

从传统曲式分析的角度看，该曲或可称为"三个主题一台戏"。因为它们既各不相同，又相互纠缠、戏耍，并彼此映衬，最终构成某种程度的戏剧性高潮。从整体气质的角度说，如果《第一叙事曲》和《第二叙事曲》更能与作曲家性情中的波兰民族血脉相联系，那么在这首《第三叙事曲》中所蕴藏的爱情的气息、优雅的举止以及对精美律动的追求，则更多显露了肖邦受法国文化艺术影响的痕迹。不仅因其是献给一位年轻女性的[①]，更是音乐本身的感性结构使然。本文认为，如若以三个主题为线索来把握作品的整体结构，也许更贴近作品的本体。此三者之间，竟然能让人窥见缠绵悱恻以致扑朔迷离的微妙关系，不得不让人叹服自巴赫以来，但凡伟大音乐家皆具天作之合的奇思妙笔，将感性的冲动融在理性的编织中，并且穿梭自如。

该曲主要由五个部分组成，呈现一种不平等对称的结构：ABCBA。所谓不平等对称，则需要通过进一步细分来说明——三大主题内部本身还可以分出更丰富的主题动机。因此，仅从结构层次来看，这部作品也要比前两首更富有细密的情思与多层的肌理。如下表所示。

曲式结构	A				B			C		B$_1$			A$_1$	
小节	1–53				54–115			116–144		144–212			213–241	
主题动机	a	α$_1$	α$_2$	a$_1$	β	b	β$_1$	c	β$_2$	β	b$_1$	b+a+β	a	c+α$_2$
小节	1–8	9–25	25–36	37–53	54–65	54–103	104–115	116–135	136–144	144–156	157–183	183–212	213–230	231–241
调性	^bA	^bA	^bB-C	^bA	F-C	f-^bD-^bA-C	F-C	^bA-^bE-^bA-^bD	^bA	^bA	^be	E-F-G-^bA	^bA	
感性行态	歌唱1	悸动1	歌唱2	悸动2				舞动1	悸动3	舞动2			凯旋式歌唱3	舞动3

---

① 从其名字 Pauline de Noailles 看来像是法国人。据钱仁康记载，这位女士是肖邦的钢琴学生。钱仁康：《肖邦叙事曲解读》，人民音乐出版社，2006，第114页。

从上表可以看到《第三叙事曲》的大体格局与细部划分。其中，C段犹如全曲的主插部，其篇幅与收束性的 A_1 段相当，而另外三个段落的篇幅则相近。在每个大段之下至少还可分两个小段。为了区别于主要主题和插部性次要主题，图表中特地采用拉丁与希腊两种不同的字母加以区分，拉丁字母表示主要主题，希腊字母表示插部性次要主题。可见，该曲共有3个主要主题与2个插部性次要主题。其中，次要主题与主要主题有密切联系，甚至可以说次要主题是从主要主题延伸出来的，与主要主题性格相近但面貌不同。在对称结构的前半部分，主要主题与次要主题交替出现（主要主题已用较深底色），后半部分则主要为两种主题的叠合（另用较深底色）。调性上，全曲则以 ^bA 大调为主，穿插着三度关系调与部分展开性离调。尤其需要指明的是，β 这个次要主题具有很强的可变性与碎片性，其悸动式的节奏与八度震荡犹如妖娆轻窕的舞步，简洁而富有特征性。然而，大多数研究者没有关注到的是，它的变型在再现的 B 段中以持续性低音的方式呈现，使这个动机式次要主题成为一条贯穿全曲的隐线。

三　音响感性行态

值得关注的是，上述表格中用深色标注的整体叙事结构，是有别于一般曲式结构分析的、关于音乐感性行态段落划分的一种新型模式。其独特之处在于，打破了以主题和动机作为分段依据的传统结构观念，将作品的感性结构轮廓凸显出来，使读解作品、演奏作品、诠释作品时能更贴近音乐作品作为感性对象之本身，这种新型模式对于强调感性表达的19世纪浪漫主义音乐乃至20世纪受多元文化影响的艺术音乐来说，尤其能够凸显它的优势。对于古典主义时期、巴洛克时期，甚至更早期的西方音乐而言，它的适用性在理论上也是可行的，但具体尚待进一步研究。

仅以肖邦《第三叙事曲》曲为例，从图1中可以看到，曲中主要有三种不同的感性行态：歌唱式、悸动式与舞动式。歌唱式，指一种具有鲜明的歌唱性旋律和主调特征的音响行态，节奏宽疏，气息绵长，善于抒发美好情感。在此曲中主要随同几处第一主题材料 a 出现。悸动式，指一种非平稳的、精细微妙的情感表现行态，具体表现为短促而不规则的呼吸节奏，或有顿挫感的附点节奏，甚至还带有某种反节拍（强弱）规律的特征。在全曲中，悸动式感性行态占据了主导地位①，具体表现在 α、β 和 b 等相对应的主题段落中。如果说 β 和 b 还具有某种程度的内在关联，那么 α 和 β 之间则显然缺乏同源性。因此，区分不同感性行态的依据并不在主题，而更多在其呼吸节奏和律动模式，以及更为错综复杂的感性因素中。舞动式，指具有某种舞蹈性节奏律动特征的、以密集迅速流动性织体为表现方式的感性行态，往往作为乐曲进入高潮阶段的必要途径及高潮本身的存在方式，并且各种异质主题常常在舞动式段落中被消解与融化。在肖邦大量具有戏剧性表现的作品中都能见到这种舞动式感性行态，仅从肖邦的四首叙事曲来看就无一例外。为此，本文以下将采用这种新型模式，即以感性行态分类的秩序来对作品本身进行描写，同时也将以悸动式感性行态作为重中之重进行描写。

上文已经论述过，肖邦在《第三叙事曲》上的风格有所转变：它以一种作为显性基因的"法式精致"来雕琢这部作品，使之多了一份优雅亲和，少了一些戏剧冲突。从演奏的角度来说，对精致与细腻的完美追求，就成了切中并显现这份优雅气质的合式表达。尽管鲁宾斯坦和阿什肯纳齐对《第一叙事曲》和《第二叙事曲》的演奏拥有更多可圈可点之处，但齐默尔曼对这部《第三叙事曲》冷静严谨的精密把握明显更胜一筹。在每一处用"半声"（mezza voce）标注的部分②，也许只有齐默尔曼更好地领会了一百多年前作曲家的用意，始终能够将这种甜蜜耳语般的声音所富有的柔美情丝表达出来，十分细致动人。肖邦在优美如歌的主题之后，以在钢琴两端用主音八度叠加的方式晴空霹雳般打破了这种平稳的歌唱③，进而揭开悸动式叙事的序幕。三位钢琴家中唯有齐默尔曼将它弹奏得闪亮而不耀眼，触目却不惊心，产生唯美情境（$α_1$）。细节在于，以增亮的高音（加重音记号）配合轻点的低音，而非通过高低音同时加重来引起强烈的共鸣。在此后的附点性律动节奏中，差异就更为明显了。齐默尔曼清新典雅地稳步进行，波澜不惊，气息顺畅，自然且毫不做作。对比之下，阿什肯纳齐与鲁宾斯坦则已经按捺不住强烈的冲动，将这种悸动的节奏型演奏得夸张到甚

---

① 从小节数统计来看，悸动式感性行态所占据的篇幅远远超过歌唱式居于第一，舞动式第二。
② 这个术语原指歌唱中的一种半声唱法，指用一半的音量唱，使嗓音音色格外轻柔。在全曲中共有三处，即乐曲起首的 a 主题（第 1 小节）、β 主题起首（第 54 小节）与再现 B 段的 b 主题（第 157 小节）。
③ 第 9 小节。

至有些粗鲁的地步,而这种情形在齐默尔曼的演奏中是绝对不允许出现的。在进一步由中部向两端音区扩张的插部性发展(α_2)中,鲁宾斯坦用近乎痉挛的颤音加强了这种悸动感,但在速度与力度的控制上,仍是齐默尔曼更为谨慎,短暂的兴奋之后极有节制地复归平静,没有丝毫过激的表现。

齐默尔曼最为独特、最令人印象深刻的是,当歌唱式叙事又一次出现时,虽然少了几分热情,但在过渡到第二主题时,他有意加快了速度,使得这种冷静不至于变成冷漠(也许这里才是真正的 Allegretto)。轻快的步伐与适度的欢欣,让这个主题表现出清新可人的一面,犹如在曼妙身姿的摇曳中巴黎香水的气味一阵阵拂过。鲁宾斯坦则以他惯用的弹性速度和非同一般的点状踏板,有意强化了这种悸动性节奏,使得整个第二主题部分(B)给人一种略带神经质的感觉。阿什肯纳齐的处理恐怕是三者中最为平淡的,沉重到有些乏力,加之踏板的延留使整个音响如同雾霾天,浑浊得让人有些透不过气来。我想,其中一个重要原因就在于,他以歌唱性的表达方式来演奏这个悸动性的主题段落,这必然会造成浑浊感。而在该段的插部性主题再现(β_1)时,似乎经过叠加八度的 b 主题的对比之后而有所变化——在一种格外轻柔而朦胧的声音中,仿佛随着摇篮曲般的缓慢律动有种即将沉入梦乡的奇妙幻境。

具有插部性质的第三主题段落,虽盘踞全曲的中心位置,却是最缺乏创造性的,它仅仅延续着《第一叙事曲》中插部的结构作用[1]与表情特征[2]。不过,它的出现倒是开启了舞动叙事模式,使得全曲后半部分的音响密度足足翻了个倍。这种做法在肖邦很多作品中都有运用,并且主要以感性结构加以识别,用传统曲式结构的分段模式则极容易被忽视。一个非常典型的例子,即肖邦的《c 小调夜曲》。根据传统曲式分析,该曲为复三部曲式。但若以音响感性进行识别,因其中部一处没有明确结构意义的位置上闯入了一个全新的密集型材料,使全曲在律动模式上明显分为前后两截,如此形成感性意义上的两段体[3]。回到《第三叙事曲》,该段落同样担当了类似的感性结构分段的作用(参见上表),揭开全曲戏剧性发展的序幕。三位演奏家依旧延续

---

[1] 其作用在于在相同主题间做一个连接性的插入,仅有的不同是,在《第三叙事曲》中使主题从三度关系调回到主调,而《第一叙事曲》的主题调性无变化。
[2] 具有圆舞曲节奏的、自由而轻松的舞动叙事模式。
[3] 孙月:《悲情在暮色中迸发——肖邦三首夜曲的音乐学写作》,见韩锺恩主编《寻着悲情肖邦的步履遥望肖邦悲情——于润洋〈悲情肖邦〉并肖邦相关问题专题研讨会文集》,上海音乐学院出版社,2013,第 225~235 页。

各自的风格,但总体都以轻描淡写的手法带过。鲁宾斯坦自由而疾速地处理着清新的舞动性节奏,齐默尔曼极其考究的转折句以及阿什肯纳齐对于短暂抒情的 β_2 的俄罗斯式长气息句成为各自的亮点。

  再现的 B 段以短暂的悸动式 β 主题再现后,悸动性节奏被一股舞动性的十六分线条贯穿了起来,并且一贯到底。因此,从音响感性的角度来听,似乎完全可以把由 C 段揭幕的后半部分看为全曲的发展至高潮并终结的一气呵成的部分。肖邦仍然要求半声控制[①],使得整体音响不至于形成如前两首叙事曲那样强烈的抗争对比,显出些许小资的忧郁。此后旋律低调地转至左手中音区,右手以八度跨越式的持续音隐伏着的 β 的剪影[②],在连续的切分音等待中,焦虑感渐增[③],终于,右手接过旋律,以最强力度在高亢凌厉的声势中澎湃起来,然而不久又在一连串下行模进中平复下来。此后在 β 低音持续震荡的期待中,a 和 b 主题以短兵相接的方式在这里相会,尽管肖邦一再提示要求用微弱的声音(smorzando、sotto voce),但隐伏的半音碰撞注定要引起一场振奋人心的热浪狂潮。在属持续低音的推动和右手八度半音的上行挺进中,歌唱式主题以一种凯旋般灿烂光辉的形象再现,此时此刻情人的温柔耳语转变为轰轰烈烈的山盟海誓,心潮澎湃且充满能量。在不断加紧的节奏(stretto)与半音密集和弦的相互簇拥中,一度被忽视的第三主题 c 结合气质相近的 α_2,作为尾声将全曲收束得干净利落,毫不拖沓,同时还在结构上形成了优雅精美的首尾呼应。演奏家们的分歧在于再现第一主题的拿捏上,当然这种判断标准同时也在于对作品的感性结构的理解上。尽管从谱面上来看,标有"*ff*"力度的第一主题回复到八分音符的节奏密度,但从实际听觉上,似乎它的律动并没有明显减缓,这是由什么造成的呢?毫无疑问,不同的演奏表现显现不同的驱动力!此时,阿什肯纳齐的拉宽处理让这种激情的宣誓显得有些老态,让全曲的制高点遁入黯淡;鲁宾斯坦不过分激情也不缺乏动力;唯有齐默尔曼表现出的是与其严谨考究的稳妥处理鲜明对比的畅快淋漓,高亮的主题音色与高度密集的快速节奏依然富有弹性而不显吃力,将这种精美绝伦的完整体验进行至最后落定的主和弦。必须补充说明,尽管本文研究的初衷与结论并不在于评价不同演奏版本的优劣,但在作品的音响感性体验与追问作品本真意义的合一性

---

① 第 157 小节起。
② 第 165 小节起。
③ 第 169 小节起。

上，不得不在多处多维比较中形成某种观点。

结　语

本文尝试用"诗性－哲性创造性描述"，对肖邦《第三叙事曲》进行整体结构描写与感性行态表述。在写作过程中，的确遇到过一些问题，但适时调整，慢慢推进，也成功解决、避让了一些。

（一）纯文字写作的学科意义

原本构想可能需要采用谱例的问题，现在看来已经成功逾越。解决路径在于，一是尽可能提高自身的文字写作能力，合理强化汉语文字本身的叙事与修辞功能，尤其是借用言辞之诗性对感性经验进行表述，借用语法之哲性对意义加以诠释；二是通过直面音响，从多重声音经验的有效叠合、比较参照中，追寻作品本身的原生样式，并且以对作品原生样式进行的可靠性分析结论为依据，再去判断声音经验构成的合理性与艺术性；三是借助脚注的方式标出小节数，既对应了记录音乐的符号标识系统以便日后对照谱例详细查阅，又可避免过于技术性、专业性的语言造成他者的阅读障碍，抑或可能成就与艺术学理论或哲学、美学学科间的互动对话。

（二）自在自为的个性写作

基于"音乐理解作为透过经验声音去追问先验声音"与"音乐阐释作为延续经验声音去言说先验声音"的有关音乐意义存在方式的音乐哲学理论[①]，本文在"诗性－哲性创造性描述"的具体实践过程中给出了详尽的写作案例。本文在个案写作之前，并没有预设固定模式，而是根据作品的具体情况进行安排，因此写作案例的内部结构没有统一模板，就像每部作品本身就具有不同于其他作品的结构布局与细节支脉一样。因此，这是一种个性写作。

（三）以音乐方式同步叙事

以哲学美学的视角考量叙事曲的体裁，所得到的结论是令人惊喜的。

[①] 该理论系笔者于2012年完成的博士学位论文《音乐意义存在方式并及真理自行置入艺术作品的形而上学研究》第三章"音乐意义存在方式"中所提出的两个原创性命题。

音乐是可以叙事的，是以音乐自身的方式去叙事，而不是通过词曲结合的歌曲形式。运用文字加以阐释、注解并同步音乐的意义，绝不是多此一举，也不是锦上添花，而是真理之自行置入与意义的同步显现。所谓同步，即让音乐不再是一个自我封闭的音响实体，而是敞开与世界联通的一条路径、一种方式。例如，在《第三叙事曲》中听到了一种精致优雅的法式浪漫。《第三叙事曲》根据不同的音响特性与节奏律动命名了三种不同的叙事行态，即"歌唱式"、"悸动式"与"舞动式"，使作品的美学特征更加细致明确，同时也提出一种有别于传统曲式结构分析的"感性布局"。

（四）追问意义并总有判断

在直面音响的"赤露敞开"中，听觉感性不断在追随音响之后留下的那种感动的踪迹。不同的演奏无疑会带来不同的感性经验，本文通过对不同风格的大师级演奏家的个性演绎的比较，不但不会因为演奏着夸张的个人风格而产生偏离作品的印象，反而会在各种音响间隙中，在各种发声之后的无声中，听到作品本有的意味。弦外之音也好，言外之意也好，抑或合式，抑或不合式，总会有一种判断。例如，在肖邦的前两首叙事曲中，鲁宾斯坦对于自由节奏的灵活处理，让作品中肖邦的个性尤为凸显；在《第三叙事曲》中，严谨有余、个性稍逊的齐默尔曼却恰到好处地将某种法式风格演绎得惟妙惟肖；至于技巧与逻辑双重艰深的《第四叙事曲》，三位演奏家的演奏可谓难分伯仲，但都不尽完美，总让人觉得还缺了些什么……

（作者单位：上海音乐学院）

壮族师公戏面具的审美探幽

陶赋雯

"壮族师公戏"流行于广西地区壮族乡村中古老的民间信仰祭仪活动中，因使用木质面具，亦被称为"木脸戏"。其中，"师公"是这种民间祭礼的主持者，在祭祀活动进行时以演唱或舞蹈伴之，娱神娱人，因而深受群众喜爱。关于师公戏的起源有多重说法，可谓众说纷纭、莫衷一是。国内较为认可的说法，是师公戏来源于岭南古代的巫舞，是壮族先民在长期祭祀天地诸神、崇拜祖先神灵时，为祈求风调雨顺、五谷丰登，吸收傩舞的表演形式创造出来的一种祭仪活动。唐宋已降，道、佛二教相继传入广西，加上受本土宗教的影响，师公艺人为了招揽观众，还大量吸取了民间传统文艺与体育形式，师公戏逐步演变为一种半宗教性、半文艺性的独特的表演形式。

"唱神必跳神，跳神必戴相"是壮族师公戏的规则之一，即师公在主持祭祀活动，必须延请诸神，戴上神灵面具，跳娱神歌舞，唱酬神故事，为百姓祈神消灾、驱鬼逐疫。据笔者参与第三届中美民俗影像田野工作坊，考察广西壮族自治区南宁市平果县凤梧乡上林村局六屯的壮族师公文化馆馆长韦锦利和其传承者的田野口述材料整理，壮族师公舞区别于其他民间祭祀舞蹈的标志性特征主要有两条，一是面具，二是蜂鼓。凡称师公舞者，必有戴面具的跳神表演，必以蜂鼓为主要伴奏乐器。师公戏带给受众的最直观的感官冲击便来源于师公戏面具，而历史悠久、图案丰富的师公戏面具也为当前壮族师公文化研究提供了重要的原始资料。

"面具是一种全球性的古老文化现象，是一种具有特殊表意性质的象征符号"①。壮族师公戏面具不仅是具有地域特色的文化产物,也是师公戏文化表意的象征符号。就其本身特质而言,古朴粗犷,造型夸张,形神兼备,因而是一种审美象征符号。师公戏面具的形制主要有两种,一种斜戴于额前,由纸糊而成,称之为"明相",其纸胎制作是以木质为模子,而后涂色。其特点是浑圆而无立体感,平面而无刀雕痕,存在感情呆板、缺乏雕花刻印美感的缺憾。另一种是全罩盖的面具,一般为木雕而成,称之为"暗相"。其正面浮雕,背面镂空,敷彩上漆,表现力更为粗犷朴拙、庄典华丽,是师公戏的核心载体,也是其最具象直观的象征符号。它通过夸张、变形、虚构、典型化等手法和部分装饰性符号,塑造生动活泼、形态各异的人物造型,并以中国特色的色彩象征体系,勾画艳丽瑰奇的视觉效果,赋予面具以鲜明的审美特征和工艺价值。本文的审美探幽即以"暗相"(木雕面具)为主。

"暗相"大多使用木质细密松软的杨柳木、香樟木、黄杨木等木料制作,其特点是易吸收水分,防止开裂——也有用泥模纸胚、竹篁笋壳制作的,同时综合使用多种配材,如制作须发使用的马尾、鬃毛(尤以马头部鬃毛为上佳)或丝线。各种不同造型的面具,产生于师公艺人传统的雕刻技艺。他们以简洁明快的刀法,配上柔美流畅的线条,不局限于对现实形态的客观模拟,而是凭借对当地神祇的想象,佐以中国式写意的笔法,运用夸张、变形、象征等手法进行纹饰化处理,并施以色彩寓意技巧传情达意,充分表现出中国特色面具呈现的浪漫情趣。例如,以拟人化、拟物化处理面具上的五官核心:眉有剑眉、柳眉、蚕眉、帚眉诸种不同形态,又说"少将一枝箭,女将一棵线,武将如烈焰";眼分豹眼圆睁(男性)、凤眼微闭(女性);口有"上牙咬下唇"的天包地与"下牙咬上唇"的地包天之别,分为虎口、樱桃小口、雷公嘴等;鼻有狮鼻、鹰鼻、塌鼻(适于丑相)等不同形态。通过精雕细刻、讲究色彩的民间造型手法,赋予面具以生命活力,形象刻画出壮族民间神话中的神祇鬼怪及传说中各类传奇人物的喜怒哀乐与鲜明个性,强化了面具的功能性和艺术性,惟妙惟肖,令人叹为观止。现从图义联结、视觉表达、民俗重构三个角度论述。

---

① 孔燕君:《面具研究的丰硕成果——〈评中国面具史〉》,《民族艺术》1996年第3期。

一　图义联结想象性：黄金四目　青铜饕餮

《周礼·夏官》记载："方相氏，掌蒙熊皮，黄金四目，玄衣朱裳，持戈扬盾，帅百隶而时傩，以索室驱疫。"[1] 从古籍史料中可以看出，这样逐疫驱鬼的仪式，是由头戴"黄金四目"面具的方相氏，率领狂夫百隶举行的。学者胡绍宗从古代巫傩面具的模式与想象，考察"黄金四目"的具体模样，发现"'黄金四目'实际是对古代巫师面具程式化风格的概括，并作为古巫面具的象征符号，成为了一个被固化的视觉模式"[2]。众学者也纷语沓来，设想其神态多是鼓眼瞪睛，龇牙咧嘴，棱角分明，凶相毕露，给人以威严、凶恶、恐怖之感。而师公戏面具的主体图义表象就是"黄金四目"的狰狞凶狠，延续了古巫的这种视觉模式。例如壮族师公戏中的老康面具，一般是在"打醮"（壮语称"古筛"）期间使用。传说中老康是天旱求雨、丰收季驱赶瘟神的恶鬼，在制作该面具过程中特意增强牙齿的尖锐度和外露度以及双眼的外凸程度，呈现出龇牙咧嘴、怒目狰狞、毛发如剑的恐怖表象。部分老康面具嘴部的左上角还留有直通鼻翼的豁口，这种设计，使面具更显狰狞可怖。

据西方现代雕刻艺术家亨利·摩尔所查："一切原始艺术中最感人的共同特征是强烈的生命力，它产生于人对生活的直接和即兴的反映。对原始人来说，雕塑和绘画不是一种预期的或学术的行为，而是一种表现强烈的信仰，希望和恐惧的方式。"[3] 如将本文指涉对象——师公戏面具放到古代巫术面具文化演进的历史情境中，其主要呈现出图义联结的想象，即是一种表达"强烈的恐惧"的方式。尽管在形式设计上阴森恐怖，但作为当地壮族的图腾崇拜，它所象征的是神砥的强大威慑力，被赋予了一种"青铜饕餮"的原始审美表征。

美学家李泽厚先生曾针对"青铜饕餮"指出："它们呈现给你的感受是一种神秘的威力和狞厉的美……它们之所以美，不在于这些形象如何具有装饰风味等等，而在于这些怪异形象的雄健线条，深沉凸出的铸造刻饰，

---

[1] 贾公彦：《周礼注疏》，郑玄注，上海古籍出版社，2010，第474页。
[2] 胡绍宗：《黄金四目——古代巫傩面具的模式与想象》，《美术观察》2013年第9期。
[3] 崔蕙萍、何政广：《二十一世纪雕塑大师：亨利·摩尔》，河北教育出版社，2005，第138页。

恰到好处地体现了一种无限的、原始的、还不能用概念语言来表达的原始宗教的情感、观念和理想。"正如师公戏面具呈现出神秘恐怖、充满血腥武力的狞厉形象，有虔秉钺，如火烈烈，充分反映了人们自远古时代长期积淀形成的审美文化心理，即凶恶形象可以强烈冲击人的心理，产生震慑力量。"一方面是恐怖的化身，另一方面又是保护的神祇。它对异氏族、部落是威惧恐吓的符号，对本氏族、部落又具有保护的神力。这种双重性的宗教观念、情感和想象便凝聚在此怪异狞厉的形象之中。"① 在引发人们恐惧感同时，触动自然界其他生灵的恐惧，激发豪放激昂、崇高峨武的美感。

在中国传统美学区隔中，一直有着"优美"与"壮美"，"小荷初发"与"错彩镂金"两种比对，"青铜饕餮"的审美气象无疑是与后者贴近。"这种凶狠残暴的形象中，又仍然保持着某种真实的稚气，从而使这种毫不掩饰的神秘狞厉，反而荡漾出一种不可复现和不可企及的童年气派的美丽……（它们）尽管在有意识地极力夸张狰狞可怖，但其中不又仍然存留着某种稚气甚至妩媚的东西么？……它们仍有某种原始的、天真的、朴拙的美。"② 这是一种朴拙的美，一种崇高的美，同时起到了震慑疫鬼的作用，让人们的内心得到充分慰藉。"在图腾形象由具象走向抽象的过程中，起主要作用的也许并不是博厄斯所设想的那种解剖学意义上的方便原则。只有当图腾事物变成为无法辨认时，它才不仅从精神上，而且从外形上具有强大的神秘力量"③。

二　视觉表达的多样化：一神多相　老少妍陋

南宋文人范成大在《桂海虞衡志》中写道："桂林人以木刻人，穷极工巧，一枚或值万钱。"清嘉庆七年（1802），胡虔、朱依真等纂修《临桂县志》中载记："今乡人傩，率于十月……其假面，皆土人所制。以木不以纸，雕镂有极精者。"可以说宋元以降，广西地区制作面具的工艺水平已经很高。今制像艺术，亦是师公戏面具操作层面的技术范畴，大多通过子承

---

① 严旭丹：《中国传统图形在现代视觉设计中的应用研究》，硕士学位论文，大连理工大学，2007，第39页。
② 李泽厚：《美的历程》，中国社会科学出版社，1984，第47页。
③ 朱狄：《原始文化研究：对审美发生问题的思考》，生活·读书·新知三联书店，1988，第152页。

父业、师徒相传等口传心授的方式，它本身的视觉成像也在不断演变。因师公大多为职业农民，兼半职业性工匠，其面具雕刻和制作并无统一的美学规范，可以充分发挥个体想象力，按照区域和族群的审美习惯来制作。对同一角色的雕刻塑造，也由于年代的间隔与理解认识的不同，而有了差异性，呈现千姿百态的灵性之美。在吸纳共性元素之外，进行百里不同俗的"地方性"改造，具备了鲜明的艺术个体质素，在视觉变迁中呈现出流动不居的艺术价值。

从仪式安排来看，壮族师公戏所请之神动辄数十，常见有三十六种，有"三十六神七十二相"之说。其剧目唱本内容主要来自四个方面：壮族远古神话与民间故事传说、传统古典章节小说、移植改编的剧目，以及师公们从现实生活中汲选素材而创作的地方性剧目。配合的面具造型主要参考唱本和民间传说对角色的描述。有地方记载，各神灵均有两副面孔，一喜一怒，喜则为善，怒则为恶，祭祀之礼，可使其转怒为喜，化恶为善也。面具类型丰富，以《令公》戏多层面具为例："令公"即被称为"傩神"的唐朝岭南抚慰使李靖将军，因在广西慑服魑鬼有功，广受百姓爱戴。在表演时，"令公"（师公扮演）依次剥下三层面具，通过"多相变脸术"展现其情感的变迁：面具本相为赤色，示威武庄严；抚慰百姓时为善相白色，喻仁慈和蔼；与恶魔搏斗时则为神相金色，展威慑力量。再如专司岁时更替的公曹，拥有四种相通的神态，其眉宇间分别刻有"日""月""时""年"四字以示区别，真可谓"一神多相"，相异出奇。

对于广西地区的面具扮演形制，北宋陆游在《老学庵笔记》中记载："老少妍陋，无一相似者。"即不同的面具人物在师公戏中起到不同的作用：土地神负责请天上大神降临，即为传讯请神的使者；孙悟空、猪八戒形象主要为保唐僧西天取经，驱鬼镇邪、斩妖除魔；四大元帅（邓、赵、马、关四氏）英武豪迈、气宇轩昂，主要负责招兵买马，保佑亡灵和法事现场，确保驱逐邪瘟、消灾去难；五龙负责吐水，洗净亡灵的污秽；神医三界为百姓驱瘟治病、佑保平安；善良女神灵娘保佑人间风调雨顺、五谷丰登；翁妹对亡灵生前的爱情故事进行记述……可谓"老少妍陋"，各司其职。根据其具体功能形态，笔者将师公戏面具大致分为正相、凶相和俗相三类。

所谓"正相"，一般是指能够为人们消除祸殃、驱逐邪灵、带来祥瑞的正直、善良、温和的神祇。由于广受民间爱戴，在面具制作过程中，一般冠以习俗，呈现五官端正、慈祥和蔼的形象，赋予其崇高庄严之意。色彩上重视淡浓相宜,给人一种优雅的美感。例如,玉皇大帝、道教三清等正相面具,大都宝像庄严、顶平额宽,神色和蔼可亲;土地神面具一般都是慈眉善目、长髯如雪、面带微笑,如一位慈祥温厚的民间老人。还有一些雕工细腻、笔触温良、色彩和谐的女神面具,如武婆(武则天)的面具,表现的是皇后凤冠的女相,其面容丰满庄重,雍容华贵;九天玄女、白马仙娘、瑶妹等年轻女神的面具,大都面容娇媚、娥眉凤眼、俊俏秀丽,"面如银盘白又嫩,两道秀眉弯又清",给人一种善良优美女性的直观感受。在考察中发现,虽然正相面具代表的是形象俊俏的善神,但这类神灵在驱妖除魔的师公戏仪式中,却没有发挥多少作用。真正起到驱逐鬼魅仪式作用的,大多是"凶相"。

所谓"凶相",一般是代表凶悍勇武、威严狰狞的神祇。如造型上保留原始兽性特质(头上长角、嘴吐獠牙、暴珠竖眉)的雷神、老康、钟馗、山魈等角色。师公在雕刻"凶相"时,技法粗犷,用色凌厉,一般以靛蓝色为主色调,间以其他靓系色彩,形象写实夸张兼而有之,以突出其狰狞可怖的神态和精神气质。例如,山魈的面具,青面獠牙,蓬头垢面,似人似兽,骇人生畏;壮族守护神"雷祖"的面具,一般底色设为深蓝,头上有似闪电发光的白色犄角,一颗獠牙从嘴角冒出,圆瞪怒目,当人们目光所及,便会感到一种神性的庄严感遍及全身,进而产生毛骨悚然的威严感与畏惧感。同时,也会有民族差异不同的区隔,如被汉族中原地区视为邪神的"五猖",在壮族师公文化中却是斩妖除魔的神兵天将,其以凶相示人,实为保护当地民众的神砥。

"俗相"一般少有神气与鬼气,其主要艺术来源是民间社会生活,更加接近现实情境。"俗相"类别按人物性格,大体可分为正面人物和丑角。正面人物如赵云、唐僧等白面善相,五官端正、眉目清秀,显得淳朴忠厚、正气凛然;丑角如猪八戒、特瑶等细眉小眼、翘嘴皱鼻,给人以幽默滑稽之感。"最富于特色的是丑相特兴和特凸。特兴赤面朱唇,挤眉弄眼,诙谐;特凸赤面突眼,暴牙歪嘴,调皮;据说他们是同胞兄弟,负责呈送人间'上达天庭'的各种表文。"[①] 在进行娱神娱人表演中,"俗相"增添了亮丽的欢快情调,起到了"正相"和"凶相"所不能起到的插科打诨、诙

---

① 杨树喆:《桂中上林县西燕镇壮族民间师公教基本要素的田野考察》,《文化遗产》2008年第4期。

谐逗笑的作用，大大拉近了神祇与凡人的距离。

"一神多相、老少妍陋"的美学旨趣使得师公戏面具在制作过程中，浸濡了传统民间美学意味。它重视神祇的内在性格和喜怒哀乐，通过模仿与超越、夸张与变形，在制作中呈现剽悍、凶猛、狰狞、威武、严厉、稳重、深沉、冷静、英气、狂傲、奸诈、滑稽、忠诚、正直、刚烈、反常、和蔼、温柔、妍丽、慈祥等多重人性表征，带来了师公戏面具视觉表达与审美享受的丰富多样性。

三 民俗价值的同构式：泛神意识 人器圣化

据明景泰元年（1450）《嚼桂林郡志》载："五岭之南，桂林为巨……几有疾病，少服药，专事跳鬼。命巫十数，谓之'口师'，杀牺牲醉酒，亏鼓吹笛，以假面具杂扮诸神，歌舞口口，入无事之家。"广西地区自古有以假面具杂扮诸神的起源论。师公戏面具承接历史，是神祇意识的物化符号，作为师公文化的视觉承载与精神实质，其具备一定的自然形态和审美形态。从民俗表象的审美视角来看，面具"艺术因素的表现并非仅仅局限于上述形式的古拙、简陋这方面，也不在于面具本身被加工成型时间的悠远上，而更多的是蕴藉于面具形象所传达的某种原始古远的历史意识中"[1]，即面具与古代狩猎、图腾崇拜、部落战争、多元信仰、巫术仪规、民俗艺术活动等原始活动的映照，其呈现的内部规律，深远的历史意识，使之充满着"泛神"与"圣化"的特质。

师公做法事时，必须戴上面具，扮演成神的模样，在拟态环境中以示对超越自我的能力的崇拜，以及在想象中征服自然、奉行神的旨意。基于这种自古而来的"泛神意识"，面具作为仪式伴生物，是其最主要的化妆手段，成为师公戏表达的"像神"之物。"面具本身具有双重意义……在外向的'形象型舞蹈'中，它刻画被模仿的动物或其他生物的形态……在内向的'非形象型舞蹈'中，面具不具有表现现实的形式，而是由巫师或面具制作者在梦中所看到的精灵临摹出来的"[2]。从所刻画的人物形象来看，师公戏面具充满了人格化的生命特征，传达出对人的生命的执着追求。有的

---

[1] 李霞：《傩面具的美学审视》，硕士学位论文，吉首大学，2012，第17页。
[2] 刘建、孙龙奎：《宗教与舞蹈》，民族出版社，1998，第168页。

师公面具虽然看起来狰狞可怖,但眉宇神情中却流露出"像人"的世俗化气质,表情生动滑稽,一反传统的神性的狰狞威严。例如,土地神的面具,一般是笑容可掬的慈祥老人神态;小戏《阴阳师傅》中的徒弟"特瑶"是一个风趣的丑角,其面具画像是由脸色黝黑,满头伤疤,左眼挑、右眼眯、嘴巴歪、半边须的鲁班神像代替的,借以摹状木匠鼻祖鲁班看斗拱时的倾斜模样。这些极具人性化的面具不仅拥有神性症候,是师公戏内外沟通、人神之间的桥梁,被赋予了神秘的宗教与民俗含义,充满"泛神意识",具有浓厚的人情味,传递出人与自然相互适应的素朴之道。

师公面具制作系统的程式化与象征化,是师公礼仪程式不断规整与肃清的必然结果,在流传过程中逐渐呈现出"人器圣化"的精神染指。从面具制作环节溯本,经过雕刻、修缮、打磨、上色、晒干等系列工艺制作环节后,甫制作成的面具,必须通过点睛、敬酒、点香、画符、唱经等步骤,进行"器物圣化"。即倚仗其来源和法力的神话故事,通过专门的小型仪式进行开光。"只有在经过一番'开光'仪式之后,它才具有神圣的性质和超自然的力量。"[①] 同时以一种习俗"顽固"的延续性,约定俗成地形成该面具的具体形制,并且样式不得随意更改,从而使得师公面具的造型相对稳定,逐渐成为一个个有固定意义的符码。因此,时至今日,我们依旧能在师公戏面具上,捕捉到某些原始符号的恒定信息。

师公在戴上面具之前,会用一块约30厘米宽,150厘米长的白布条或毛巾从面包至下颚。这种布被称为"包胎布",意谓可包去凡胎,始见"神象"。从实际作用来看,一是为了遮羞壮胆;二是作为木刻面具的衬垫,以防打滑或磨伤皮肤;三是为掩饰五官表情。在脱下面具时,常需半脱状态,请一口气后,方完全脱下。有时为演唱方便,带上"半截"的面具,将嘴部裸露出来,通过头发、冠帽、饰物的不同穿戴装点,打造神祇的造型。这种真假参半的造型方法近似戏剧中的"化妆",在师公戏中极为流行。

戴上面具表演时,师公们在打击乐伴奏下先表演一段独舞或双人舞,通过颤晃身躯、扭胯蹲摆的动律,呈现舞蹈癫狂的状态,示意神灵已降人间,提供给受众一种"神灵附体"的假象。例如,在以鸟类为古老图腾的壮族地区,在表演师公戏《白马仙娘》故事时,师公手持两块白布(或毛巾)扑闪起来,以表现状似凤凰翅膀的呼扇,同时用壮语演唱白马仙娘的

[①] 孙国强、于坤:《论阳朔傩舞、傩面具的审美内涵》,《大众文艺(理论)》2009年第19期。

身世业绩，歌颂她的力量与功德。在表演土地神时，右手摇晃芭蕉扇，左手持以拐棍，以点掌、抬腿、碎步进退转身等动作为主，并发出声如洪钟的哈哈笑声，配合师公的诙谐神态，将土地公公的形象展现得栩栩如生。又如，天公和帝母是两位为人间送子赐福的神，他们的双人舞富有生活气息，在"泛神"中完成人神身份置换，进入仪式的核心表达。天公戴着善良憨厚、笑容可掬的木制面具，配上耸肩晃头、雀跃追逐等诙谐动作和风趣舞步，妙趣横生；帝母则戴着温顺秀丽、含蓄可亲的女性面具，在天公的追逐挑逗下羞羞答答，躲躲闪闪，天公追得精疲力竭，气喘吁吁，直到跌倒在地，逗得满场观众不禁大笑起来。这些充满生活情趣的"泛神"表演，使人们从师公戏中得到了美的艺术享受。

每个神灵各有一个不同的面具和唱本，舞蹈动作和伴奏鼓点也各具特色，生动表现出各个神的性格特征。师公戏传统剧目《大酬雷》具有明显的农耕文化的烙印。雷神是壮族神话中天界的主宰，每年开春，师公戏表演都要祈求雷神保佑，表达渴望丰收的愿景。这段表演虽然没有对话韵白，但戴上面具的"雷神"，其舞蹈动作仿拟劳动，如犁田、耙田、伐木、收获、试用新谷、制作农具……至此，人神合一，"这就是面具实现身份的转换，以获得神力的目的，达到对生活原型的模拟效果"[1]。人格化了的神给人以战胜自然的力量。这种反映生产生活，表现人民勤劳智慧的师公戏，在壮族民间产生了积极影响。

2016 年 7 月 15 日，在联合国教科文组织世界遗产委员会第 40 届会议上，我国世界文化遗产提名项目"左江花山岩画文化景观"入选《世界遗产名录》，成为我国第 49 处世界遗产。花山岩画系战国至东汉时期，岭南左江流域当地壮族先民、群体祭祀遗留下来的遗迹，距今已有 2000 多年历史。据相关学者考究，在其壁画上出现了二眼、三眼蒙面人的画像，这与壮族师公戏面具中的马元帅、雷王神似，有学者推测二者是"一脉相承"的[2]，这也为壮族师公戏面具研究增添了新的考察视域。

文化，是一个重复和记忆的过程。壮族师公戏中的面具不仅是壮族先民祭祀祈愿的历史积淀，蕴含着壮族文化心理特质的原型，展现了壮族民间生活的审美情趣，也是中国古代面具的遗存与延伸。其形制多样，造型

---

[1] 金钱伟、杨树喆：《壮族乡村仪式演剧的民间性》，《戏剧文学》2013 年第 7 期。
[2] 黄桂秋：《壮族麽文化研究》，民族出版社，2006，第 269 页。

多元，内涵深邃，以无可比拟的原生态及次生态，丰富了中国乃至世界面具文化的宝库，深化了对原始文化与当下文化融合的情感节点，呈现出中国本土文化的神韵特质和东方美学的意趣旨归。

（作者单位：江苏第二师范学院；南京大学）

中国美学暑期高级研修班（第一期）学员名录

曹艳玲　华南理工大学讲师
陈　佳　复旦大学哲学学院讲师
程　乾　中央音乐学院音乐学系讲师
崔　莹　西安音乐学院讲师
高　原　中国美术学院民艺博物馆
谷会敏　东北大学艺术学院副教授
寇鹏程　西南大学文学院教授
李　雷　中国艺术研究院研究室副研究员
李　弢　同济大学人文学院中文系副教授
李桂生　浙江理工大学艺术与设计学院教授
李红丽　西北政法大学哲学与社会发展学院讲师
李普文　浙江理工大学艺术与设计学院教授
林　琳　中国艺术研究院副研究员
陆庆祥　湖北理工学院副教授
潘黎勇　上海师范大学人文与传播学院副教授
隋少杰　同济大学人文学院中文系讲师
孙　月　上海音乐学院讲师
孙明洁　山东工艺美术学院讲师
孙喜艳　岭南师范学院音乐学院副教授
孙晓霞　中国艺术研究院马克思主义文艺理论研究所副研究员

施　锜　上海戏剧学院副教授
陶赋雯　江苏第二师范学院助理研究员
汤常鸣　东北大学艺术学院讲师
唐善林　贵州师范大学文学院教授
王　伟　淮北师范大学文学院副教授
王怀义　江苏师范大学文学院副教授
肖　朗　西南政法大学哲学系讲师
杨　光　山东师范大学文学院副教授
杨一博　西南政法大学马克思主义学院哲学系讲师
张　强　扬州大学文学院讲师
张　雨　西南大学政治与公共管理学院讲师
赵崇华　四川音乐学院艺术学理论系教授
钟雅琴　深圳大学文化产业研究院讲师
周奕希　湖南第一师范学院文学与新闻传播学院讲师
朱　洁　武汉大学城市设计学院副教授
朱晓芳　山东大学艺术学院讲师
左剑峰　江西师范大学文学院讲师

编后记

  为弘扬中华传统美学精神、推动美学的研究和教学、交流美学研究的前沿成果，2016年7月11~16日，北京大学美学与美育研究中心、首都师范大学美学研究所在京共同举办了第一期"中国美学暑期高级研修班"。经各地学者郑重推荐，37位来自全国各高校和科研机构从事美学、艺术理论教学与研究的中青年学者参加了本期研修活动。

  风拂白云，鸟啭绿树；粉墙黛瓦，池塘蛙鸣。从晨起到日落，从香山饭店第一会议室到北大燕南园56号院，从专家报告到学员研讨，六天研修期间，京西群山环抱的香山饭店，美学、艺术理论是大家共同的话题。香山，留驻了研修班学员共同聆听，热烈讨论，相互交流的身影——"香山一期"成了他们共同的名字！

  感谢95岁高龄的哲学家张世英先生，为研修班学员传达"美的神圣性"；感谢美学家叶朗先生，从规划研修内容、组织研修工作，到亲自为学员们讲授"中华美学精神"，先生场场不落地参加了研修班的全部活动；感谢朱良志、周宪、陈嘉映、彭锋、高建平、刘成纪、顾春芳等各位教授，为学员带来一场场内容丰富的精彩报告……

  本期研修班的举办，得到了北京大学美学与美育研究中心、首都师范大学美学研究所各位同仁的鼎力支持。朱良志、王德胜、顾春芳教授全面参与了研修班各项活动的内容设计和组织协调，为研修工作的顺利开展付出了许多心血。

  作为本期研修活动的一项重要内容，学员们在研修结束后提交了自己的成果。本书收录的27篇论文便出自其中。它们不仅呈现了参加研修班的学员们在美学、艺术理论研究路程中的认真思考和具体收获,也记录了中国美学界一次富有意义的学术集会。

"香山一期",承载着愉快的记忆,也承载了中国美学向着未来的希望。

期待来年……

编者
2016 年 12 月

图书在版编目(CIP)数据

香山美学论集.一/北京大学美学与美育研究中心,首都师范大学美学研究所编. -- 北京:社会科学文献出版社,2017.7
  ISBN 978-7-5201-1065-5

Ⅰ.①香… Ⅱ.①北…②首… Ⅲ.①美学-文集 Ⅳ.①B83-53

中国版本图书馆CIP数据核字(2017)第144403号

香山美学论集(一)

编　　者 / 北京大学美学与美育研究中心　首都师范大学美学研究所

出 版 人 / 谢寿光
项目统筹 / 宋月华　童雅涵
责任编辑 / 李建廷　童雅涵

出　　版 / 社会科学文献出版社·人文分社（010）59367215
　　　　　　地址:北京市北三环中路甲29号院华龙大厦　邮编:100029
　　　　　　网址:www.ssap.com.cn
发　　行 / 市场营销中心（010）59367081　59367018
印　　装 / 北京季蜂印刷有限公司

规　　格 / 开　本:787mm×1092mm　1/16
　　　　　　印　张:19.75　字　数:332千字
版　　次 / 2017年7月第1版　2017年7月第1次印刷
书　　号 / ISBN 978-7-5201-1065-5
定　　价 / 89.00元

本书如有印装质量问题,请与读者服务中心（010-59367028）联系

版权所有 翻印必究